水电厂自动化技术

陈金星　孙国强　姬胜昔　编著

黄河水利出版社
·郑州·

内 容 提 要

本书阐述了水电厂自动装置的基本原理，介绍了水电厂自动控制的新技术。全书共分7章，主要内容包括微机型自动装置的构成、备用电源自动投入装置、同步发电机自动并列装置、同步发电机自动调节励磁装置、电力系统频率和有功功率的自动控制、水轮发电机组及辅助设备自动控制、水电厂计算机监测与控制。本书以微机型自动装置为线索，讲述了水电厂自动化技术的构成原理，注重基本知识、基本理论、基本技能，突出了微机技术在水电厂自动化中的应用，可读性较强。

本书可供发电厂及电力系统自动化专业技术人员及管理人员阅读，也可供高等院校、高职院校相关专业的师生阅读参考。

图书在版编目(CIP)数据

水电厂自动化技术/陈金星，孙国强，姬胜昔编著. —郑州：黄河水利出版社，2015.7

ISBN 978-7-5509-0707-2

Ⅰ.①水… Ⅱ.①陈… ②孙…③姬… Ⅲ.①水力发电站-自动化技术 Ⅳ.①TV736

中国版本图书馆 CIP 数据核字(2015)第 161659 号

出 版 社：黄河水利出版社

地址：河南省郑州市顺河路黄委会综合楼14层　　邮政编码：450003

发行单位：黄河水利出版社

发行部电话：0371-66026940、66020550、66028024、66022620(传真)

E-mail：hhslcbs@126.com

承印单位：河南新华印刷集团有限公司

开本：787 mm×1 092 mm　1/16

印张：15.75

字数：272 千字　　　　印数：1—4 000

版次：2015年7月第1版　　　　印次：2015年7月第1次印刷

定价：36.00元

前　言

本书紧密结合专业的生产实际，以微机型自动装置为线索，介绍了水电厂自动装置工作原理、水电厂辅助设备自动控制技术、水电厂计算机监测与控制的基本知识。

本书共分7章，主要内容包括微机型自动装置的构成、备用电源自动投入装置、同步发电机自动并列装置、同步发电机自动调节励磁装置、电力系统频率和有功功率的自动控制、水轮发电机组及辅助设备自动控制、水电厂计算机监测与控制。在编写过程中，重点阐述了基本知识、基本原理，突出了微机技术在水电厂自动化中的应用，力求概念清晰、问题阐述深入，可读性较强。具体编写分工如下：第1章、第2章、第4章、第5章、第6章6.6、第7章由福建水利电力职业技术学院陈金星编写，第3章由黄河勘测规划设计有限公司孙国强编写，第6章6.1～6.5由黄河勘测规划设计有限公司姬胜昔编写。全书由陈金星负责统稿。

本书是作者在参阅了本领域许多著作及文献资料和作者多年从事水电厂继电保护及自动化课程教学设计实践基础上编写而成的，但由于作者水平有限，书中的疏漏和不足在所难免，请读者批评指正。

作　者

2015年5月

目　录

第 1 章　微机型自动装置的构成

1.1　微机型自动装置的硬件和软件

随着计算机技术的快速发展，利用微机构成电力系统自动装置的技术已日益成熟并广泛应用。电力系统运行的主要参数是连续的模拟量，而计算机内部参与运算的信号是离散的二进制数字信号，所以电力系统自动装置的主要任务是将连续的模拟信号采集并转换为离散的数字信号后再进入计算机，即数据采集和模拟信号的数字化。

1.1.1　微机型自动装置硬件的构成原理

从硬件方面看，目前电力系统自动装置的结构主要有微型计算机系统、工业控制计算机系统和集散控制系统（DCS）三种形式。在电力系统中，对于控制功能单一的自动装置，所需采集的电气量不是很多，微型计算机系统就可满足运行要求，如同步发电机自动并列装置；对于控制功能要求较高、软件开发任务较为繁重的系统，大多采用工业控制计算机系统，如发电机励磁自动调节系统；而对于分散的多对象的成套监测控制装置，采用集散控制系统，如发电厂、变电站的一些远动装置等。

1.1.1.1　微型计算机系统

微机型自动装置基本上按模块化设计，即一套装置的硬件都是由若干模块组成的。不同的自动装置，其硬件的结构基本相同，所不同的是软件及硬件模块化的组合与数量。不同的功能可由不同的软件来实现，不同的使用场合则按不同的模块化组合方式构成。一套微机型自动装置的典型硬件结构主要包括模拟量输入/输出回路、微型机系统、开关量输入/输出回路、人机对话接口回路、通信回路和电源等，如图 1-1 所示。

1. 模拟量输入/输出回路

来自自动装置测控对象的电压、电流等信号是模拟量信号，是随时间连续变化的物理量。由于微机系统是一种数字电路设备，只能接收数字脉冲信号、识别数字量，所以就需要将这一类模拟信号转换为相应的微机系统能接收的

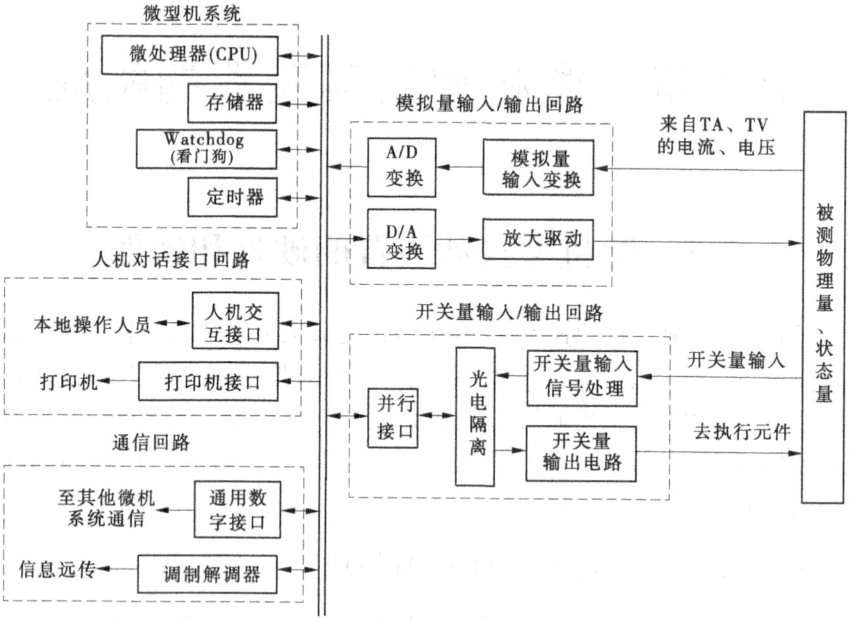

图 1-1 微机自动装置的典型硬件结构框图

数字脉冲信号。同时,为了实现对电力生产过程或电力输配过程的监控,有时还需要输出模拟信号,去驱动模拟调节执行机构工作,这就需要模拟量输出回路。

2. 开关量输入/输出回路

在数据采集系统中,除模拟信号外,还有大量的以二进制数字变化为特点的信号,如断路器/隔离开关的状态、某些数值的限内或越限以及人机联系的功能键的状态等。开关量输入回路的基本功能就是将测控对象需要的状态信号引入微机系统,如断路器/隔离开关的状态等;输出回路主要是将 CPU 送出的数字信号或数据进行显示、控制或调节,如断路器跳闸命令和光字牌、报警信号等。

3. 微型机系统

微型机系统是自动装置硬件系统的数字核心部分,对系统的工作进行控制和管理,对采集到的数据做必要处理,然后根据要求作出判断和发出指令等。微型机系统一般由微处理器(CPU)、存储器、定时器/计数器、Watchdog(看门狗)等组成。

CPU 是微型机系统自动工作的指挥中枢,计算机程序的运行依赖于 CPU

来实现。因此,CPU 的性能好坏在很大程度上决定了计算机系统性能的优劣。目前,自动装置所采用的 CPU 多种多样,多数为 8 位或 16 位 CPU。随着微电子技术突飞猛进的发展,新一代 32 位的 CPU 也伴随着大规模/超大规模集成电路的广泛应用而在新一代自动装置中得以普遍使用。由于数字信号处理器(DSP)的广泛应用,自动装置采用数字信号处理器来完成装置功能、实现装置功能算法已成为一种发展趋势,并逐步应用于实际。

计算机利用存储器把程序和数据保存起来,使计算机可以在脱离人的干预的情况下自动地工作。

定时器/计数器在自动装置中十分重要,除计时作用外,还有两个主要用途:一是用来触发采样信号,引起中断采样;二是在 U/f 变换式 A/D 中,作为把频率信号转换为数字信号的关键部件。

电力自动装置通常运行在强电磁干扰的环境中。当自动装置受到干扰导致微机系统运行程序出轨后,装置可能陷入瘫痪。Watchdog 的作用就是监视微机系统程序的运行情况,若自动装置受到干扰而失控,则立即动作,以使程序重新开始工作,进入正常运行轨道。

4. 人机对话接口回路

人机对话接口回路主要包括打印、显示、键盘及信号灯、音响或语言告警等,其主要功能用于人机对话,如调试、定值整定、工作方式设定、动作行为记录、与系统通信等。

在微机型自动装置中,人机对话的主要内容如下所示:

(1)显示画面与数据,包括时间日期、报警画面与提示信息、装置工况状态显示、装置整定值、控制系统的配置显示(包括退出运行的装置的显示以及信号流程图表)、控制系统的设定显示等内容。

(2)输入数据,包括运行人员的代码和密码、运行人员密码更改、装置定值的更改、控制范围及设定的变化、报警界限、告警设置与退出、手动/自动设置、趋势控制等。

(3)人工控制操作,包括断路器及隔离开关操作、开关操作排序、变压器分接头位置控制、控制闭锁与允许、装置的投入和退出、设备运行/检修的设置、当地/远方控制的选择、信号复归等。

(4)诊断与维护,包括故障数据记录显示、统计误差显示、诊断检测功能的启动。

5. 通信回路

通信回路的功能主要是完成自动装置间通信、监控系统与自动装置间通信及自动装置信息远传。

1.1.1.2 工业控制计算机系统

工业控制计算机系统一般由稳压电源、机箱和不同功能的总线模板及键盘等外设接口组成。

工业控制计算机系统中内部总线种类繁多，而早期的工业控制计算机较多采用 STD 总线，即工业控制标准总线，广泛应用于冶金、化工和电力等领域。STD 总线工业控制机内对 56 根线做了合理的安排，信号之间的隔离消除了大部分总线上的干扰，单元为小模板结构，每块模板功能具有相当的独立性，实现了板级功能的分散。图 1-2 为 STD 总线工业控制机的结构示意图。其他工业控制计算机都具有相似的结构。

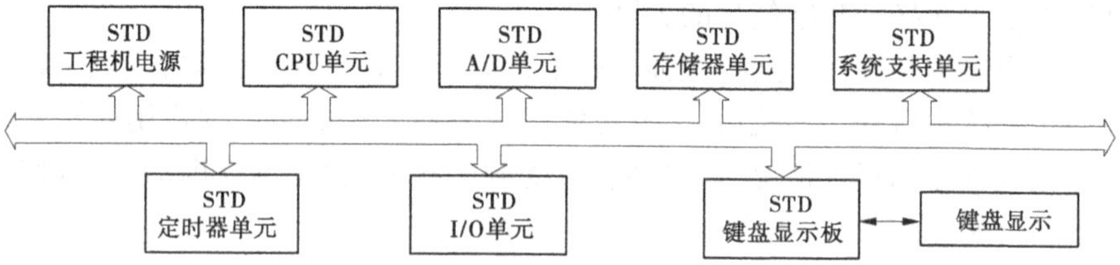

图 1-2　STD 总线工业控制机的结构示意图

1. CPU 单元

作为 STD 总线的主处理单元，CPU 单元的主要功能是，实现 STD 总线上的数据、地址和各种控制功能，并且控制其他 STD 功能单元的工作，以及进行整个工控系统的计算、数据处理、控制等工作。

2. A/D 单元

A/D 单元主要提供模/数转换的接口。模/数转换和数据读取的时刻可由 CPU 单元控制，也可由外部触发来决定。

3. 存储器单元

存储器单元的主要功能是作为通用存储器的扩展卡，卡上含有 STD 接口、译码器、存储器、后备电池等，可防止失电后数据丢失。

4. 系统支持单元

系统支持单元是为 STD－PC 提供系统支持的功能单元。它包括设置开关、后备电池、实时时钟、Watchdog（看门狗）、定时器、上电复位电路、总线终端网络及通信口。

5. 定时器单元

定时器单元是 STD 总线的独立外设，具有可编程逻辑电路、选通电路和输出信号，可完成定时、记数以及实现“看门狗”功能等。

6. I/O 单元

I/O 单元是实现开关量的输入/输出的功能单元，可以提供电平输出，也可以提供功率输出，各种信号输出均具有锁存功能。

7. 键盘显示板

该系统主要有键盘输入、显示输出、打印机接口等部分。工业控制计算机系统的功能较微型计算机系统完善，可靠性和实时性通常也较微型计算机系统大为提高，已实现板级的分散，配有实时操作系统、过程中断系统等，具有丰富的过程输入/输出功能和软件系统，有众多的选配件和组态软件支持。

1.1.1.3 集散控制系统(DCS)

集散控制系统的结构框图如图 1-3 所示。集散控制系统是计算机网络技术在工业控制系统发展的产物，整个系统由若干个数据采集测控站、上位机和通信线路组成。

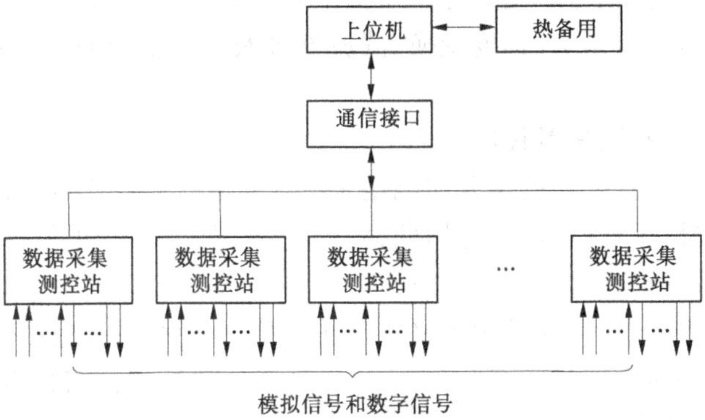

图 1-3 集散控制系统的结构框图

1. 数据采集测控站

数据采集测控站一般由单片机数据采集控制装置组成，位于生产设备附近，可独立完成数据采集和预处理任务，可以将信号通过通信线路传送至上位机，并能够接收上位机通过通信线路下达的控制指令进行现场控制。

2. 上位机

上位机一般采用工业控制机或工作站，配置打印机和其他外设；一般采用双机热备用方式，以确保系统的可靠性。它的工作是将各个站上传的数据进行分析处理，以及进行数据的存储和整个系统的协调，集中显示或打印各种报表。此外，上位机最重要的功能是根据数据处理的结果，确定控制的参数和方法，并将这些结果通过通信线路下达给相应的站。

上位机和工作站之间通常采用串行通信方式进行通信。介质访问方式一般为令牌形式，由上位机确定与哪一个工作站进行通信。

DCS 的系统适应性强，系统的规模可以根据实际情况建设；由于系统具有分散性，单一站的故障不会影响到整个系统，可靠性得到了提高；因为系统的各个站为并行结构，可满足大型、高速、动态系统的需要，实时性能较好；因为要进行集中数据处理，上位机应具有一定的技术要求。

1.1.2 微机型自动装置软件的组成

自动装置的正常工作，除必须要有硬件外，还需要有软件支持。但软件随着具体应用的不同，其规模、功能及所采用的技术也不相同。

1.1.2.1 信号采集与处理程序

采集的信息有数字信号和模拟信号两种，数字信号采集后可直接进入计算机存储，而模拟信号须经处理。模拟信号采集与处理程序的主要功能是对模拟输入信号进行采集、标度变换、滤波处理及二次数据计算，并将数据存入相应地址的存储单元。

1.1.2.2 运行参数设置程序

运行参数设置程序的主要功能是对系统的运行参数进行设置。运行参数有采样通道号、采样点数、采样周期、信号量程范围和工程单位等。

1.1.2.3 系统管理（主控制）程序

系统管理程序，首先是用来将各个功能模块组织成一个程序系统，并管理和调用各个功能模块程序；其次是用来管理数据文件的存储和输出。

1.1.2.4 通信程序

通信程序用来完成上位机与各个站之间的数据传递工作，或用来完成主节点与从节点之间的数据传递，主要的功能包括设置数据传输的波特率、数据发送的发起、数据发送发起的响应、数据接收的响应、数据传输的校验和数据传输成功的标志等。

以上介绍了系统软件的功能模块划分。它的划分并非是一成不变的，不同的系统常常有不同的划分。例如，在工业控制计算机、集散控制系统中，还需显示软件、键盘扫描与分析程序、实时监控程序等软件功能模块；在最简单的微型计算机系统（单片机系统）中，可能就不具备用菜单技术编程的系统管理程序。

1.2 数据的采集与处理

电力系统自动装置采集的电力测控对象主要有电流、电压、有功功率、无功功率、温度等,都属于模拟量。模拟量输入电路是自动装置中很重要的电路,自动装置的动作速度和测量精度等性能都与该电路密切相关。模拟量输入电路的主要作用是隔离、规范输入电压及完成模/数变换,以便与 CPU 接口,完成数据采集任务。

1.2.1 采样基本原理

1.2.1.1 采样过程

时间取量化的过程称为采样。采样过程是将模拟信号 $x(t)$ 首先通过采样保持器,每隔 T_s 采样一次(定时采样)输入信号的即时幅度,并把它存放在保持电路里供 A/D 转换器使用。经过采样以后的信号称为离散时间信号,它只表达时间轴上一些离散点(0、T_s、$2T_s$、…、nT_s、…)的信号值 $f(0)$、$f(T_s)$、$f(2T_s)$、…、$f(nT_s)$、…,从而得到一组特定时间下表达数值的序列。

采样保持(S/H)电路的作用是在一个极短的时间内测量模拟输入量在该时刻的瞬时值,并在模/数转换器进行转换的期间内保持其输出不变。利用采样保持电路,可以方便地对多个模拟量进行同时采样。S/H 电路的工作原理可用图 1-4(a)来说明,它由一个电子模拟开关 AS、保持电容器 C_h 以及两个阻抗变换器组成。电子模拟开关 AS 受逻辑输入端的电平控制,该逻辑输入就是采样脉冲信号。

在输入为高电平时 AS 闭合,此时电路处于采样状态。电容 C_h 迅速充电或放电到采样时刻的电压值 U_{sr}。电子模拟开关 AS 每隔 T_s 闭合一次,将输入信号接通,实现一次采样。如果开关每次闭合的时间为 T_c,则输出将是一串重复的周期为 T_s、宽度为 T_c 的脉冲,而脉冲的幅度则重复着 T_c 时间内的信号幅度。AS 闭合时间应使 C_h 有足够的充电或放电时间即采样时间,显然希望采样时间越短越好。而应用阻抗变换器 I 的目的是,它在输入端呈现高阻抗,对输入回路的影响很小;而输出阻抗很低,使充放电回路的时间常数很小,保证 C_h 上的电压能迅速跟踪到采样时刻的瞬时值 U_{sr}。

电子模拟开关 AS 打开时,电容器 C_h 上保持 AS 闭合时刻的电压不变,电路处于保持状态。为了提高保持能力,电路中应用了另一个阻抗变换器 Ⅱ,它在 C_h 侧呈现高阻抗,使 C_h 对应的充放电回路的时间常数很大,而输出阻抗

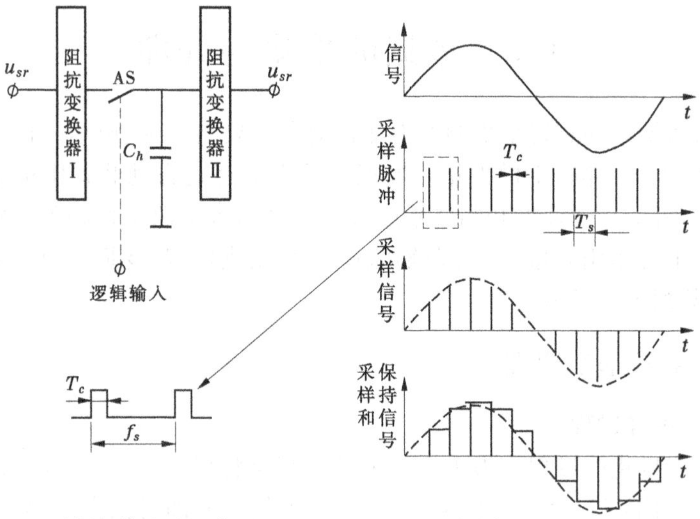

(a)采样保持电路工作原理图　　(b)采样保持过程示意图

图 1-4　采样保持电路工作原理图及其采样保持过程示意图

(u_{sc}侧)很低,以增强带负载能力。阻抗变换器Ⅰ和Ⅱ可由运算放大器构成。

采样保持的过程如图 1-4(b)所示。T_c 称为采样脉冲宽度,T_s 称为采样间隔(或称采样周期)。等间隔的采样脉冲由微机控制内部的定时器产生,如图 1-4(b)中的采样脉冲,用于对信号进行定时采样,从而得到反映输入信号在采样时刻的信息,即图 1-4(b)中的采样信号,随后,在一定时间内保持采样信号处于不变的状态,如图 1-4(b)中的采样和保持信号。因此,在保持阶段,在任何时刻进行模/数转换,其转换的结果都反映了采样时刻的信息。

1.2.1.2　采样定理

采样周期 T_s 决定了采样信号的质量和数量。T_s 太小,会使采样信号的数据剧增,并占用大量的内存单元;T_s 太大,会使模拟信号的某些信息丢失,当将采样后的信号恢复成原来的信号时,就会出现信号失真现象,而失去应有的精度。由采样(香农)定理可以证明,如果被采样信号中所含最高频率成分的频率为 f_{max},则采样频率 f_s 必须大于 f_{max} 的 2 倍,否则将造成频率混叠。

这里仅从概念上说明采样频率过低造成频率混叠的原因。如果被采样信号 $x(t)$ 中含有的最高频率为 f_{max},将 $x(t)$ 中这一成分 $x_{fmax}(t)$ 单独画在图 1-5(a)中。从图 1-5(b)可以看出,当 $f_s=f_{max}$ 时,采样所看到的为一直流成分;从图 1-5(c)可以看出,当 f_s 略小于 f_{max} 时,采样所得到的是一个差拍低频信号。也就是说,一个高于 $f_s/2$ 的频率成分在采样后将被错误地认为是一个低频信号,或称高频信号“混叠”到了低频段。显然,在满足采样定理$f_s > 2f_{max}$后,将不会出现这种混叠现象。

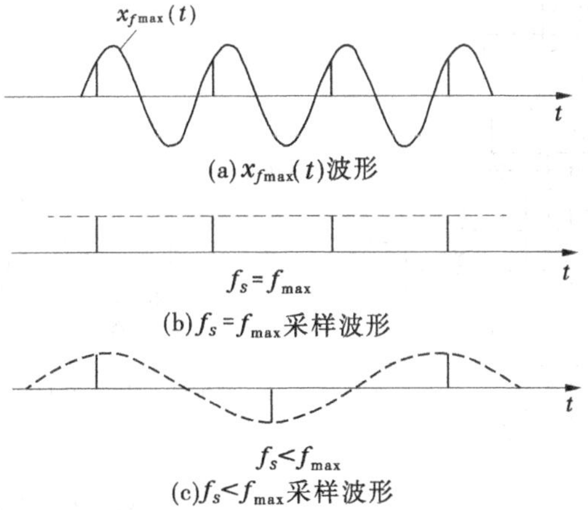

图 1-5 频率混叠示意图

1.2.2 模/数(A/D)变换

微机型系统只能对数字量进行运算或逻辑判断,而电力系统中的电流、电压等信号均为模拟量。因此,必须用 A/D 变换器将采样后得到的离散时间信号$x'(t)$转换为数字信号,以便微机系统或数字系统进行处理、存储、控制和显示。

在微机系统中常用逐次逼近型原理实现 A/D 变换,其原理框图如图 1-6(a)所示。它主要由逐次逼近寄存器 SAR、D/A 转换器、比较器、时序及控制逻辑等部分组成。它的实质是逐次把设定的 SAR 寄存器中的数字量经 D/A 转换后得到的电压U_c与待转换的模拟电压U_x进行比较。比较时,先从 SAR 的最高位开始,逐次确定各位的数码是“1”还是“0”。

在进行转换时,先将 SAR 寄存器各位清零。转换开始时,控制逻辑电路先设定 SAR 寄存器的最高位为“1”,其余各位为“0”,此试探值经 D/A 转换器转换成电压U_c,然后将U_c与模拟输入电压U_x比较。如果$U_x > U_c$,说明 SAR 最高位的“1”应予保留;如果$U_x < U_c$,说明 SAR 该位应予清零。然后再对 SAR 寄存器的次高位置“1”,依上述方法进行 D/A 转换器转换和比较。如此重复上述过程,直至确定 SAR 寄存器的最低位。过程结束后,状态线 EOC 改变状态,表明已完成一次转换。最后,逐次逼近寄存器 SAR 中的内容就是与

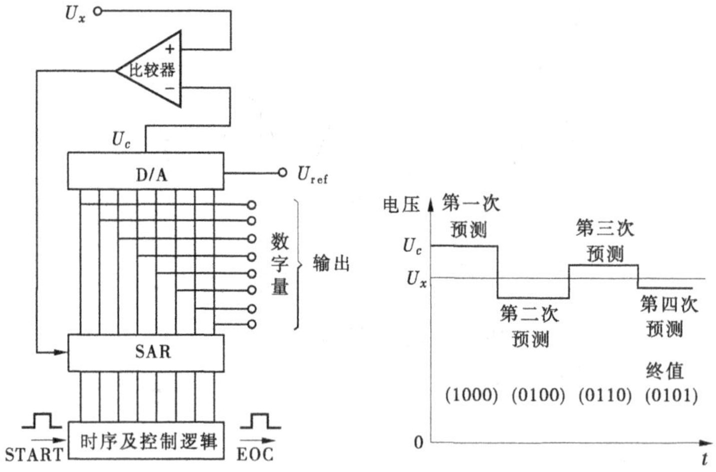

(a)原理框图　　(b)逐次逼近过程

图 1-6　逐次逼近 A/D 转换器工作原理

输入模拟量 U_x 相对应的二进制数字量。显然，A/D 转换器的位数 N 取决于 SAR 的位数和 D/A 转换器的位数。图 1-6(b)表示四位 A/D 转换器的逐次逼近过程。转换结果能否准确逼近模拟信号，主要取决于 SAR 和 D/A 转换器的位数。位数越多，越能准确逼近模拟量，但转换所需的时间也越长。

1.2.3　输入数据的前置处理

计算机采集的模拟量种类繁多，通过 A/D 转换器变换成数字量后送计算机。经过 A/D 转换器读入的数据，以不同的通道号代表不同的物理量，存入指定的存储单元。上述数据还要进行一系列简单处理（前置处理），然后存入数据库保存。数据前置处理流程如图 1-7 所示。

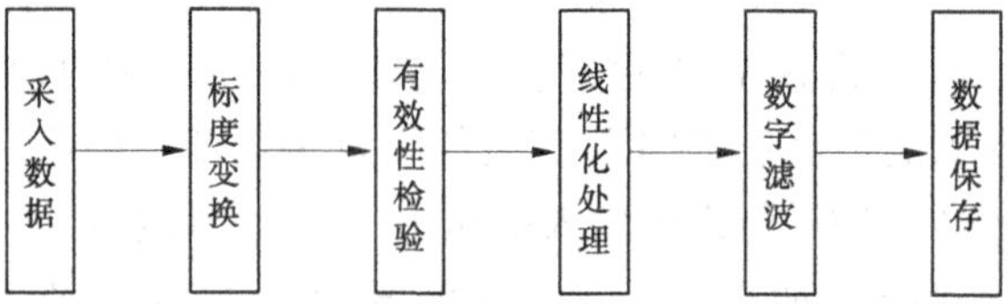

图 1-7　数据前置处理流程

1.2.3.1　标度变换

进入 A/D 转换器的信号一般是电平信号，但其意义有所不同。例如，同样是 5 V 电压，可以代表 5 400 ℃蒸汽温度，也可以代表 500 A 电流或 110 kV 电压等。因此，经 A/D 转换器转换后的同一数字量所代表的物理意义是很不相同的，所以要由计算机乘上不同的系数进行标度变换，把它们恢复到原来的量值。

1.2.3.2　数据的有效性检验

数据的有效性检验的目的是判断采入的数据是否有明显的出错或为干扰信号等，并且可根据物理量的特性来判断。例如：

（1）变化缓慢的参数，可用同一参数前、后周期的变化量来判断。如后一周期内的变化量超过一定范围，与规律不符，则可认为该数据是不可信的"坏"数据。

（2）利用相关参数间的关系互相校核。例如，励磁电压与励磁电流之间有较强的相关性，可以互相校核。当励磁电压升高时，励磁电流必定按一定关系上升，不符合这种情况的数据是不可信的。

（3）对于一些重要参数，可以用两个测点或在同一测点上装两台变送器，用它们之间的差值进行校核。差值超过一定数值的数据是不可信的。对于可疑数据，需进一步判别。

（4）限制判断。各种数据，当超过其可能的最大变化范围时，该数据为不可信的。

可见，根据量值的类型，选择合适的判断方法达到可信目的，是数据有效性检验的任务。

1.2.3.3　线性化处理

有的变送器的输出信号与被测参数之间可能成非线性关系，为了提高测量精度，可采取线性拟合措施，以消除传感器或转换过程引起的非线性误差。

1.2.3.4　数字滤波

输入的信号中常混杂有各种频率的干扰信号。因此，在采集的输入端通常加入 RC 低通滤波器，用于抑制某些干扰信号。RC 低通滤波器易实现对高频干扰信号的抑制，但欲抑制低频干扰信号（如频率为 0.01 Hz 的干扰信号）要求 C 值很大，不易实现。而数字滤波器可以对极低频率的干扰信号进行滤波，弥补了 RC 低通滤波器的不足。

在计算机中数字滤波用一定的计算方法对输入信号的量化数据进行数学处理，减少干扰在有用信号中的比重，提高信号的真实性。这是一种软件方法，对滤波算法的选择、滤波系数的调整都有极大的灵活性，因此在遥测量的处理上广泛采用。

1.2.4　开关量输入/输出回路

1.2.4.1　开关量输入回路

开关量输入回路包括断路器和隔离开关的辅助触点、跳合闸位置继电器触点、有载调压变压器的分接头位置等输入、外部装置闭锁重合闸触点输入、装置上连接片位置输入等回路。这些触点可分成两大类：

(1)安装在装置面板上的触点。这类触点包括在装置调试时用的或运行中定期检查装置用的键盘触点，以及切换装置工作方式用的转换开关等。

(2)从装置外部经过端子排引入装置的触点。如需要由运行人员不打开装置外盖在运行中切换的各种压板、转换开关以及其他装置和操作继电器触点等。

对于装在装置面板上的触点，可直接接至微机的并行口，如图 1-8(a)所示。只要在初始化时规定可编程的并行口的 PA0 为输入端，则 CPU 就可以通过软件查询，随时知道图 1-8 所示外部触点 K1 的状态。

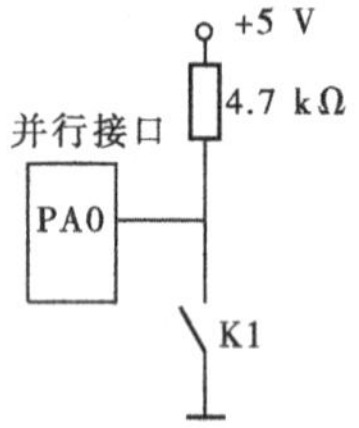

(a)装置内触点输入回路

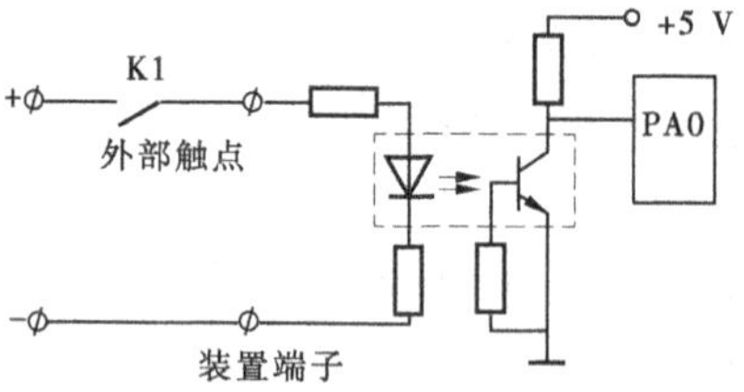

(b)装置外触点输入回路

图 1-8　开关量输入电路原理图

对于从装置外部引入的触点，如果也按图 1-8(a)接线，将给微机引入干扰，故应经光电隔离后接入，如图 1-8(b)所示。图 1-8(b)中，虚线框内是一个光电耦合器件，集成在一个芯片内。当外部触点 K1 接通时，有电流通过光电器件的发光二极管回路，使光敏三极管导通；当 K1 打开时，光敏三极管截止。因此，三极管的导通与截止完全反映了外部触点的状态，如同将 K1 接到三极管的位置一样，不同点是可能带有电磁干扰的外部接线回路和微机的电路部分之间无直接电的联系，而光电耦合芯片的两个互相隔离部分的分布电容只有几皮法，因此可大大削弱干扰。

1.2.4.2　开关量输出回路

开关量输出主要包括自动装置的跳闸出口以及信号等，一般都采用并行接口的输出来控制有触点继电器(干簧或密封小中间继电器)的方法,但为提高抗干扰能力,最好也经过一级光电隔离,如图1-9所示。

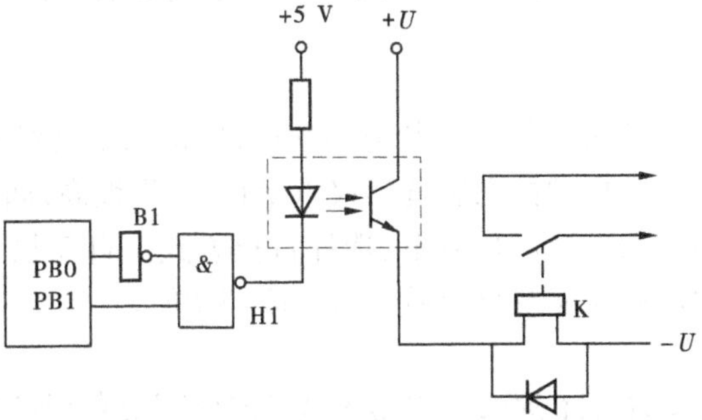

图1-9　开关量输出回路接线图

只要通过软件使并行口的PB0输出“0”,PB1输出“1”,便可使与非门H1输出低电平,光敏三极管导通,继电器K被吸合。在初始化和需要继电器K返回时,应使PB0输出“1”, PB1输出“0”。

设置反相器B1及与非门H1而不将发光二极管直接同并行口相连,一方面是因为并行口带负载能力有限,不足以驱动发光二极管;另一方面是因为采用与非门后要满足两个条件才能使K动作,增加了抗干扰能力。为了防止拉合直流电源的过程中继电器K短时误动,将PB0经一反相器输出,而PB1不经反相器输出。这是因为在拉合直流电源过程中,当5 V电源处于某一个临界电压值时,可能由于逻辑电路的工作紊乱而造成自动装置误动作,特别是自动装置的电源往往接有大量的电容器,所以拉合直流电源时,无论是5 V电源还是驱动继电器K用的电源U,都可能相当缓慢地上升或下降,从而完全可能来得及使继电器K的触点短时闭合。采用上述接法后,两个反相条件的互相制约,可以可靠地防止误动作。

第 2 章　备用电源自动投入装置

备用电源自动投入装置是水电站、变电所保证供电连续性的一个重要设备。微机型备用电源自动投入装置不仅重量轻、可靠性高，而且能够根据设定的运行方式自动识别现行运行方案、选择自投方式。自动投入过程还可以带有过电流保护和加速功能及自投后过负荷联切功能。

2.1　备用电源自动投入装置的作用和要求

2.1.1　备用电源自动投入装置的含义和作用

在现代电力系统中，有些情况下为了节省设备投资、简化电力网的接线及继电保护装置的配置方式，在较低电压等级的电力网（如 10 ~ 35 kV 电网）中或在较高电压等级的电网（如 110 kV 电网）中的非主干线，以及在大多数用户的供电系统中，常常采用辐射形网络供电。当某母线或线路供电电源中断时，连接在它上面的用户和用电设备将失去电源，使正常供电受到破坏，给生产和生活造成不同程度的影响或损失。为了保证用户的连续供电，可采用备用电源自动投入装置。

备用电源自动投入装置是指当工作电源因故障被断开后，能迅速地自动地将备用电源投入或将用电设备自动切换到备用电源上去，使用户不至于停电的一种自动装置，简称 AAT 装置。一般在下列情况下应装设 AAT 装置：

(1) 发电厂的厂用电和变电所的所用电。

(2) 由双电源供电的变电所和配电所，其中一个电源作为备用电源。

(3) 降压变电所内装有备用变压器或互为备用的母线段。

(4) 生产过程中某些重要的备用机组。

在电力系统中，不少重要的用户是不允许停电的，因此常设置两个及以上的独立电源供电，一个工作，另一个备用，或互为备用。

当工作电源消失时，备用电源的投入，可以用手动操作，也可用 AAT 自动操作。手动操作动作较慢，中断供电时间较长，对正常生产有很大影响，手动投入备用电源不能满足要求。采用 AAT 装置自动投入，中断供电时间只是自动装置的动作时间，时间很短，对生产无明显影响，故AAT装置可大大提高供电的可靠性。

由于AAT装置结构简单，造价便宜，能较好地提高供电的可靠性，因此在变配电所中得到了广泛应用。

2.1.2 备用方式

AAT装置从其电源备用方式上可分明备用和暗备用两种方式。图2-1(a)中，变压器T1和T2正常工作时处于工作状态，断路器QF1、QF2、QF6、QF7处于合闸位置，分别向Ⅰ段母线和Ⅱ段母线供电；变压器T3处于备用状态，断路器QF3、QF4、QF5断开。当T1或T2发生故障时，变压器保护将其两侧断路器断开，然后由AAT装置动作，将T3迅速合闸，母线恢复供电。这种接线称为明备用。

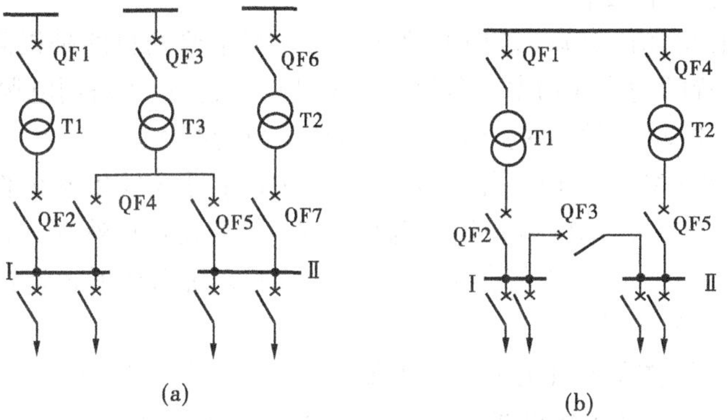

图2-1 应用AAT装置的一次接线示意图

图2-1(b)中，在正常运行时，断路器QF1、QF2、QF4、QF5处于合闸位置，变压器T1和T2分别向Ⅰ、Ⅱ段母线供电，分段断路器QF3断开，母线分段运行。当变压器T1故障由保护断开后，由AAT装置自动将QF3投入，Ⅰ段母线的负荷转移到由T2供电；同理，变压器T2故障由保护切除后，Ⅱ段母线负荷转移到由T1供电。这种靠分段断路器QF3取得互为备用的方式称为暗备用。

由分析可知，AAT装置的采用是一种安全、经济的措施，采用AAT装置后，有如下优点：

(1)提高供电的可靠性，节省建设投资。

(2)简化继电保护装置。因采用AAT装置后，环形网络可以开环运行，变压器可以分列运行，就可以采用比较简单的保护，因此继电保护装置得到简化。

（3）限制短路电流，提高母线残余电压。如图2-1（b）所示，变压器分列运行后，将使短路电流受到一定的限制，出线可不装电抗器，既节省投资，又使运行维护更加方便。

2.1.3 对AAT装置的基本要求

（1）工作母线突然失去电压时AAT装置应能动作。工作母线突然失压的主要原因有：工作变压器发生故障，保护将故障变压器切除；接在工作母线上的引出线发生故障，由变压器后备保护切除故障，造成工作变压器断开；工作母线故障；工作电源断路器操作回路故障将电源断开；工作电源突然停止供电；误操作造成工作变压器退出运行。这些原因都应使AAT装置动作，使备用电源迅速投入恢复供电。

（2）工作电源断开后，备用电源才投入。其主要的目的是提高备用电源自动投入装置的动作成功率。若故障点未被切除，就投入备用电源，实际上就是将备用电源投入到故障的元件上，将造成事故的扩大。

（3）AAT装置应保证只能动作一次。当工作母线发生永久性短路故障时，AAT装置第一次动作将备用电源投入后，由于故障仍然存在，保护动作，将备用电源断开。若再次将备用电源投入，将对系统造成不必要的冲击，同时还可能造成事故的扩大。

（4）AAT装置的动作时间以尽可能短为原则。从工作母线失去电压到备用电源投入为止，其工作母线上有一段停电时间，这段时间为中断供电时间。停电时间愈短，电动机愈容易自启动，对于一般用户影响也小一些，甚至没有影响。

但中断供电时间过短，电动机的残压可能很高，当AAT装置动作使备用电源投入时，如果备用电源电压和电动机残压之间的相角差又较大，将会产生很大的冲击电流而造成电动机的损坏。为了减少冲击电流的影响，可采取在母线残压降到较低的数值时，再投入备用电源。而高压大容量电动机因其残压衰减慢，幅值又大，因此其工作母线中断电压的时间应在1 s以上。运行实践证明，AAT装置的动作时间以1～1.5 s为宜，低电压场合可减小到0.5 s。

（5）手动断开工作电源时，备用电源自动投入装置不应动作。

（6）应具有闭锁备用电源自动投入装置的功能。设置备用电源自投闭锁功能的目的是防止备用电源投入到故障元件上，造成事故扩大的严重后果。

(7)备用电源不满足有电压条件,备用电源自投装置不应动作。

(8)工作母线失去电压还应检查工作电源有无电流,防止电压互感器二次侧断线造成误动。

2.2 备用电源自动投入的一次接线方案

备用电源自动投入装置主要用于110 kV以下的中低压配电系统中,因此备用电源自动投入装置的接线方案是根据发电厂厂用电及中低压变电所主要一次接线方案设计的。

2.2.1 低压母线分段断路器自投方案

低压母线分段断路器自投方案的主接线如图2-2所示。

由图2-2可知,当主变压器T1、主变压器T2(可简称为主变T1、主变T2)同时运行,而分段断路器QF3断开时,一次系统中T1和T2互为备用电源,此方案称为暗备用接线方案。

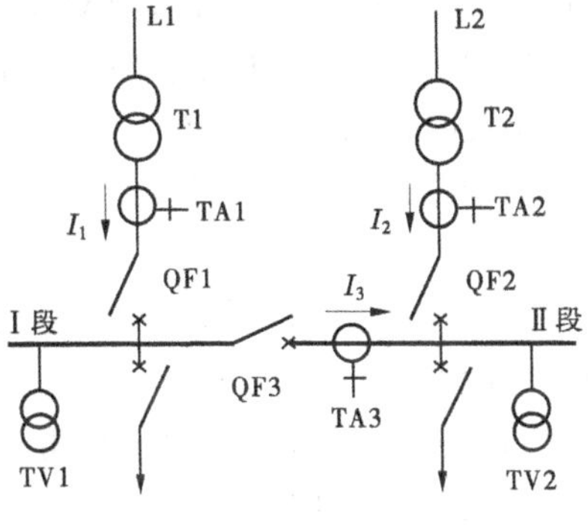

图2-2 低压母线分段断路器自投方案的主接线

当主变T1故障,保护跳开QF1,或者主变T1高压侧失压时,都会引起Ⅰ段母线失压,I_1无电流且Ⅱ段母线有电压,即断开QF1,合上QF3。Ⅰ段、Ⅱ段母线上的负荷由主变T2供电。自投条件是Ⅰ段母线失去电压、I_1无电流、Ⅱ段母线有电压、QF1确已断开。与常规电磁型备用电源自动投入装置相比,多了一项检查I_1无电流条件,其目的是防止Ⅰ段母线电压互感器TV1断线而引起备用电源自投的误动作。

同理,当发生主变T2故障等相类似的情况,Ⅱ段母线失去电压、I_2无电流且Ⅰ段母线有电压时,即断开QF2,合上QF3。自投条件是Ⅱ段母线失去电压、I_2 无电流且Ⅰ段母线有电压、QF2 确已断开。

2.2.2 内桥断路器自投方案

内桥断路器自投方案主接线如图 2-3 所示。

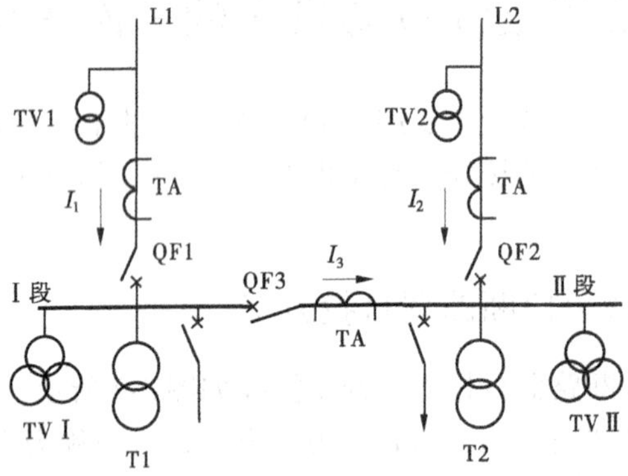

图 2-3 内桥断路器自投方案接线图

由图 2-3 可知，当 L1 进线带Ⅰ、Ⅱ段运行，即 QF1、QF3 在合闸位置，QF2 在分闸位置时，线路 L2 是备用电源。若 L2 进线带Ⅰ、Ⅱ段运行，即 QF2、QF3 在合闸位置，QF1 在分闸位置时，线路 L1 是备用电源。显然，此两种运行方式都有一个共同的特点，一回线路运行，另一回线路作为备用，此运行方式称为明备用接线方案。

L1 为运行状态，L2 为备用状态的自投条件是：Ⅰ段母线失去电压、I_1 无电流，L2 线路有电压、QF1 确已断开时合 QF2。

L2 为运行状态，L1 为备用状态的自投条件是：Ⅱ段母线失去电压、I_2 无电流，L1 线路有电压、QF2 确已断开时合 QF1。

如果两段母线分列运行，即桥断路器 QF3 在分闸位置，而 QF1、QF2 在合闸位置，此时 L1 和 L2 成为互为备用电源，显然此运行方式是暗备用接线方案。此种暗备用方案与低压母线分段断路器自投方案及其运行方式完全相同。

2.2.3 线路备用电源自投方案

线路备用电源自投方案接线如图 2-4 所示。一般在农网配电系统、小型化变电所或在厂用电系统中使用。

图 2-4 所示的备用电源自投方案接线是明备用方案接线。L1 和 L2 中只有一个断路器在合闸位置，另一个在分闸位置，因此当母线失压，备用线路有

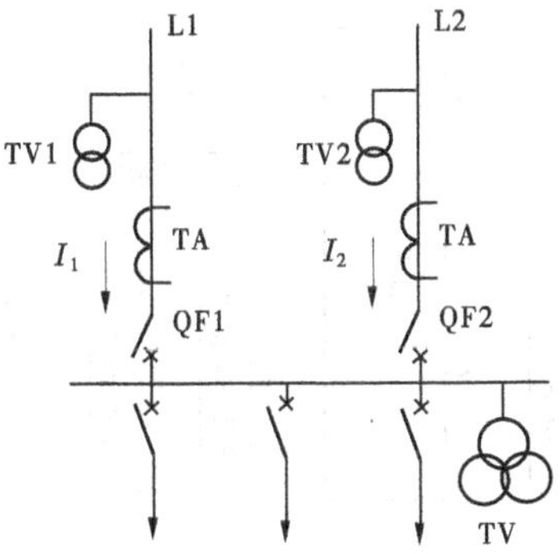

图 2-4 线路备用电源自投方案接线图

电压,且 I_1(或 I_2)无电流时,即可断开 QF1(或 QF2),合上 QF2(或 QF1)。该明备用方案的自投条件类似于内桥断路器自投方案中的明备用方案。即母线无电压,线路 L2 有电压,I_1 无电流,QF1 确已断开时,合上 QF2;或者母线无电压,线路 L1 有电压,I_2 无电流,QF2 确已断时开时,合上 QF1。

2.3 微机型 AAT 装置

微机型 AAT 装置不但重量轻、可靠性高,而且能够根据设定的运行方式自动识别现行运行方案、选择自投方式。自动投入过程还带有过流保护和加速功能及自投后过负荷联切功能。

2.3.1 微机型 AAT 装置的硬件结构

微机型 AAT 装置的硬件结构如图 2-5 所示,装置的输入模拟量包括母线Ⅰ、Ⅱ的三相电压幅值、频率和相位,母线Ⅰ、Ⅱ的进线电流。模拟量通过隔离变换后经滤波整形,进入 A/D 转换器,再送入 CPU 模块。

由于微机型 AAT 装置的功能并不复杂,采样、逻辑功能及人机接口由同一个 CPU 完成。同时装置对采样速度要求不高,因此硬件中 A/D 转换器可以不采用 VFC 类型,宜采用普通的 A/D 转换器。开关量输入/输出仍要求经光电隔离处理,以提高抗干扰能力。

2.3.2 微机型 AAT 装置的软件原理

微机型 AAT 装置软件逻辑框图如图 2-6 所示。下面以图 2-1(b)所示暗

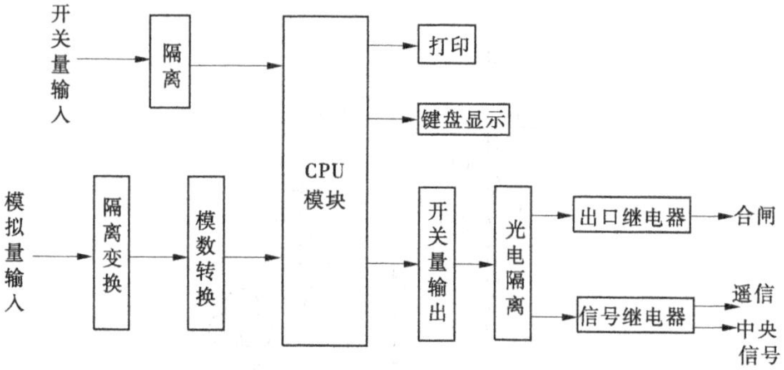

图 2-5 微机型 AAT 装置硬件结构图

备用方式进行分析。正常时母线Ⅰ、Ⅱ分开运行，QF3 断开。

2.3.2.1 微机型 AAT 装置的启动方式

方式一：由图 2-6(a)分析可知，当 QF2 在跳闸状态，并满足母线Ⅰ无进线电流，母线Ⅱ有电压的条件时，Y4 动作，H2 动作，在满足 Y3 另一输入条件时合 QF3，此时 QF2 处于跳闸位置，而其控制开关仍处于合闸位置，即当二者不对应时就启动备用电源自动投入装置，这种方式为装置的主要启动方式。

方式二：当电力系统侧各种故障导致工作母线Ⅰ失去电压（如系统侧故障，保护动作使 QF1 跳闸）时，分析图 2-6(b)可知，在满足母线Ⅰ进线无电流、备用母线Ⅱ有电压的条件下，Y6 动作，经过延时，跳开 QF2，再由方式一启动备用电源自动投入装置，使 QF3 合闸。这种方式可看作是对方式一的辅助。

以上两种方式保证无论任何原因导致工作母线Ⅰ失去电压均能启动备用电源自动投入装置，并且保证 QF2 跳闸后 QF3 才合闸的顺序，并且从图 2-6 的逻辑框图中可知，工作母线Ⅰ与备用母线Ⅱ同时失去电压时，装置不会动作；备用母线Ⅱ无电压，装置同样不会动作。

2.3.2.2 AAT 装置的闭锁

微机型 AAT 装置的逻辑回路中设计了类似于电容的“充、放电”过程，在图 2-6(a)中以时间元件 t_1 表示“充、放电”过程，只有在充电完成后，装置才进入工作状态，Y3 才有可能动作。其“充、放电”过程分析如下：

“充电”过程：从图 2-6 (a) 中看到，当满足 QF2、QF5 在合闸状态，QF3 在跳闸状态，工作母线Ⅰ有电压，备用母线Ⅱ也有电压，并且无装置的“放电”信号时，Y1 动作，使 t_1“充电”，经过 10 ~ 15 s 的充电过程，为 Y3 的动作做好准备，一旦 Y3 的另一输入信号满足条件，装置即动作，合上 QF3。

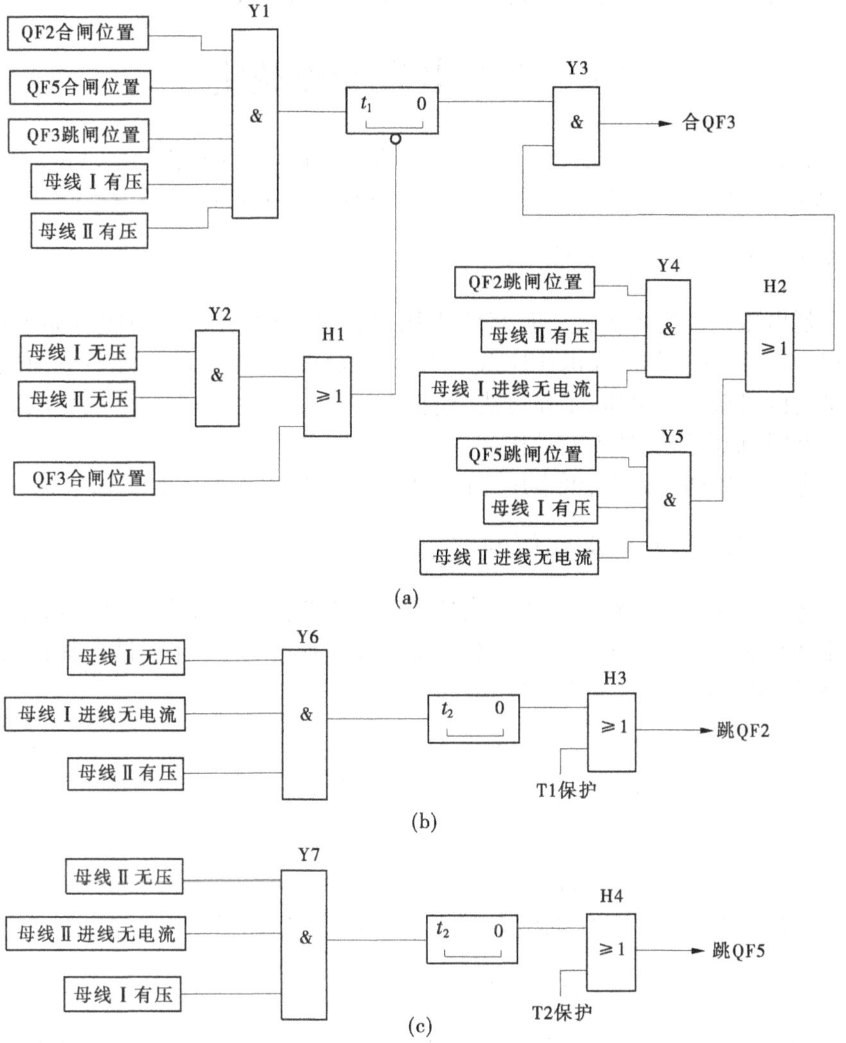

图 2-6　微机型 AAT 装置软件逻辑框图

"放电"过程：当满足 QF3 在合闸状态或者工作母线Ⅰ及备用母线Ⅱ无电压时，t_1 瞬时"放电"，Y3 不能动作，即闭锁装置。

2.3.2.3　合闸于故障母线上

当 AAT 动作，QF3 合闸后 t_1 瞬时"放电"，若合闸于故障母线上，则 QF3 的继电保护加速动作使 QF3 立即跳闸，此时工作母线Ⅰ无电压，t_1 不能"充电"，装置不能动作，保证了装置只动作一次。

微机型 AAT 装置能完全满足对备用电源自动投入装置的基本要求。

2.4 AAT 装置参数整定

装置的参数整定有低电压元件动作值、过电压元件动作值、AAT 充电时间、AAT 动作时间、低电流元件动作值、合闸加速保护时间。

2.4.1 低电压元件动作值的整定

低电压元件用于监视工作母线失压，当工作母线失压时应能可靠动作。所以，低电压元件的动作电压应低于工作母线出线短路故障切除后电动机自启动时的最低母线电压；工作母线（包括上一级母线）上的电抗器或变压器发生短路时，低电压元件不应动作。

考虑上述两种情况，低电压元件动作值取额定工作电压的 25%。

2.4.2 过电压元件动作值的整定

过电压元件用于检测备用母线是否有电压的情况。如图 2-1（a）所示，当正常运行时工作母线和备用母线在最低工作电压时，过电压元件应保持动作状态，因此过电压元件动作电压为

$$U_{op} = \frac{U_{\min}}{n_T K_{rel} K_{re}} \tag{2-1}$$

式中 n_T——电压互感器变比；

K_{rel}——可靠系数，取 1.2；

K_{re}——返回系数，取 0.9。

一般过电压元件动作电压 U_{op} 不应低于额定电压的 70%。

2.4.3 AAT 充电时间的整定

图 2-1（b）所示电路以 T1、T2 分开，QF3 断开方式运行，当备用电源动作于故障点时，则由设在 QF3 上的加速保护将 QF3 跳闸。如果故障为瞬时性的，则可立即恢复原有备用方式。为保证断路器切断能力的恢复，AAT 的充电时间应不小于断路器第二个“合闸→跳闸”的时间间隔，一般间隔时间取 10 ~ 15 s。

2.4.4 AAT 动作时间的整定

AAT 动作时间是指由于电力系统内的故障使工作母线失压跳开工作母

线受电侧断路器的延时时间。

因为网络中短路故障时低电压元件可能动作，显然此时 AAT 不能动作，所以设置延时是保证 AAT 动作选择性的重要措施。AAT 的动作时间 t_{op} 为

$$t_{op} = t_{\max} + \Delta t \tag{2-2}$$

式中 $t_{\max}$——工作母线上各元件继电保护动作时限的最大者；

Δt——时限级差，取 0.4 s。

2.4.5 低电流元件动作值的整定

设置低电流元件用于防止电压互感器二次回路断线时 AAT 误启动，同时兼作断路器跳闸的辅助判据。低电流元件动作值可取电流互感器二次侧额定电流的 8%（如 TA 二次侧额定电流为 5 A 时，低电流元件动作值为 0.4 A）。

2.4.6 合闸加速保护时间的整定

合闸加速保护电流元件的动作值应保证该母线上短路故障时不低于 1.5 的灵敏度；当加速保护有复合电压启动时，负序电压可取 7 V（相电压），正序电压可取 50 ~ 60 V（在上述短路点故障灵敏度不低于 2.0），加速时间取 3 s。

第 3 章　同步发电机自动并列装置

3.1　并列操作简述

3.1.1　电力系统并列操作的意义

在电力系统中,各发电机是并列运行的。并列运行的同步发电机,其转子以相同的电角速度旋转,每个发电机转子的相对电角速度都在允许的极限值以内,称为同步运行。一般来说,发电机在没有并入电网之前,与系统中的其他发电机是不同步的。

电力系统中的负荷是随机变化的,为保证电能质量,并满足安全和经济运行的要求,需要经常将发电机投入和退出运行。将同步发电机投入电力系统并列运行的操作称为并列操作。在某些情况下,还要求将已解列为两部分运行的系统进行并列,同样也要满足并列运行条件才能进行断路器操作。这种操作也是并列操作,其并列操作的基本原理与发电机并列相同,但调节比较复杂,且实现的具体方式有一定差别。图 3-1(a)表示发电机通过断路器 QF 与系统进行并列操作,图 3-1(b)表示系统的两个部分 S1 和 S2 通过断路器 QF3

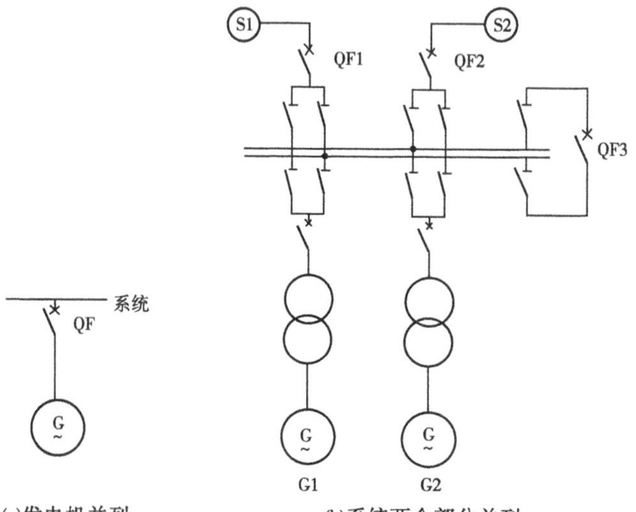

图 3-1　电力系统并列操作的基本方式

实现并列操作。

同步发电机的并列操作最为频繁和常见，不但在正常运行时需要并列操作，在系统发生某些事故时，也常常要求将备用发电机组迅速投入电力系统运行，从而恢复整个系统的安全供电。在发电机并列瞬间，往往伴随着冲击电流和冲击功率，这些冲击将使系统电压瞬间下降。如果并列操作不当，将产生过大的冲击电流，还可能引起机组大轴发生机械损伤，或者引起机组绕组电气损伤。特别是随着电力系统容量的不断增大，同步发电机的单机容量也越来越大，大型机组不恰当的并列操作将导致更加严重的后果。因此，对同步发电机的并列操作进行研究，提高并列操作的准确性和可靠性，对系统的可靠安全运行具有很大的现实意义。

为了避免因并列操作不当而影响电力系统的安全运行，同步发电机的并列操作应满足以下要求：

(1)发电机组并列瞬间，冲击电流应尽可能小，其瞬时最大值不应超过规定的允许值，一般不超过 1 ~2 倍额定电流。

(2)发电机组并入电力系统后，应能迅速进入同步运行状态，其暂态过程要短，以减小对电力系统的扰动。

采用自动并列装置进行并列操作，不仅能减轻运行人员的劳动强度，也能提高系统运行的可靠性和稳定性。

3.1.2 同步发电机并列操作的方法

在电力系统中，并列方法主要有准同步并列和自同步并列两种。

3.1.2.1 准同步并列

先给待并发电机加励磁，使发电机建压，调整发电机的电压和频率，当与系统电压和频率接近相等时，选择合适的时机，在使发电机电压与系统电压之间的相角差接近 0°时合上并列断路器，将发电机并入电网。这种并列方式称为准同步并列。

准同步并列的优点是并列时产生的冲击电流较小，不会使系统电压降低，并列后容易拉入同步。缺点是在并列操作过程中需要对发电机电压和频率进行调整，捕捉合适的合闸时机，所需并列时间较长。

3.1.2.2 自同步并列

自同步并列是将未加励磁电流的发电机的转速升到接近额定转速，首先投入断路器，然后立即合上励磁开关供给励磁电流，将发电机拉入同步。

自同步并列的优点是操作简单、并列速度快，在系统发生故障、频率波动较大时，发电机组仍能并列操作并迅速投入电网运行，可避免故障扩大，有利于处理系统事故。但因为合闸瞬间发电机定子吸收大量无功功率，导致合闸瞬间系统电压下降较多，所以自同步并列很少应用。

《继电保护和安全自动装置技术规程》规定：在正常运行情况下，同步发电机的并列应采用准同步方式；在故障情况下，水轮发电机可以采用自同步方式。自同步并列方式不适用于两系统间的并列操作。

本章重点讨论同步发电机的准同步并列装置。

3.1.3 准同步装置的分类

准同步可用手动准同步和自动准同步两种方法实现。

3.1.3.1 手动准同步装置

手动准同步装置是由运行操作人员手动调整发电机的电压和频率，并监视电压差、频率差和整步表，靠经验判断合闸时间，操作断路器合闸。

手动准同步装置主要存在以下问题：

(1)存在重大的安全隐患。由于操作人员技术不娴熟，加之紧张，经常出现在相角差较大的情况下并网的问题，不仅给机组带来冲击，更为严重的是会诱发扭振。

(2)延误并网时间。手动同步操作复杂，靠人的感觉来操作，延误很长时间，加之误并列所带来的严重后果是众所周知的，因而运行操作人员存在恐惧感，导致紧张、犹豫，以致延误并网时机。

(3)手动准同步装置一般是几台机组共用一套，各机组的控制电缆较多，接线较复杂。

因此，在控制回路中装设了非同步合闸闭锁装置，即同步检查继电器，允许在相角差不超过整定值的条件下操作才能合上断路器，用于防止运行人员误发合闸脉冲所造成的非同步合闸。

3.1.3.2 自动准同步装置

自动准同步装置分为半自动准同步装置和自动准同步装置。

半自动准同步装置不设转速与电压调节单元，发电机的电压和频率的调整由手动进行；只设合闸命令控制单元，同步装置能自动检查频率差(可简称为频差)、电压差(可简称为压差)，在其满足要求时，选择合适时间发出合闸脉冲，将断路器合闸。

自动准同步装置是专用的自动装置，自动监视电压差、频率差及选择理想的时间发出合闸脉冲，使断路器在相角差为0°时合闸。同时设有自动调节电压和频率单元，在电压差和频率差不满足条件时发出控制脉冲。若频率差不满足要求，自动调节原动机的转速，增加或减小频率，即通过控制原动机的调速器来实现；若电压差不满足要求，自动调节发电机的电压使其接近系统的电压，即通过控制发电机励磁调节装置来实现。

自动准同步装置具有均压控制、均频控制和自动合闸控制的全部功能，将待并发电机和运行系统经电压互感器的二次电压接入自动装置后，由它实现监视、调节并发出合闸脉冲，实现同步操作的全过程。

有关规程规定，当采用准同步方式时，一般应装设自动准同步装置和手动准同步装置，并均应设置非同步合闸闭锁装置。

3.1.4 线路型同步并列

图3-1(a)中发电机通过断路器QF与系统实现准同步并列，同步对象是发电机，属机组型同步。在机组型同步中，作为自动准同步装置，当频差超出设定的频差时，装置应发出增速或减速脉冲，使发电机频率尽快跟踪系统频率，使频差尽快进入设定的频差范围内；当频差过小时，自动准同步装置自动发出增速脉冲，打破这种近似同频不同相的局面，缩短同步并列的时间。当压差超出设定压差时，装置应发出升压或降压脉冲，使发电机电压尽快跟踪系统电压，使压差尽快进入设定的压差范围内。如果频差、压差均在设定范围内，则装置自动发出合闸脉冲命令，在相角差为0°时刻并列断路器主触点正好闭合，完成自动准同步并列。

发电厂与系统或两个系统间一般通过线路联系，所以这种情况下的同步称为线路型同步。图3-1(b)所示系统的两个部分，在线路型同步中，自动准同步装置不发出增速或减速、升压或降压脉冲，因为脉冲的发出是无效的。

对于线路型同步，自动准同步装置不发出调速、调压脉冲，只能等待频差、压差满足要求，在满足要求情况下实现自动准同步并列。因此，线路型同步实质上是等待同步，处于被动状态，满足同步条件就在相角差为0°时刻实现两个系统间并列；若不满足频差、压差条件，只能处于等待状态。等待同步也称“捕捉同步”。机组型同步时是不会出现等待同步状态的。

3.2 准同步并列条件分析

3.2.1 同步电压及同步点

目前同步装置均采用单相同步接线，交流电压多为100 V或$100/\sqrt{3}$ V。

下面分析同步点的电压取得方式及要求。

3.2.1.1 **中性点直接接地系统的同步点电压取得方式**

110 kV 及以上的中性点直接接地系统，电压互感器通常由三个单相式组成，一次侧相电压为 $U_A = U_{AB}/\sqrt{3} = 110/\sqrt{3}$ kV。该电压互感器有多个二次绕组，其中主二次绕组的相电压为 $100/\sqrt{3}$ V，辅助二次绕组的相电压为 100 V，同步系统接入主二次绕组或辅助二次绕组，接线及电压相量如图 3-2 所示。

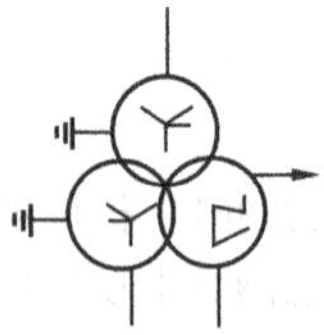

(a)接线

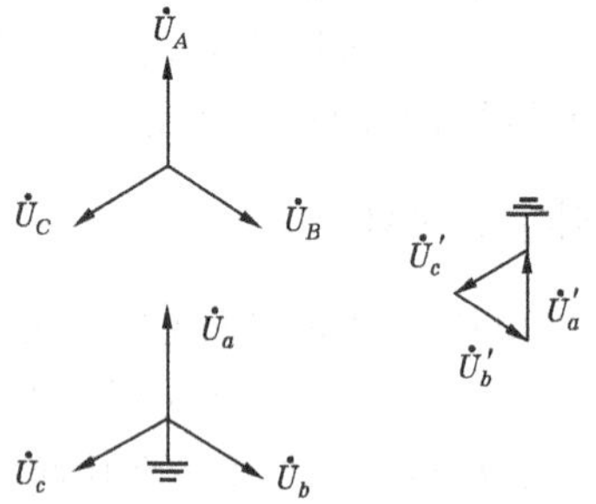

(b)相量图

图 3-2 中性点直接接地系统的电压互感器

3.2.1.2 **中性点不接地系统的同步点电压取得方式**

以 35 kV 系统为例，如果该系统要获得三相电压，电压互感器通常采用三相式或由三个单相式组成，一次侧相电压为 $U_A = U_{AB}/\sqrt{3} = 35/\sqrt{3}$ kV。该电压互感器有两个二次绕组，主二次绕组相电压为 $100/\sqrt{3}$ V，辅助二次绕组的相电压为 100/3 V。因为中性点不接地系统发生接地时，中性点电压会产生位移，所以同步系统不能用相电压，必须用线电压。为简化接线，通常电压互感器主二次绕组采用 b 相接地方式，同步系统接入主二次绕组的线电压，接线及电压相量如图 3-3 所示。

3.2.1.3 **变压器高、低压侧同步电压的取得方式**

因主变压器多采用 Y,d11 接线，变压器高压侧相电压滞后于低压侧 30°，为使两侧同步电压的相位和数值相同，应根据同步装置的需要进行接线。如果同步装置需要接入的电压为 100 V，高压侧电压互感器辅助二次绕组可接入相电压 $\dot{U}_c$，低压侧则应接入电压互感器主二次绕组的相间电压 $\dot{U}_{cb}'$，如图 3-4 所示。如果高压侧也用主二次绕组的相间电压，则需经过转角变压器接入。

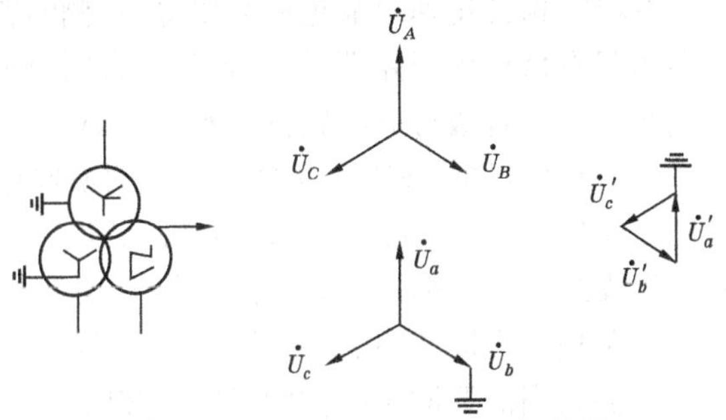

(a)接线　　　　(b)相量图

图 3-3　中性点不接地系统的电压互感器

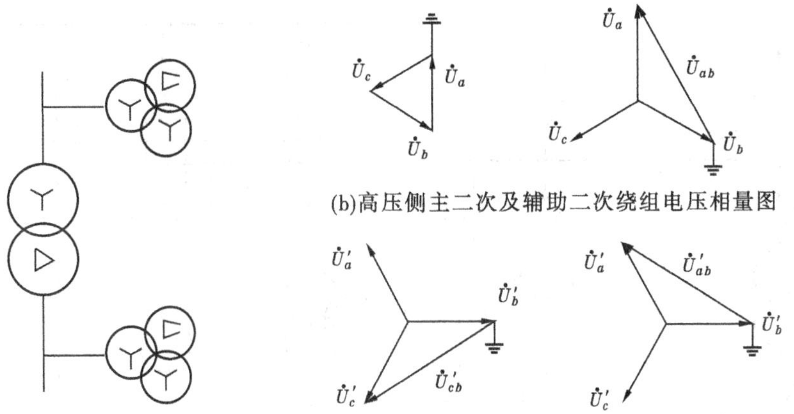

(a)一次接线　　　　(c)低压侧电压相量图

图 3-4　Y,d11 变压器两侧电压相量图

目前,有些自动准同步装置输入电压可为 $100/\sqrt{3}$ V,中性点直接接地系统母线之间、线路断路器并列可利用电压互感器主二次绕组相电压。

3.2.1.4　同步点及同步方式

在发电厂内,凡可以进行并列操作的断路器都称为电厂的同步点。中小型发电厂在主控制室装设带同步闭锁的手动准同步装置和自动准同步装置。如图 3-5 所示,图中 1 表示装设手动准同步装置,2 表示装设自动准同步装置。通常发电机的出口断路器都是同步点;三绕组变压器的任一侧断路器断开后,为了减少倒换母线的操作、保证迅速可靠地恢复供电，三侧断路器都应设为同步点；双绕组变压器可只在低压侧断路器设同步点，但合闸时要保证高压侧先投入，低压侧进行同步并列。各级母联断路器及 6 ~ 10 kV 分段断路器均考虑装设手动准同步装置和自动准同步装置，以提高母线倒换操作的灵活性。35 kV 线路断路器可作为同步点，但需在线路断路器外侧装设一个单相式电压互感器。110 kV 及以下线路，对于接在双母线上的线路，可利用母线联络断路器的同步装置，线路不单独装设同步点；对于带有旁路母线的线路，旁路母线上装有单相式电压互感器，当需要同步操作的线路不多时，可只在旁路断路器上设同步点，线路上不设同步点。220 kV 及以上双母线系统的线路，可按 110 kV 线路的同步方式原则设计，如果线路非常重要，为减少同步操作的复杂性，可将线路断路器作为同步点。

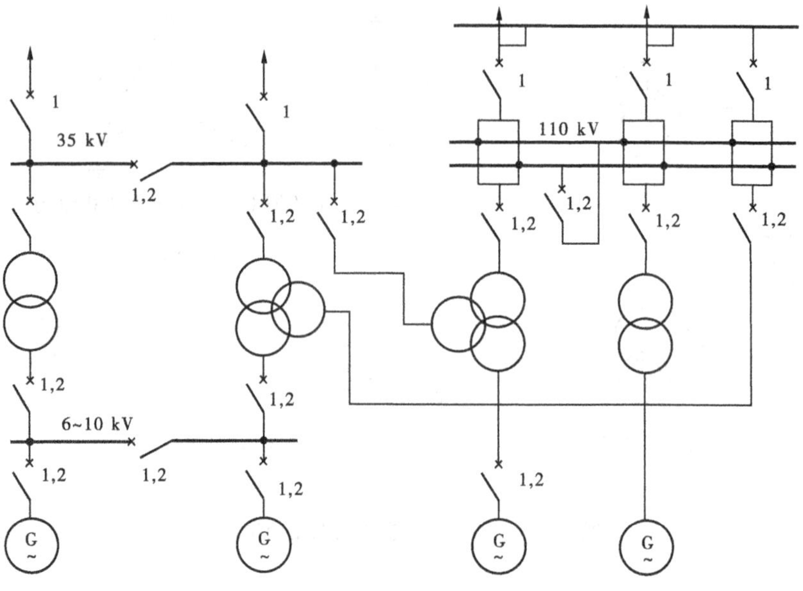

图 3-5　中小型发电厂的同步点及同步方式

3.2.2　准同步并列条件分析

要使一台发电机以准同步方式并入系统，进行并列操作最理想的状态是：在并列断路器主触点闭合的瞬间，断路器两侧电压大小相等，频率相等，相角差为 0°，即

(1)待并发电机电压与系统电压相等。

(2)待并发电机频率与系统频率相等。

(3)并列断路器主触点闭合瞬间,待并发电机电压与系统电压间的相角差为0°。

符合上述三个理想条件,并列断路器主触头闭合瞬间,冲击电流为零,待并发电机不会受到任何冲击,并列后发电机立即与系统同步运行。但是,在实际运行中,同时满足以上三个条件几乎是不可能的,事实上也没有必要。只要并列时冲击电流小,不会危及设备安全,发电机并入系统拉入同步过程中,对待并发电机和系统影响小,不致引起不良后果,是允许并列操作的。因此,实际运行中,上述三个理想条件允许有一定的偏差,但偏差值要控制在一定的允许范围内。

现以图3-6所示电路来讨论非理想条件下并列操作的情况。

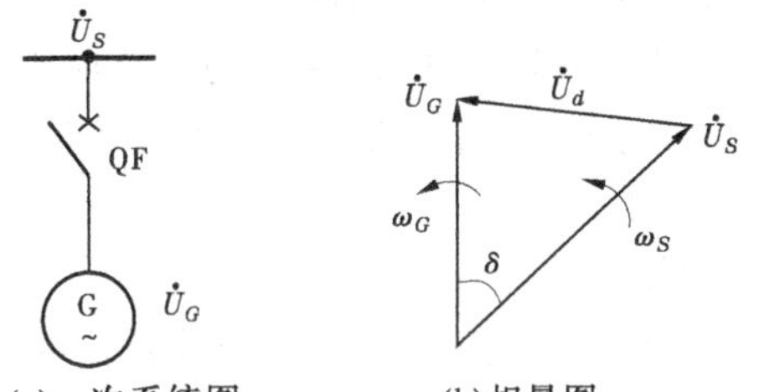

(a)一次系统图　　(b)相量图

图3-6　发电机并列示意图

3.2.2.1　发电机并入系统时的冲击电流和冲击功率

发电机并列前处于空载运行状态。设转子电流产生的磁链为ψ_{fd},ψ_{fd}所产生的电动势即为发电机端电压U_G,作出相量图如图3-7所示。

在合闸瞬间,如$\dot{U}_S$与$\dot{U}_G$的相角差为δ,则在交轴q方向上的电压差为$U_G - U_S\cos\delta$,因相应的磁链作用在直轴d上,发电机的电抗为X''_d(假设系统容量为无穷大),所以产生的冲击电流周期分量有效值为$\dfrac{U_G - U_S\cos\delta}{X''_d}$;在直轴$d$方向上电压差为$0 - U_S\sin\delta$,相应的磁链作用在交轴方向,发电机的电抗为$X''_q$,所以产生的冲击电流周期分量有效值为$\dfrac{0 - U_S\sin\delta}{X''_q}$。流过发电机的冲击电流为上述两部分的相量和,则冲击电流周期分量有效值为

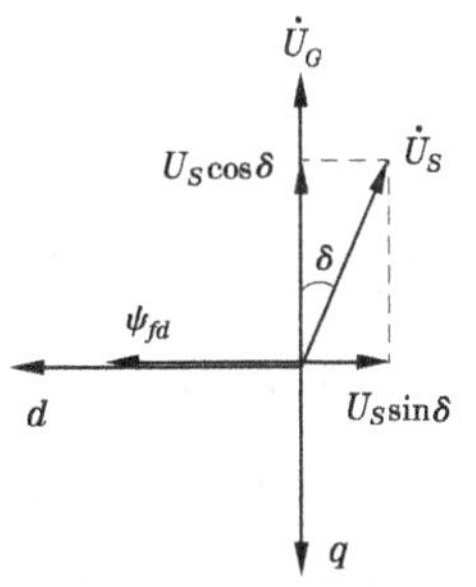

图3-7　冲击电流的产生

$$I_{ip} = \sqrt{\left(\frac{U_G - U_S\cos\delta}{X''_d}\right)^2 + \left(\frac{U_S\sin\delta}{X''_q}\right)^2} \tag{3-1}$$

由式(3-1)可见,在并列瞬间,只要相角差 δ 不等于零或 $U_G \neq U_S$,就会产生冲击电流。

并列时若相角差 δ 不等于零,还会产生冲击电磁力矩,相应的冲击功率 P_{ip}(隐极机)为

$$P_{ip} = \frac{U_G U_S}{X_d}\sin\delta \tag{3-2}$$

式中 X_d——发电机直轴同步电抗。

当 $\dot{U}_G$ 超前 $\dot{U}_S$ 时,$\delta > 0°$,发电机发出电功率 P_{ip},对发电机起制动作用;当 $\dot{U}_G$ 滞后 $\dot{U}_S$ 时,$\delta < 0°$,发电机吸收电功率 P_{ip},对发电机起加速作用。

作为自动准同步装置,引起并列时 $\delta \neq 0°$的主要原因是:设定的导前时间与并列断路器合闸总时间不相等;误发合闸脉冲命令时 δ 角变大。电磁冲击力矩过大必然危害发电机。

3.2.2.2 电压差的影响

电压差对同步的影响主要表现为对冲击电流数值的影响。如果发电机并列时发电机频率等于系统频率,即 $f_G = f_S$,且合闸瞬间相角差 $\delta = 0°$,而两电压有效值(或幅值)不相等,即 $U_G = U_S$,则电压差 $U_d = U_G - U_S$,产生冲击电流的有效值为

$$I_{ip} = \frac{U_G - U_S}{X''_d} \tag{3-3}$$

可见,冲击电流在数值上与电压差 $U_d = U_G - U_S$ 成正比。为防止冲击电流过大危及定子绕组,应限制电压差大小,一般情况下电压差应限制在额定电压的 10% 以下,可取 5% 左右。

当 $U_G > U_S$ 时,$\dot{I}_{ip}$滞后 $\dot{U}_G$ 的相角为90°,如图 3-8(a)所示,$\dot{I}_{ip}$为感性电流,起去磁作用,发电机发出感性无功电流;当 $U_G < U_S$ 时,$\dot{I}_{ip}$超前 $\dot{U}_G$ 的相角为90°,如图 3-8(b)所示,$\dot{I}_{ip}$为容性电流,起助磁作用,发电机发出容性无功电流(吸收感性无功功率)。可见,$\dot{I}_{ip}$不产生电磁力矩,所以只要 $\dot{I}_{ip}$不超过安全值,对发电机不会造成危害。

3.2.2.3 相角差的影响

发电机并列合闸时存在相角差,对同步的影响主要表现在电磁冲击力矩

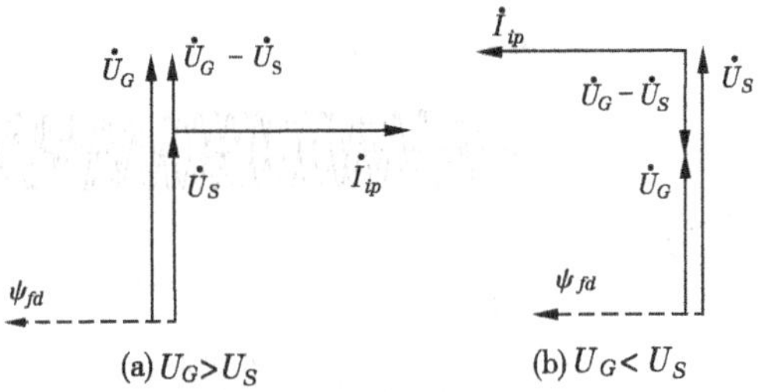

图 3-8 电压差引起的冲击电流性质

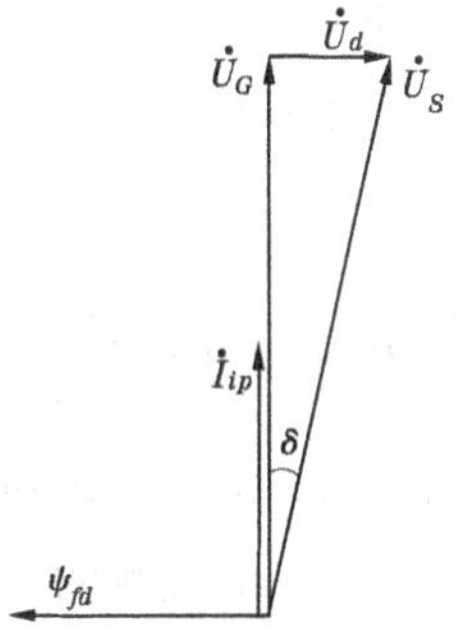

图 3-9 合闸瞬间存在相角差的相量

和冲击电流两方面。假设发电机并列时发电机频率等于系统频率，即 $f_G=f_S$，电压有效值（或幅值）相等，即 $U_G=U_S$，合闸瞬间存在相角差，即 $\delta\neq0°$，如图 3-9 所示。由于此时相当于发电机空载运行，电动势即为端电压，且与系统侧电压幅值相等，则产生冲击电流的有效值为

$$I''_{ip}=\frac{2U_G}{X''_q+X_S}\sin\frac{\delta}{2} \tag{3-4}$$

式中 X''_q——待并发电机交轴次暂态电抗。

冲击电流最大瞬时值为

$$I''_{ip.\max}=\frac{1.9\times\sqrt{2}\times2U_G}{X''_q+X_S}\sin\frac{\delta}{2} \tag{3-5}$$

当 δ 很小时，$2\sin\frac{\delta}{2}\approx\sin\delta$，则冲击电流最大瞬时值可表示为

$$I''_{ip.\max}=\frac{2.69U_G}{X''_q+X_S}\sin\frac{\delta}{2} \tag{3-6}$$

当相角差较小时，冲击电流主要为有功电流分量，发电机突然与系统有功率交换，即有输出，使发电机联轴受到突然冲击，这对机组和系统运行都是非常不利的。为了保证机组的安全运行，应将冲击电流限制在较小数值。通常要求冲击电流不超过发电机出口三相短路电流的 0.1 倍，要求合闸时相角差不超过 10°。

3.2.2.4 频率差的影响

若发电机并列时发电机电压有效值与系统电压有效值相等，即 $U_G=U_S$，频率不相等，即 $f_G\neq f_S$，此时必然会导致合闸瞬间相角差不为零，滑差电压 u_d 作周期性变化，如图 3-10 所示。

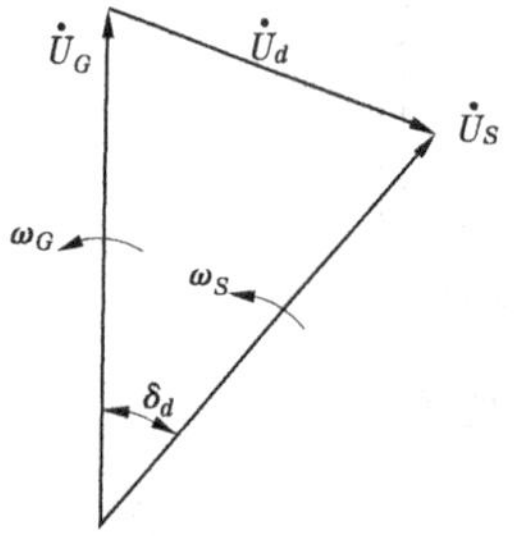

(a)相量图

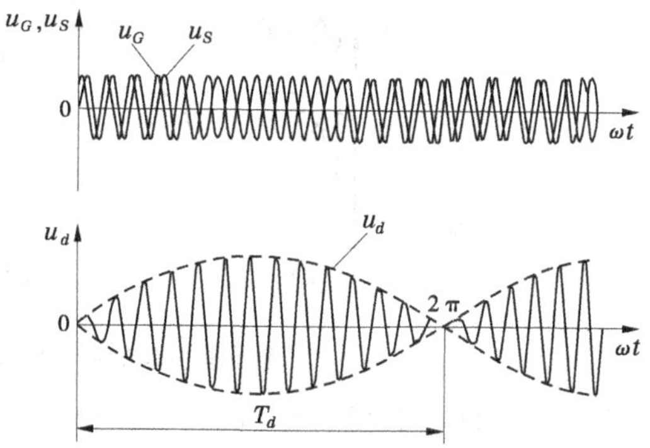

(b) u_d 波形图

图 3-10　准同步时频差条件分析

并列断路器两侧间的电压差 u_d 可表示为

$$u_d = U_G\sin(\omega_G t + \varphi_{G0}) - U_S\sin(\omega_S t + \varphi_{S0}) \tag{3-7}$$

式中　U_G——待并发电机的电压幅值；

U_S——系统侧的电压幅值；

ω_G——待并发电机电压的角频率；

ω_S——系统侧电压的角频率；

φ_{G0}——待并发电机电压的初相角；

φ_{S0}——系统侧电压的初相角。

将此电压称为滑差电压 u_d。假设初相角 $\varphi_{G0} = \varphi_{S0} = 0°$，则

$$u_d = 2U_G\sin\left(\frac{\omega_G - \omega_S}{2}t\right)\cos\left(\frac{\omega_G + \omega_S}{2}t\right) \tag{3-8}$$

令 $U_d = 2U_G\sin\left(\frac{\omega_G - \omega_S}{2}t\right)$ 为滑差电压幅值，则

$$u_d = U_d\cos\left(\frac{\omega_G + \omega_S}{2}t\right) \tag{3-9}$$

由式(3-9)可知，滑差电压 u_d 的波形是幅值为 U_d、频率接近于工频的交流电压波形。$\omega_d = \omega_G - \omega_S$ 称为滑差角频率，图 3-10 所示的两电压相量间的相角差为

$$\delta_d = \omega_d t \tag{3-10}$$

于是滑差电压的幅值可表示为

$$U_d = 2U_G\sin\left(\frac{\omega_d}{2}t\right) = 2U_G\sin\frac{\delta_d}{2} = 2U_S\sin\frac{\delta_d}{2} \tag{3-11}$$

由分析可见，u_d 为正弦脉动波，其最大幅值为 $2U_G$（或 $2U_S$），所以滑差电压 u_d 又称为脉动电压。用相量分析时，可将系统电压 U_S 设为参考轴，则待并发电机电压 U_G 将以滑差角频率 ω_d 相对 U_S 旋转，当相角差 δ_d 从 0 到 π 时，U_d 相应的从零变到最大值；当 δ_d 从 π 变到 2π（重合时）时，U_d 从最大值又回到零，旋转一周的时间为滑差周期 T_d。

滑差角频率 ω_d 与滑差频率 f_d 的关系为

$$\omega_d = 2\pi f_d \tag{3-12}$$

所以，滑差周期为

$$T_d = \frac{1}{f_d} = \frac{2\pi}{\omega_d} \tag{3-13}$$

滑差周期 T_d、滑差频率 f_d 和滑差角频率 ω_d 都可用来表示待并发电机与系统间频率相差的程度。同步合闸时的相角差 δ_d 与对断路器发出合闸命令的时刻有关。如果发出合闸命令的时刻不恰当，就有可能在相角差较大时合闸，从而引起较大的冲击电流。此外，如果在频率差较大时并列，频率较高的一方在合闸瞬间将多余的动能传递给频率低的一方，即使合闸时的 δ_d 不大，当传递能量过大时待并发电机需经历一个暂态过程才能拉入同步运行，严重时甚至导致失步。因此，从并列后迅速进入同步运行的角度出发，应控制并列瞬间的频率差，一般控制在 0.25 Hz 以内。

由以上分析可知，在发电机同步并列时，频率差、电压差和相角差都是直接影响发电机运行、寿命及系统稳定的因素。实际上在准同步并列的三个条件中，电压差和频率差不像人们想象的那样是损害发电机的重要原因，真正损害发电机的是相角差。在两电源间存在着电压差和频率差的情况下并列会造成无功功率和有功功率的冲击，也就是在断路器合闸瞬间，电压高的那一侧向电压低的那一侧输送一定数值的无功功率，频率高的那一侧向频率低的那一侧输送一定数值的有功功率。但在发电机空载的情况下，即使存在较大的电压差和较大的频率差，其所对应的无功功率和有功功率也是有限的，不会损害发电机。这是因为发电机在正常运行中本来就能承受较大的负荷波动，例如线路的跳闸或线路的重合闸都是较大的负荷波动。

但是，在具有相角差的情况下并列的后果就完全不同了。当合闸瞬间存在相角差时，将对发电机转子轴系绕组及机械体系运行产生巨大的伤害，有时还可能造成次同步谐振，此种情况后果最为严重。因此，在准同步并列时，严格控制相角差是同步条件中最重要的一环。

3.3 自动准同步装置的基本构成

3.3.1 自动准同步装置的功能

采用准同步并列方法将待并发电机组投入电力系统运行，在满足并列条件的情况下，产生的冲击电流很小且对电力系统扰动甚微，所以准同步并列是电力系统运行的主要并列方式。

自动准同步装置具有以下功能：

(1)自动检测待并发电机与运行系统之间的电压差、频率差是否符合并列条件，在满足这两个条件时，自动地发出合闸脉冲，使并列断路器主触头在相角差为零的瞬间闭合。

(2)当电压差、频率差不满足并列条件时，能对待并发电机自动地进行调压、调速，以加快进行自动并列的过程。

典型的模拟式自动准同步装置有 ZZQ－3 自动准同步装置和 ZZQ－5 自动准同步装置，曾广泛用于电力系统中。自动准同步装置具有均压控制、均频控制和合闸控制的全部功能，将待并发电机和运行系统的 TV 二次电压接入装置后，由它实现监视、调节并发出合闸脉冲，完成同步操作的全过程。

3.3.2 自动准同步装置的组成

图 3-11 为典型自动准同步装置构成原理图，自动准同步装置主要由合闸信号控制单元、频差控制单元、压差控制单元和电源四部分组成。

合闸信号控制单元的任务是自动检测待并发电机和运行系统间频差、压差是否满足并列要求。频差和压差均满足时，在发电机和系统电压相位重合前提前一个时间发合闸脉冲；当频差、压差有一个条件不满足时，则闭锁合闸脉冲。

频差控制单元的任务是自动检测待并发电机和运行系统间的滑差角频率，且自动调节发电机转速，使发电机的频率接近于系统频率。

压差控制单元的任务是自动检测待并发电机和运行系统间的电压差，且自动调节发电机电压，使发电机电压与系统电压间的压差小于规定允许值。

在准同步并列操作中，合闸信号控制单元是准同步并列装置的核心部件，其控制原则是当频率和电压都满足并列条件时，在 $\dot{U}_G$ 与 $\dot{U}_S$ 重合之前发出合闸信号。$\dot{U}_G$ 与 $\dot{U}_S$ 重合之前的信号称为提前量信号。

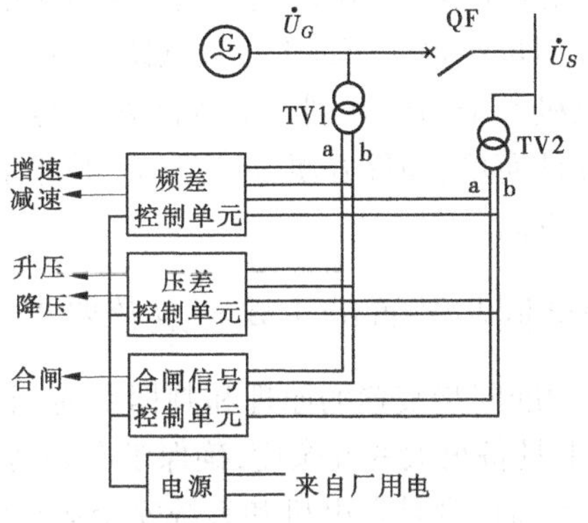

图 3-11　典型自动准同步装置构成原理图

按提前量的不同,准同步并列装置在原理上可分为恒定导前相角式准同步装置和恒定导前时间式准同步装置两种。

3.3.3　模拟式自动准同步装置存在的问题

3.3.3.1　导前时间不恒定

导前时间脉冲是利用线性整步电压获得的,由于低通滤波器误差及二极管、三极管及小集成块的参数不稳定等,最后输出的三角波电压波形和理想的三角波有差异,导致导前时间不恒定。控制频差回路中用微分运算电阻、电容来实现,由于阻容电路的时间常数不准确,造成导前时间不准确和较大频差下工作产生很大的冲击。

3.3.3.2　同步操作速度慢

模拟式自动准同步装置受电路原理限制,既无法做到精确同步,也无法做到快速同步。如果同步时间过长,不能及时满足系统增加出力的需求,特别是在系统出现事故需要快速投入备用发电容量时更为严重,同时也增加了发电成本。

为了优化同步装置在同步过程中的均频及均压控制品质,所用的数学模型必须计及原动机运动规律,捕获第一次出现的同步时机。同时也要按严格的自动控制准则,使均频和均压控制过程既快又稳,而模拟式自动准同步装置仅靠电子电路是无法实现精确计算的。

3.3.3.3　元件参数变化的影响

模拟式自动准同步装置所使用的电阻、电容及二极管、三极管等晶体管元器件,参数都与温度、湿度和时间有关,而装置的特性及精度取决于这些元件的参数，显然模拟式自动准同步装置出现误差是无法避免的。

由于模拟式自动准同步装置在原理上存在缺陷，因而会使并列时间延长，有时甚至出现危及发电机安全的误并列。随着微处理器的发展，由微机构成的数字式准同步装置硬件简单、编程方便、运行可靠，技术上已日趋成熟，成为准同步并列装置的发展方向。

3.3.4 微机型自动准同步装置的主要特点及要求

(1)高可靠性。自动准同步装置的原理和判据正确，采用先进、可靠的微机装置，在硬件和软件上具备很大的冗余度，确保没有误动的可能。

(2)高精度。装置的高精度是发电机和系统安全运行的保障。同步装置应确保在相角差为零时完成并网操作，同时能自动测量合闸回路的合闸时间。捕捉零相角差要有严格的数学模型，考虑到并网过程中影响机组运行的各种因素，如气温、气压、水头变化及调速器的扰动等。

(3)高速度。同步装置的并网速度关系到系统的运行稳定性及电能质量，还关系到电厂的运行经济性。同步操作是基于系统的需求，尽快接入发电机有利于系统的功率平衡，同时尽快完成并网操作将节约可观的空载能耗。

提高同步并网速度的途径有：一是以优化的控制算法确保同步装置能既快速又平稳地将发电机的电压和频率调整到整定值；二是以精确的预测算法确保在电压差和频率差满足定值要求后，能捕捉到第一次出现的零相角差时刻并将发电机并入运行系统。

(4)能融入分布式控制系统(DCS)。同步装置应是 DCS 的一个智能终端，通过与上位机的通信完成开机过程的全盘自动化。上位机也需获得同步装置的静态定值、动态参数及并网过程状况的信息。

(5)操作简单、方便，有清晰的人机界面。同步装置的面板应能提供运行人员在并网过程中所需的全部信息，如定值、电压差、频率差及相角差的动态显示等。这些信息也可通过现场总线传送到上位机，制造商应提供装置的通信协议。

(6)二次接线设计简单清晰。同步装置接入 TV 二次电压、断路器操作机构合闸线圈、调速器装置、励磁调节装置等回路的接线应正确、明晰。

(7)调试方便。装置调试简单，引出线方便，电压差、频率差、相角、合闸时间的整定在面板上进行，有明显的标识。

目前，国内研制的微机型自动准同步装置有 SID－2 系列、MAS 型、MCF2051－1 型、WX 型和 W2Q3 型等。

3.4 微机型自动准同步装置的工作原理

3.4.1 频差及频差方向测量

在发电机的同步并列过程中,如果频差不满足要求,则自动准同步装置应能自动检测频差方向,检测出发电机频率高还是系统频率高。当发电机频率高时,应发出减速脉冲;当系统频率高时,应发出增速脉冲。要求发电机频率跟踪系统频率,尽快使频差进入设定范围,以缩短发电机同步并列的时间。

自动准同步装置发调速脉冲时,脉冲宽度应与频差成正比,比例系数可设定或直接设定脉冲宽度,调速脉冲的周期也可设定。这样可适应不同机组的调速器特性。在同步并列过程中,当出现频差过小的情况下,自动准同步装置应自动发出增速脉冲,以缩短同步并列的时间。

3.4.1.1 频率的测量

频差、相角差鉴别电路用以从外界输入装置的两侧 TV 二次电压中提取与相角差有关的量,进而实现对准同步三要素中频率差及相角差的检查,以确定是否符合同步条件。此外,压差和频差的测量也作为机组电压调整和调速器调节转速的依据。

来自并列点断路器两侧 TV_S 和 TV_G 的二次电压经过隔离电路隔离后通过相敏电路将正弦波转换为相同周期的矩形波,通过矩形波电压的过零点检测,即可从频差、相角差鉴别电路中获取待并发电机频率 f_G 及运行系统频率 f_S 的信息,获取滑差频率 f_d、滑差角频率 ω_d。这些值可以在每一个工频信号周期获取一个,在随机存储器中始终保留一个时段。

数字电路测量频率的基本方法是测量交流信号波形的周期 T。测频原理框图如图 3-12 所示。

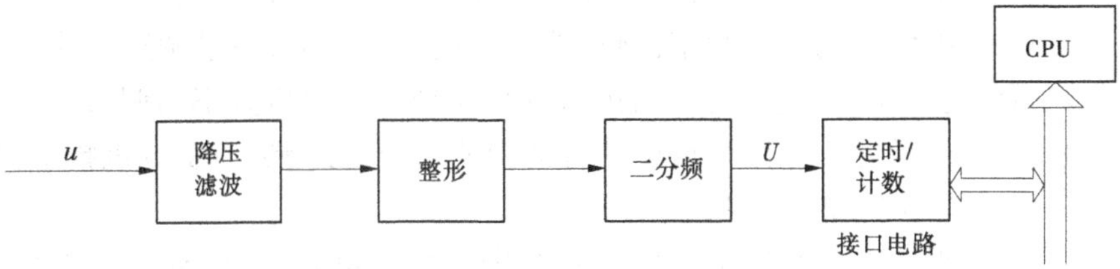

图 3-12 测频原理框图

把交流电压正弦信号转换成方波，经二次分频后，它的半波时间即为交流电压的周期 T。利用正半周高电平作为可编程定时/计数器开始计数的控制信号，至下降沿即停止计数并作为中断申请信号，由 CPU 读取其中计数值 N，并使计数器复位，以便为下一周期计数做好准备。

假设可编程定时/计数器的计时脉冲频率为 f_c，则交流电压的周期 $T=N/f_c$，交流电压的频率 $f=f_c/N$。

3.4.1.2　**频差大小的测量**

发电机频率和系统频率分别由可编程定时/计数器计数，主机读取计数脉冲 N_G、N_S 后，求取 f_G、f_S，将其绝对值与设定的允许频率偏差整定值 Δf_{set} 进行比较，作出是否允许并列的判断。

当 $|f_G-f_S|\leqslant\Delta f_{set}$ 时，说明频差已经满足要求；当 $|f_G-f_S|>\Delta f_{set}$ 时，说明频差不满足要求，检测出频差的大小。

3.4.1.3　**频差方向的测量**

频差方向指的是发电机频率高于还是低于系统频率，从而确定调速脉冲的性质。

自动准同步装置测量频差可由软件实现，根据 $T=N/f_c$ 可测出频差方向。当 $f_G>f_S$ 时，判断发电机频率高于系统频率；当 $f_G=f_S$ 时，判断发电机频率与系统频率相等；当 $f_G<f_S$ 时，判断发电机频率低于系统频率。

3.4.1.4　**关于调速脉冲**

发电机在同步并列过程中，频差越限就应发出调速脉冲，使发电机频率跟踪系统频率，以最快的速度使频差进入设定范围。当频差越限且发电机频率低于系统频率时，应发出增速脉冲；当频差越限且发电机频率高于系统频率时，应发出减速脉冲。

调速脉冲宽度应与频差成正比，或根据发电机调速系统特性直接设置脉冲宽度。调速周期可设定在一定范围(如 2 ~5 s)，或者为一定值。

自动准同步装置在发电机同步并列过程中对发电机进行调频时，不断测量发电机的频率，并与系统频率比较，然后形成调速脉冲，通过调速器改变汽轮发电机组进汽量(水轮发电机组进水量)，实现对发电机频率的调整。实际上，整个调频系统是一个闭环负反馈自动调节系统，被调量为发电机频率，目标频率为系统频率，如图 3-13 所示。

图 3-14 所示为频率调节程序示意框图。由图可知，只要频差不满足要求，就对发电机进行调频；当频差满足要求但频差甚小(如 0.05 Hz)时发出增速脉冲。调速脉冲经输出电路通过继电器触点作用于调速回路实现调速。按

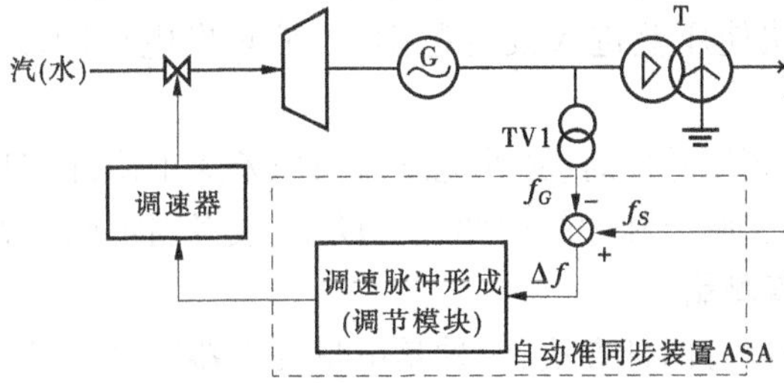

图 3-13　自动准同步装置构成的闭环自动调频系统

发电机频率高于或低于系统频率来选择输出减速或增速脉冲信号,选择相角差 δ 在 0°~180°发出调速脉冲,调节量按与频差整定值 Δf_{set} 成正比进行调节。

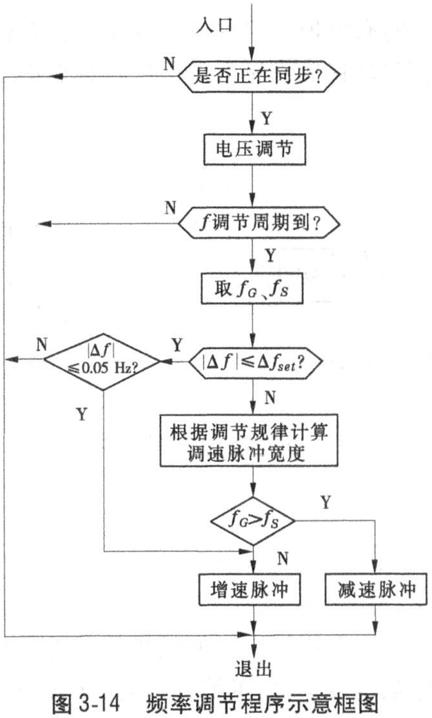

图 3-14　频率调节程序示意框图

3.4.2　压差及压差方向测量

在发电机的同步并列过程中,如果压差不满足要求,则自动准同步装置应能自动检测压差方向,发电机电压与系统电压进行幅值比较。当发电机电压高时，应发出降压脉冲；当系统电压高时，应发出升压脉冲。要求发电机电压自动跟踪系统电压，尽快使压差进入设定范围，以缩短发电机同步并列的时间。

自动准同步装置发调压脉冲时，脉冲宽度应与压差成正比，比例系数可设定，或直接设定脉冲宽度；调压脉冲的周期也可设定，或者固定调压周期。

3.4.2.1 交流电压幅值测量

交流电压幅值的测量有两种方法：一种是电量变送器法，另一种是交流采样法。

1. 电量变送器法

把交流电压信号转换成直流电压，输出的直流量与其交流输入电量，经A/D 转换接口电路进入主机，其原理图如图 3-15(a)所示。CPU 读得的数值直接反映了 U_S 和 U_G 的有效值。这种方法简单、易实现，也可保证足够的精度，但是变送器把交流量转换成直流量时往往需要滤波，还要对滤波电路作相应的设计。

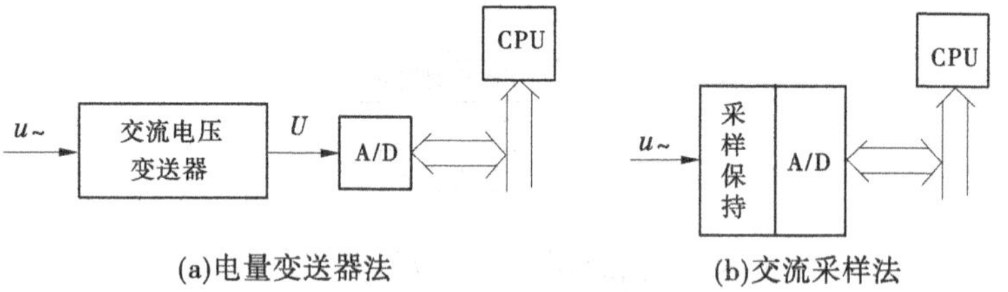

图 3-15 交流电压幅值测量

2. 交流采样法

不用变送器把交流电压信号转换成直流量，而是直接对交流电压信号进行采样，其原理图如图 3-15(b)所示。CPU 用傅里叶算法算出这些采样值的实部和虚部，进一步可求得电压的有效值或幅值。这种测量发电机电压的方法不仅硬件少，时间常数也较小，由可编程定时/计数器可实现对采样间隔的控制。在计算机运算能力允许的条件下交流采样是可取的方案。

3.4.2.2 压差的大小检测和方向控制

压差鉴别电路用以从外部输入装置的两电压互感器 TV_S 和 TV_G 二次侧提取压差超出整定值的数值及极性信号。微机系统能把交流电压转变为直流电压，其输出的直流电压大小与输入的交流电压成正比。CPU 从 A/D 转换接口读取的数字电压量 D_S、D_G 分别代表 U_S、U_G 的有效值。设机组并列时，允许电压偏差设定的门坎值为 $D_{\Delta U}$。

当 $|D_S - D_G| > D_{\Delta U}$ 时，不允许合闸信号输出。当 $D_S > D_G$ 时，并行口输出升压信号；当 $D_S < D_G$ 时，并行口输出降压信号。当 $|D_S - D_G| \leqslant D_{\Delta U}$ 时，允许合闸信号输出。

3.4.2.3 关于调压脉冲

发电机在同步并列过程中，压差越限就应发出调压脉冲，使发电机电压跟踪系统电压，以最快的速度调整压差进入设定范围。当压差越限并且发电机电压低于系统电压时，应发出升压脉冲；当压差越限并且发电机电压高于系统电压时，应发出降压脉冲。

调压脉冲宽度应与压差成正比，或直接设置脉冲宽度。调压周期可设定在一定范围（如 3 ~8 s），或者为一定值。

自动准同步装置输出的调压脉冲，作用于发电机的自动调节励磁装置（AER），改变励磁电压，达到调节发电机电压的目的。实际上，自动准同步装置输出的调压脉冲，改变的是自动调节励磁装置的目标电压。发电机同步并列过程中的调压系统同样是一个闭环负反馈自动调节系统，与图 3-13 类似，被调量为发电机电压，目标电压为系统电压。

图 3-16 所示为电压调节程序示意框图。调压脉冲经输出电路通过继电器触点输出，作用于发电机的自动调节励磁装置，改变自动调节励磁装置的目标电压，通过自动调节励磁装置的调节，使压差快速进入设定范围。

3.4.3 合闸命令的发出

发电机在同步并列过程中，自动准同步装置应在同步点（$\dot{U}_S$ 与 $\dot{U}_G$ 重合的同相点）导前一个时间发出命令脉冲（导前时间脉冲 $U_{d.t}$），导前时间 t_d 等于并列断路器总合闸时间，这样才能保证同步电压同相时刻并列，断路器主触头正好接通。当压差或频差不满足要求时，导前时间脉冲被闭锁；当压差、频差均满足要求时，导前时间脉冲有输出，即自动准同步装置发出合闸命令脉冲。

3.4.3.1 同步电压间的相角差测量

导前时间脉冲是通过测量同步电压间的相角差变化实现的，因而需测量同步电压间的相角差。

相角差的测量框图如图 3-17 所示，发电机电压和系统电压通过电压变换和整形为方波，将这两个方波加至异或门的相敏电路，当两个方波输入电平不

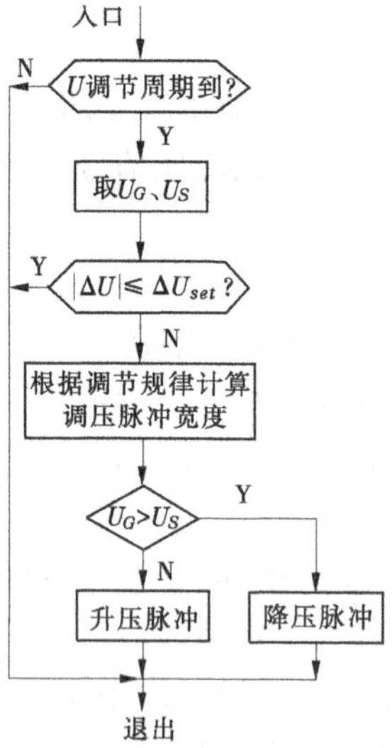

图 3-16　电压调节程序示意框图

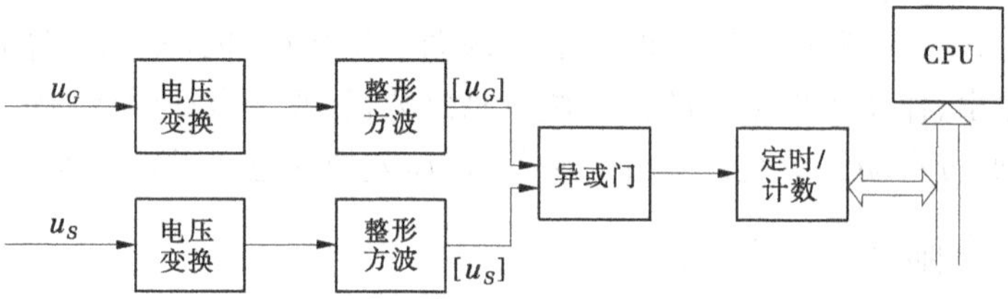

图 3-17　相角差的测量框图

同时,异或门输出为高电平。将两个方波的图形合成为一个方波图形,该方波的宽度与相角差 δ 之间有一定的对应关系。

u_G 和 u_S 的两个方波加到异或门后,在异或门的输出端也是一系列宽度不等的矩形波。图 3-18 所示为相角差 δ 的变化。通过定时/计数器和 CPU 可读取方波的宽度,求得两电压间的相角差 δ 的变化轨迹。为了叙述方便,设系统频率为 50 Hz,待并发电机的频率低于 50 Hz。从电压互感器二次侧来的电压 u_G、u_S 的波形如图 3-18(a)所示,经削波限幅后得到图 3-18(b)所示的方波,两方波异或就得到图 3-18(c)中的一系列宽度不等的矩形波。

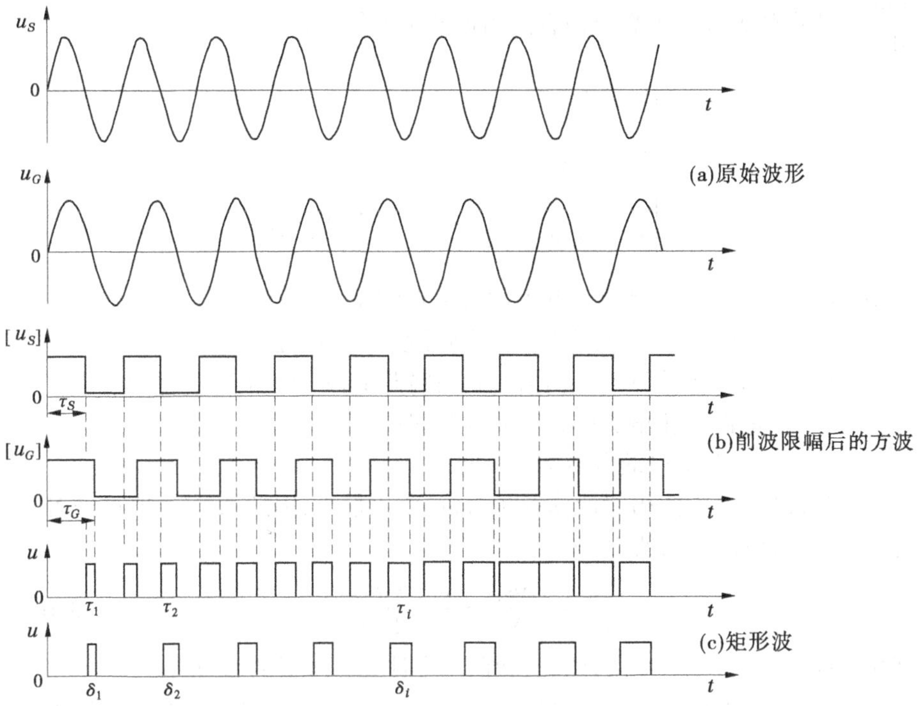

图 3-18 相角差 δ 测量波形分析

显然，这一系列矩形波的宽度 τ_i 与相角差 δ_i 相对应。系统电压方波的宽度 τ_S 为已知，它等于 $T_S/2$（或 180°）。因此，可求得

$$\delta_i = \begin{cases} \dfrac{\tau_i}{\tau_S}\pi \quad (\tau_i \geqslant \tau_{i-1})(0 < \delta < \pi) \text{ 矩形波逐渐变宽} \\ (2\pi - \dfrac{\tau_i}{\tau_S}\pi) = (2 - \dfrac{\tau_i}{\tau_S})\pi \quad (\tau_i < \tau_{i-1})(\pi < \delta < 2\pi) \\ \text{矩形波逐渐变窄（图中未画出）} \end{cases} \tag{3-14}$$

对上式中 τ_i 和 τ_S 的值，CPU 可从定时/计数器读入求得。如每一工频周期（约 20 ms）作一次计算，CPU 可记录下 δ_i 随时间变化的轨迹 $\delta(t)$。

通过计算已知时段 Δt 始末 ω_d 的差值 $\Delta\omega_d$ 得到 ω_d 的一阶导数$\dfrac{\Delta\omega_d}{\Delta t}$，即 $d\omega_d/dt$。同样也可计算出已知时段 Δt 始末$\dfrac{\Delta\omega_d}{\Delta t}$的差值，得到 ω_d 的二阶导数

$\frac{d^2\omega_d}{dt^2}$。这样就为计算理想导前合闸角创造了条件。有

$$\begin{cases} t_y = t_o + t_{op} \\ \omega_d = \frac{\Delta\delta}{\Delta t} = \frac{\delta_i - \delta_{i-1}}{2\tau_S} \\ \delta_y = \omega_d t_y + \frac{1}{2}\frac{d\omega_d}{dt}t_y^2 + \frac{1}{6}\frac{d^2\omega_d}{dt^2}t_y^3 \end{cases} \tag{3-15}$$

式中　δ_i、δ_{i-1}——本次计算点和上次计算点的相角差值；

τ_S——两计算点之间的时间，即为系统电压周期 T_S；

t_y——微处理器发出合闸信号到断路器主触头闭合时经历的时间；

t_o——断路器主触头闭合需要的时间；

t_{op}——装置出口继电器动作时间。

在实际中，由于两相邻计算点间的 ω_d 变化很小，因此 $\Delta\omega_d$ 一般可经若干计算点后才计算一次，所以有

$$\frac{d\omega_d}{dt} \approx \frac{\Delta\omega_d}{\Delta t} = \frac{\omega_{di} - \omega_{d(i-n)}}{2\tau_S n} \tag{3-16}$$

式中　ω_{di}、$\omega_{d(i-n)}$——本次计算点和前 n 个计算点求得的 ω_d 值。

同样，也可方便地从两个电压互感器二次侧电压间相邻同方向的过零点找到两电压的相角差 δ，在一个工频周期中由于有两次过零点，因此每半个周期就可取得一个实时的相角差值。该值与式(3-15)计算出的最佳合闸导前相角差值 δ_y 进行比较，有

$$|(2\pi - \delta_i) - \delta_y| \leq \varepsilon \tag{3-17}$$

式中　ε——计算允许误差

若式(3-17)成立，则表明相角差符合要求，允许发出合闸信号。若 $|(2\pi - \delta_i) - \delta_y| > \varepsilon$ 且 $(2\pi - \delta_i) > \delta_y$，则继续进行下一点计算，直至 δ_i 逐渐逼近 δ_y，符合式(3-17)。

在实际装置中，有了每一个工频周期计算出来的理想导前合闸角 δ_y，又有了每半个工频周期测量出来的实时相角差 δ，只要不断搜索 $\delta = \delta_y$ 的时机，一旦出现，同步装置即可发出合闸命令，使待并发电机恰好在 $\delta = 0°$时并入系统。

ω_d 和 $d\omega_d/dt$ 也是同步装置按模糊控制原理实施均频控制的依据，装置在调频过程中不断检测这两个量，进而改变控制脉冲宽度及间隔，以期用快速而又平稳的力度使待并发电机进入允许同步条件。

3.4.3.2 导前时间脉冲的形成条件

(1)不论频差方向如何,导前时间脉冲应在 $180° < \delta < 360°$ 区间内形成,即在 $\dot{U}_S$ 与 $\dot{U}_G$ 相量即将重合的半个周期内形成。

(2)在相角差的限值区间内形成,即 $\delta \leqslant \delta_{set}$($\delta_{set}$角限值在装置内部固定,如取 $\delta_{set}=10°$)。

(3)压差满足要求。

(4)频差满足要求。

3.4.3.3 并列断路器合闸时间测量

并列断路器总的合闸时间是自动准同步装置设置的一个重要参数,所以必须正确测量并列断路器总的合闸时间。并列断路器在停电检修状态下测量总的合闸时间比较容易,如要带电测量,则可采用自动准同步装置发合闸脉冲时开始计时、并列断路器常开触点闭合时停止计时的方法,同样可测量到并列断路器总的合闸时间。这种测量方法要求断路器主触点与常开辅助触点之间同步,时差不能太大。此外,常开辅助触点可通过控制电缆引至自动准同步装置。

3.5 微机型自动准同步装置

用微机实现同步可以采用两种方式:一种是设置独立的微机准同步装置;另一种是将同步并列功能附设在机组控制中,把机组的启动、同步并列操作合为一个完整的过程。

3.5.1 硬件原理框图

微机型自动准同步装置形式较多,但其功能及装置原理是相似的,逻辑框图如图 3-19 所示,主要由同步电压输入回路、CPU 系统、压差鉴别、频差及相角差鉴别、开关量输入/输出回路、定值输入及显示、电源、试验装置等组成。

3.5.1.1 同步电压输入回路

按发电机并列条件,要采集发电机和系统的电压幅值、频率和相角差等三种信号,作为并列操作的依据。

同步电压输入回路由电压形成和同步电压变换回路组成。同步电压经隔离、变换及有关抗干扰回路变换成较低的适合工作的电压,再经整形电路、A/D变换电路,将同步电压的幅值、相位变换成数字量,供 CPU 系统识别,以便 CPU 系统判断同步条件。

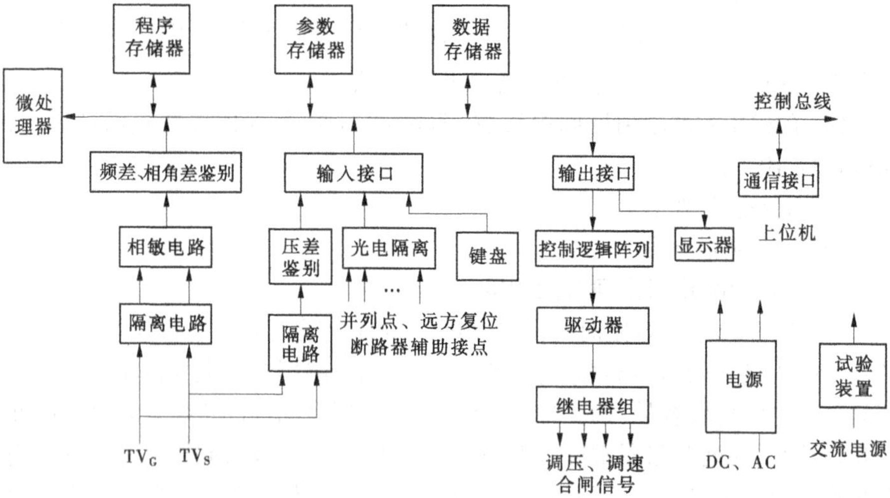

图 3-19　微机型自动准同步装置逻辑框图

3.5.1.2　CPU 系统

CPU 系统由微处理器、存储器及相应的输入/输出接口组成。同步装置运行程序存放在只读存储器 EPROM 中,同步参数整定值存放在可擦写参数存储器 EPROM 中,装置运行过程中采集的数据、计算中间结果及最终结果存放在随机存储器 RAM 中。输入/输出接口电路为可编程并行接口,用以采集并列点选择信号、远方复位信号、断路器辅助触点信号、键盘信号、压差越限信号等开关量,并控制输出继电器实现调压、调速、合闸、报警等功能。

3.5.1.3　开关量输入回路

自动准同步装置的输入信号除并列点两侧的 TV 二次电压外,还要采集如下开关量信号。

1. 并列点选择信号

装置的参数存储器中预先存放好各台发电机的同步参数整定值,如导前时间、允许频差、均频控制系数、均压控制系数等。在确定并列点后,从同步装置的并列点选择输入开关量信号,调出相应的整定值,进行并列条件检测。

2. 断路器辅助触点信号

并列点断路器辅助触点是用来实时测量断路器合闸时间(含中间继电器动作时间)的。同步装置的导前时间整定值越是接近断路器的实际合闸时间,并列时的相角差就越小。应该注意,断路器辅助触点与主触点不一定同步,若测量采用发出合闸命令启动计时、断路器辅助触点闭合时停止计时的测量方法,将出现误差。

3.远方复位信号

复位是使微机重新执行程序的一项操作。同步装置在自检或工作过程中出现硬件、软件问题或受干扰都可能导致出错或死机。此时可通过按一下装置面板上的复位按钮或设在控制台上的远方复位按钮使装置复位,复位后装置可能正常工作,也可能仍旧显示出错或死机。前者说明装置受短暂的干扰而本身无故障,后者则说明装置有故障需要检查。

复位的另一个作用是,当同步装置处于经常带电工作方式时,如果要求其再启动,则需通过进行一次复位操作。因同步装置在上次完成并列后,程序进入循环显示断路器合闸时间状态,直至接到命令后才能开始新一轮的并列操作。

4.面板按键和开关

同步装置面板上装有若干按键和开关。开关、按键也是开关量形式的输入量,由装置面板直接输入到并行接口电路,分别实现均压功能、均频功能、同步点选择、参数整定、频率显示以及外接信号源等功能。

3.5.1.4 开关量输出回路

微机型自动准同步装置输出回路的作用:对发电机组的均压、均频和合闸控制;装置异常或电源消失时报警;提供反映同步过程的电量进行录波;提供装置工况、实时参数、整定值及异常情况等信息。

控制命令由加速、减速、升压、降压、合闸、同步闭锁等继电器执行。同步装置中任何软件和硬件故障都将启动报警继电器,触发中央音响信号,故障类型同时在显示器上显示。

3.5.1.5 定值输入及显示

自动准同步装置每个同步对象的定值输入通过面板上的按键实现,或者通过面板上的专用串口由手提电脑输入实现。前者可通过按键修改定值,后者按键不能修改定值,只能查看定值,这可防止其他工作人员修改定值。定值一经输入不受装置掉电的影响。显示屏除可以显示每个同步对象的定值参数外,还可显示同步过程中的实时信息、装置告警时的具体内容、每次同步时的同步信息等。

每个同步对象的定值输入有以下内容:

(1)同步对象类型。确定是机组还是线路型。

(2)导前时间。导前时间等于同步装置发合闸脉冲命令到并列断路器主触点闭合的时间。

（3）频差。如设定 $-0.2\ \mathrm{Hz}<\Delta f_{set}<0.2\ \mathrm{Hz}$。

（4）系统侧电压。需设置的内容如下：

①系统侧电压上限值，如 115 V；

②系统侧电压下限值，如 80 V；

③系统侧频率上限值，如 51 Hz；

④系统侧频率下限值，如 49 Hz。

应当指出，由于系统侧电压设置了下限值，在同步过程中一旦出现电压互感器二次回路断线，则同步装置测到的系统侧电压必低于 80 V，同步装置立即闭锁，发出警告信号并在显示屏上显示“系统侧电压过低”的信息。

（5）待并侧电压。需设置的内容如下：

①待并侧电压上限值，如 110 V；

②待并侧电压下限值，如 80 V；

③待并侧频率上限值，如 50.5 Hz；

④待并侧频率下限值，如 49 Hz。

同样，在同步过程中若发生待并侧电压互感器二次回路断线，则装置测到的待并侧电压必低于 80 V，装置立即闭锁，发出告警信号并在显示屏上显示“待并侧电压过低”的信息。

（6）压差。当同步对象为机组时，压差可设定 $-4\ \mathrm{V}<\Delta U<4\ \mathrm{V}$ 或 $-5\ \mathrm{V}<\Delta U<5\ \mathrm{V}$；当同步对象为线路型时，因电压不受同步装置控制，电压值变化可能较大，压差设定相对较大，如 $-7\ \mathrm{V}<\Delta U<7\ \mathrm{V}$ 或 $-9\ \mathrm{V}<\Delta U<9\ \mathrm{V}$，在这种情况下压差设定过小，会闭锁同步装置，使线路同步难以成功。

在显示屏上可查看定值情况以及定值是否有变化；在同步过程中，显示屏上可显示同步实时信息，如同步电压值、频率值、相角差等；发出告警时，显示屏上显示告警的具体信息；同步成功或失败，均在显示屏上显示具体内容。此外，还可显示同步成功时并列断路器的实际合闸时间。

3.5.1.6 通信及 GPS 对时

同步装置在工作过程中，通过装置上的通信口（RS485 或 RS232）将同步实时信息传送到监控计算机上（通过视频转换器，还可传送到 DCS 系统画面上）。显示的实时信息有实时同步表（反映实时相角差）、增速或减速、升压或降压、系统侧电压和频率、待并侧电压和频率、合闸脉冲发出情况等。如装置告警，则显示告警的具体信息。

GPS 对时，可使装置内部时钟或系统时钟同步，在装置显示屏上或传送的同步实时信息中显示具体的时间。

3.5.1.7 电源

自动准同步装置使用专门设计的交直流两用高频开关电源。电源可由 48～250 V 交直流电源供电。装置内部因电路隔离的需要，使用了若干不共地的直流电源。选择并列点的外部同步开关触点（或继电器触点），用装置中的一个不与其他电源共地的直流电源作驱动光电隔离的电源，以免产生干扰。

3.5.1.8 调试模块

同步装置内设调试模块，提供两路变频、变幅的模拟量同步电压，可在任何时候对同步装置进行试验。

当试验开关置“试验”位置时，可对装置进行升压、降压、增速、减速试验；当两路同步电压调节的频率相同时，可以进行移相，对装置并角进行试验；当两路同步电压满足同步条件时，装置会自动发出合闸脉冲，试验时同步过程中的实时信息，与真实同步完全相同，通过通信口可上传，在装置上也可同时显示。

试验模块的设置可及时发现同步装置的问题，不影响下次同步并列工作。处于试验位置时，同步装置出口自动断开，以免发出不必要的调速、调压、合闸命令。至于试验时装置是否正常，在面板上根据发出的指示灯信息完全可判断出来。

试验完毕，应将试验开关置“运行”状态，实际上调试模块处于不工作状态。

3.5.2 软件原理

3.5.2.1 主程序框图

图 3-20 所示为微机型自动准同步装置的主程序框图。同步装置未启动时，装置工作于自检、数据采集的循环中，当某一元件发生故障或程序出现了问题时，装置立即发出告警并闭锁同步装置工作。同步装置启动后，如果同步对象为机组，则对机组进行调压、调频，当压差、频差满足同步条件时，发出导前时间脉冲命令，将并列断路器合闸，合闸后在显示屏上显示同步成功时的同步信息；如果同步对象为线路，则不发出调压、调频脉冲，在压差、频差满足要求的情况下，捕捉（等待）同步合闸时机，完成同步并列。

在同步过程中，若出现同步电压参数超限、调压或调速脉冲发出后在一定时间内调压机构或调速机构不响应等情况，则闭锁同步装置并同时发出告警信号；同步装置启动后，如果因故要退出装置工作，则只要输入复位信号即可。

3.5.2.2 模拟量采集

数据采集有模拟量采集和开关量采集两种。模拟量采集指的是同步电压 u_G、u_S 的大小、频率以及相角差 δ 的采集。

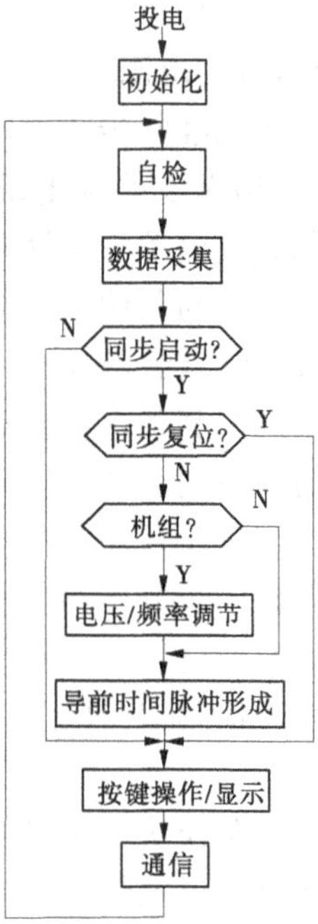

图 3-20 微机型自动准同步装置的主程序框图

模拟量的采集是否准确对装置的工作十分重要。为了提高装置的安全性和可靠性,同步电压均要经电压输入回路后才能进行采集。因两路同步电压输入回路不可能有完全相同的电压传输系数和相位移动,所以在采集前必须对同步电压的大小及其相位差进行调整。调整的依据是同步电压输入回路的传输误差固定不变。

调整前先测量同步电压输入回路的电压调整系数和相角补偿值,测量是自动的。测量方法是:将两同步电压并接,施加 100 V、50 Hz 的标准正弦波形电压,在显示屏主菜单中选取"自校",确认后装置自动将两路同步电压输入回路的电压调整系数、相角补偿值测量出来,并将其存储起来,用作调整补偿。

图 3-21 所示为模拟量采集功能性程序示意框图。图中,对同步电压 u_G、u_S 的大小进行了二次调整,第一次是对同步电压输入回路引起的误差进行调整,第二次是由于主变压器变比、电压互感器变比引起的幅值调整。对相角差 δ 同样进行了二次调整,第一次是对两个同步电压输入回路相位不同进行的调整,第二次调整是对主变压器连接组引起的相位补偿的调整。经过上述两次调整,CPU 系统采集到的同步电压大小、相角差可完全反映并列点两侧电压的大小及相角差,达到了模拟量准确采集的目的。

3.5.2.3 开关量采集

开关量采集指的是同步启动、同步对象、无压同步等的采集。图 3-22 所示为开关量采集功能性程序示意框图。装置在无告警且不在同步过程中才可采集开关量。装置一经启动,立即采集同步对象,并判断是否合理,当同步对象重选(选择两个及以上)或漏选(没有同步对象选择输入)时,报同步对象重选或漏选的错误信息,装置发出告警信号;当仅有一个同步对象选择信号时,若对象选择合理,提取该对象号的整定参数,供同步时使用。

并列点两侧均无压或任一侧无压时,在无压同步开入量加入的情况下,才能进入无压同步状态完成并列合闸；无压同步开入量信息不加入时，装置不会发出合闸命令。当并列点两侧有电压时，只有在无无压同步开入量的情况下，才能进入准同步并列程序；如果错误地加入无压同步信息，装置立即发出告警，退出工作。

由图3-22可知，无压同步只有在无压同步开入量信息存在的情况下才能实现，所以正常准同步过程中发生电压互感器二次断线失压时，装置不可能发出合闸脉冲命令，此时装置自动闭锁发出告警信号，显示断线侧同步电压过低的信息。因此，不会出现装置具有无压同步功能后电压互感器二次回路断线失压带来的误合闸问题。在图3-22中，无压同步是不经同步程序判别后直接

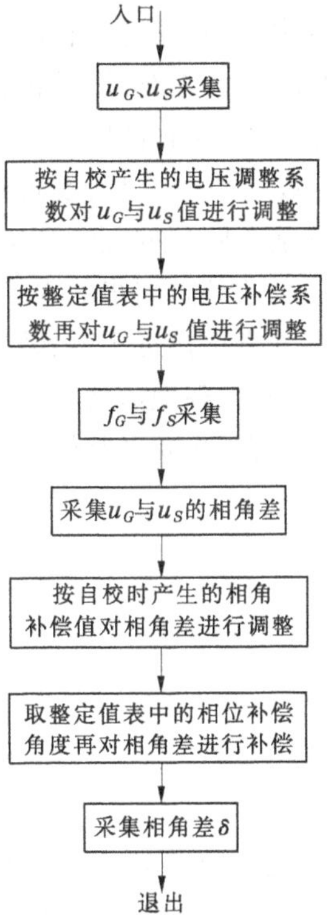

图3-21　模拟量采集功能性程序示意框图

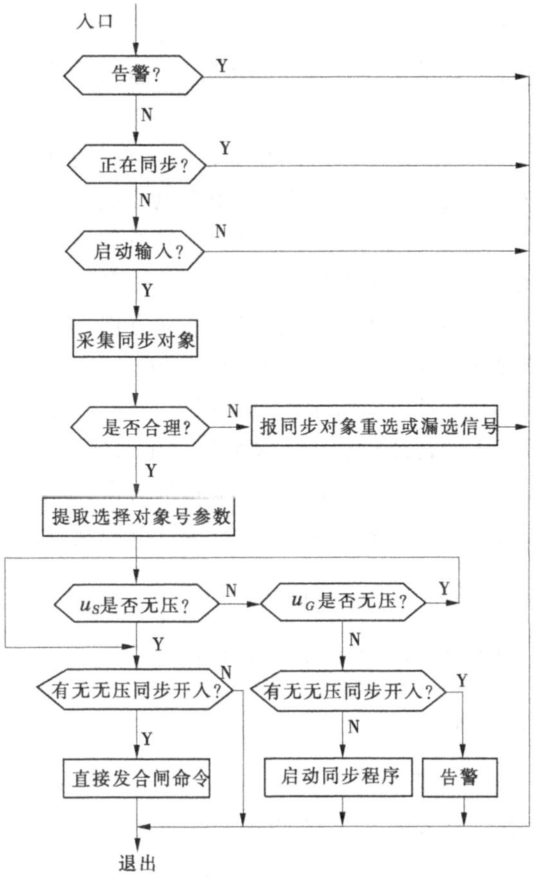

图3-22　开关量采集功能性程序示意框图

发合闸脉冲命令的。

3.6 典型的微机型自动准同步装置举例

微机型自动准同步装置由于硬件简单、编程方便、运行可靠、技术上已日趋成熟，已成为当前自动并列装置发展和应用的方向，在电力系统中得以广泛的应用。本节以 SID－2V 型自动准同步装置为例，介绍微机型自动准同步装置的接线、原理、技术、性能、二次线配合及使用的有关问题。

3.6.1 SID－2V 型自动准同步装置的应用范围及特点

SID－2V 型自动准同步装置是供给 1 台发电机或不超过 15 台发电机复用进行全自动差频并列的同步装置，也可作为只存在差频并列方式的输电线路检查同步自动并列用。

SID－2V 型自动准同步装置的特点是：在结构上采用了全封闭式和严密的磁屏蔽措施；对输入信号采用光电或电磁隔离，并进行数字滤波；按模糊控制算法实施自动均频及均压控制，具有促成同步条件快速实现的良好控制品质；在软件上采用快速求解计算频差及其一阶、二阶导数的微分方程，实现精确的零相角差并列；建立在机组运动方程基础上理想导前合闸角的预测算法，能准确捕捉到第一次出现的同步时机，使准同步并列速度达到自同步的水平；在软件及硬件上对合闸控制采用了多重冗余闭锁，误合闸概率接近于零；装置面板提供的智能化整步表及数码显示器使运行人员能非常直观地监督并列全过程；装置内部自备可调频的工频信号源，简化了调试设备；可接收上位机以开关量形式的投入和切除命令；装置电源交直流两用。

3.6.2 硬件逻辑框图

硬件逻辑框图如图 3-19 所示。

3.6.3 软件流程

3.6.3.1 主程序

软件流程如图 3-23 所示。装置接入后 CPU 工作，先进行装置主要部件的自检。在自检过程中对全部硬件，包括微处理器、随机存储器、只读存储器、接口电路、继电器等进行自检，任何部位的故障都将在数码显示器上显示，并以继电器空触点输出报警，闭锁合闸回路，不产生任何对外控制，以杜绝误操

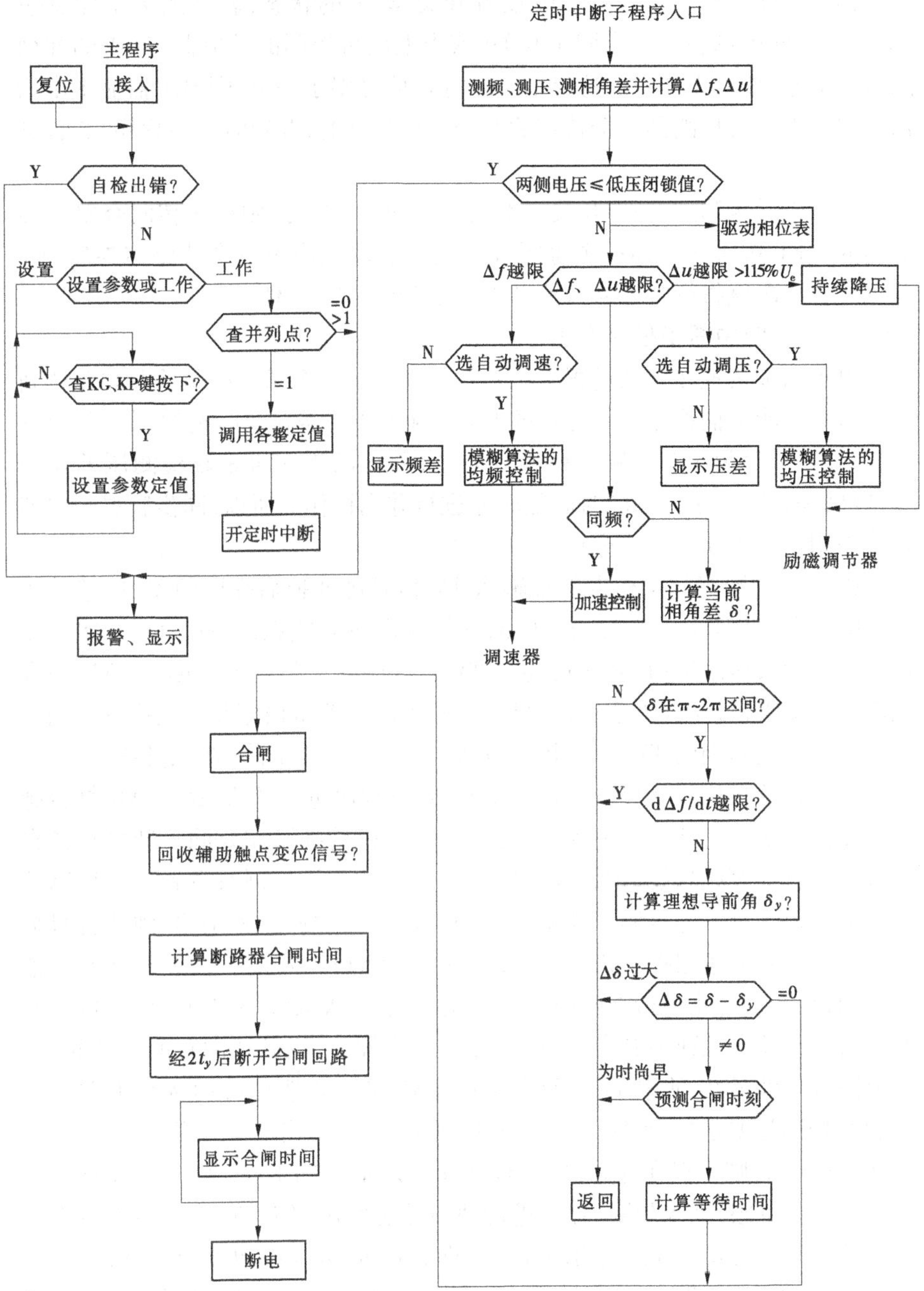

主程序
复位
接入
自检出错？
Y
N
设置
设置参数或工作
工作
查并列点？
=0
>1
=1
N
查KG、KP键按下？
Y
设置参数定值
调用各整定值
开定时中断
报警、显示
定时中断子程序入口
测频、测压、测相角差并计算Δf、Δu
两侧电压≤低压闭锁值？
驱动相位表
Δf越限
Δf、Δu越限？
Δu越限 >115%U_e
持续降压
选自动调速？
选自动调压？
显示频差
模糊算法的均频控制
显示压差
模糊算法的均压控制
励磁调节器
同频？
加速控制
计算当前相角差 δ？
调速器
δ在π~2π区间？
dΔf/dt越限？
计算理想导前角 δ_y？
Δδ过大
Δδ = δ − δ_y
≠0
为时尚早
预测合闸时刻
返回
计算等待时间
合闸
回收辅助触点变位信号？
计算断路器合闸时间
经$2t_y$后断开合闸回路
显示合闸时间
断电

图 3-23　软件流程图

作。如各部件正常，则检测工作/设置开关 W/T 的状态，若检测为工作状态“W”，则检测外部各并列点同步开关（或由上位机控制的继电器）送来的并列点选择信号，如果无并列点选择信号或选择信号多于一个，则显示器显示出错信号并报警。若检测到一个特定的并列点信号，则打开定时中断程序，装置进入同步工作状态。

在自检后检测到 W/T 开关在参数设置的“T”状态，则程序转向查整定参数的 KG、KP 按键状态，KG 键每闭合一次就自动调出下一个待整定参数，KP 键每闭合一次就将待整定参数值增加一个分度（步距）值。

3.6.3.2 定时中断子程序说明

由于同步装置在并列过程中必须在准同步的三个条件中压差及频差达到允许值时才能去捕捉相角差为零的时机，因此装置需要及时地检测压差及频差，尽管在某时刻压差及频差已满足要求，程序已进入再重新检测压差及频差，以确保在三个条件都同时满足时才进行并列操作。所以，同步装置的并列程序采用定时中断的方式进行。

程序的起始部分是根据外部输入 TV 信号经变换后提取频差、压差及相角差的信息，进而计算出 Δf、Δu 及 δ，如果发电机侧或系统侧的 TV 二次电压低于整定的低压闭锁值，表明可能是 TV 二次断线或熔断器熔断，或 TV 一次电压本身就很低，这都不适于发电机并列，因此装置将报警并停止执行并列程序。若并列点两侧的 TV 二次电压均高于整定的低压闭锁值，则装置面板上由软件驱动的相位表将按滑差角频率旋转，且程序进入检查 Δf 和 ΔU 是否越限程序段。如任一项或两项都越限，且整定时已选择了需要同步装置具备自动调压和自动调频功能，则装置将依据原整定的均压控制系数和均频控制系数按模糊控制算法进行调压和调频。如未选择自动调压和调频，则装置只显示压差及频差的越限提示符，而不进行调压和调频。如 Δf 及 ΔU 均在允许值范围内，程序下一步将检查断路器两侧是否同频（$\Delta f \leqslant 0.05$ Hz），如出现同频，装置将自动发出加速控制命令，使待并发电机加速，以破坏同频的僵持状态，促成同步条件的出现，因同频而引起的加速控制和选择自动调频无关。在 Δf、ΔU 均满足要求后，程序准备进入并列阶段，测量当前的相角差 δ，如 δ 处在 $0 \sim \pi$ 区间，则不存在并列机会，直到 δ 进入 $\pi \sim 2\pi$ 区间，就开始检查频差变化率是否越限，如未越限，程序进行理想导前角 δ_y 的计算，并不断查看当前相角差 δ 是否与 δ_y 一致，如出现 $\delta = \delta_y$，即 $\Delta\delta = \delta - \delta_y = 0$，可发出合闸命令，确保在 $\delta = 0°$时断路器主触点闭合。如 $\Delta\delta \neq 0$，则进行合闸时机的预测，当预测的时刻到来即发出命令实行并列。这样就能确保捕捉到第一次出现的合闸机会,使并列速度达到极值。发出合闸脉冲后,装置将进行合闸回路的动作时间计算并显示。

从软件流程中可看出,SID－2V 型自动准同步装置主要解决了如下问题:

(1)确保在相角差 $\delta = 0°$ 时并网。采取的措施是:精确掌握发电机组在并网前的运动规律,精确掌握并列断路器的合闸时间。

(2)确保捕获第一次出现 $\delta = 0°$ 的时机。采取的措施是:利用理想合闸角的预测算法,使计算机的离散计算方式能获取连续运算的结果。

(3)快速、平稳的均压和均频控制。采取的措施是:使用模糊控制理论以偏差的绝对值及变化率为变量,进行高速运算获取适应被控对象工况的控制量。

(4)高可靠性。采取的措施是:软件的多重闭锁和硬件超常的冗余设计。

3.6.4 装置的二次接线图

图 3-24 所示为 SID－2V 型自动准同步装置用于发电厂的一个典型的同步二次接线图,分为交流回路和操作控制回路两个部分。SID－2V 型自动准同步装置的全部对外引线都是由背板的 5 个不同型号的航空插座引出的,这样可以避免插头插错和便于取下装置进行检验。插座 JK1 为装置的工作电源插座,可接入 48～220 V 的交流或直流电源;插座 JK2 为装置对外的控制继电器输出插座;插座 JK3 为并列点两侧 TV 二次电压和断路器辅助触点的输入插座;插座 JK4 为并列点选择、远方复位等开关量的输入插座。

3.6.4.1 交流回路

交流回路主要是并列点断路器两侧的 TV 二次电压输入回路,两个电压可以有公共端(JK3－5 与 JK3－6 连通),也可没有。图 3-24 中的 SSA 开关可以是手动同步开关,也可以是由上位机控制的继电器组,如同步装置为多个并列点共用,则同步开关 SSA 或继电器组的数量等于并列点数量,编号为 SSA1,SSA2,…,SSA15。

3.6.4.2 操作控制回路

操作控制回路可分为供电回路、输出控制回路、并列点选择回路、断路器辅助触点输入回路、信号回路和上位机远方复位控制回路。

1. 供电回路

装置可使用直流或交流电源供电。图 3-24 采用直流电源供电,JK1－2 接正极,由于装置内有外接电磁中间继电器线圈用的续流二极管,要求JK1－3(或 JK3－7)接负极。如果装置采用交流电源,且外接中间继电器也是交流

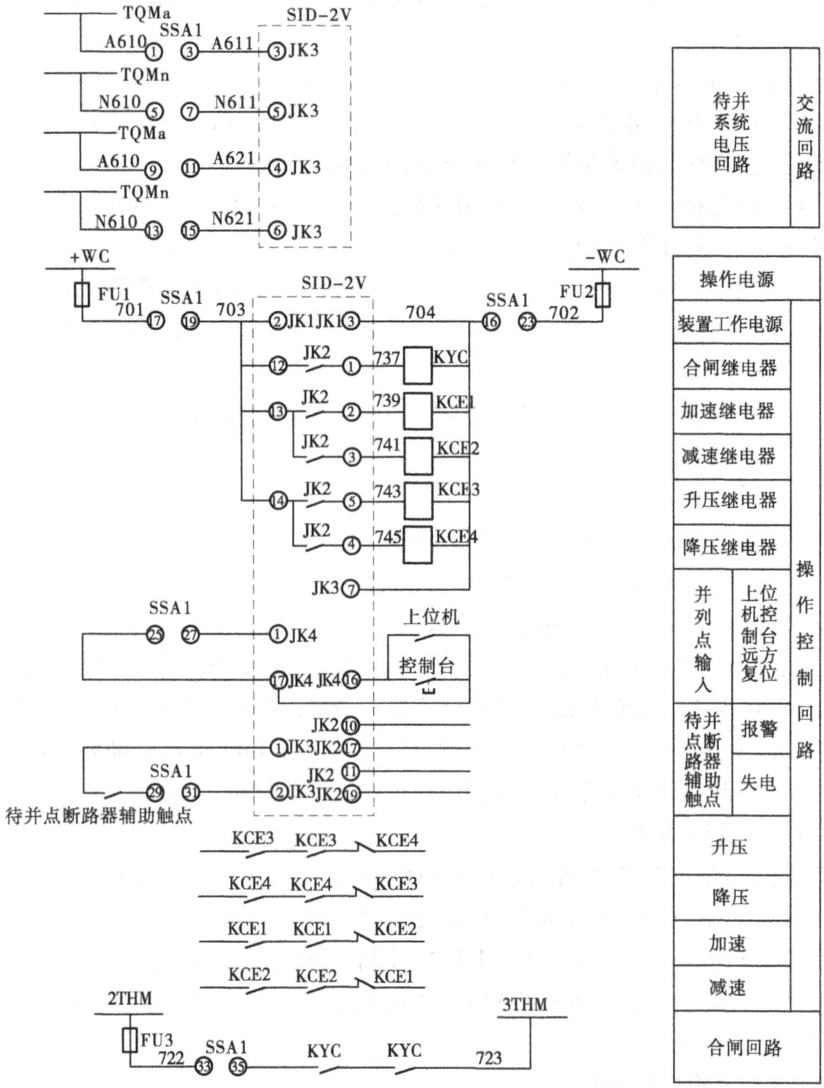

图 3-24　SID－2V 型自动准同步装置二次接线图

（对于多机型 SID－2V 控制器，此部分共有 15 个相似回路，本图只列其一）

的，因不需续流二极管，就没有极性的要求。

2. 输出控制回路

装置是以小型中间继电器作为对外控制的接口，主要进行加速、减速、升压、降压、合闸等控制。小型中间继电器输出的是常开触点，一般老式调速器和励磁调节器是通过驱动电动机进行均频、均压控制的,所以有外接中间继电器的必要,如图 3-24 中的 KYC、KCE1、KCE2、KCE3、KCE4。而微机型调速器和励磁调节器则仅靠一对触点的通、断时间长短进行控制,这种情况下不需要外接中间继电器,可由同步装置直接驱动调速器和励磁调节器。但一般断路器合闸回路的驱动电流较大,需外接大容量的中间继电器。

3. 并列点选择回路及断路器辅助触点输入回路

由于 SID－2V 型自动准同步装置可供多达 15 个并列点进行自动并网用,所以在选择多机共用一台同步装置时就存在并列点的选择问题。这种选择是通过同步小母线来实现的。在同步小母线接上了同步装置的输入 TV 二次电压信号、均频控制信号、均压控制信号、合闸控制信号和装置电源。各个并列点都有一个与之对应的同步开关 SSA(或由上位机控制的继电器组),用来在该并列点实现并网操作时,将相应的 TV 二次电压、均频控制信号、均压控制信号、合闸控制信号和电源送上同步小母线,同时将并列点选择信号、断路器辅助触点信号直接送到同步装置的 JK4－1(或 JK4－2～JK4－15)、JK4－17、JK3－2。各并列点的同步开关 SSA 或继电器组在硬件及软件设计上确保在同一时刻只能有一个接通,保证了同步装置在某时段服务对象的唯一性。

断路器辅助触点是作为测量断路器合闸时间用的,由同步装置的 JK3－1、JK3－2 端子输入。在使用集中同步方式时,需要通过各并列点的同步开关将其辅助触点接入到装置中,如一台发电机专用一台同步装置,则可将辅助触点固定接到 JK3－1、JK3－2 上。这种测量合闸时间的方法因断路器主触点和辅助触点的不同期性会带来测量误差。

4. 信号回路

信号回路由报警继电器和失电继电器组成,它们分别由装置的 JK2－10、JK2－17 及 JK2－11、JK2－19 两对触点输出。在装置软件或硬件出现故障或不正常情况时,除在装置面板上的显示器有相应的提示外,还会引起报警继电器启动,以触发中央音响信号,同时切除同步装置的合闸回路。当装置发出报警时就进入死循环程序,只有进行服务操作后装置才可能重新启动,如故障未消除,装置再次进入报警死循环程序,这是为了避免在装置故障时误并网。

若装置的其他信号都已施加到装置的相应端子上,而工作电源突然中断,此时失电继电器发出失电信号。

5. 上位机远方复位控制回路

上位机远方复位控制回路有两个功能:一是装置发出报警后,重新复位一次,检验装置是永久性故障还是短暂突发性干扰所致;二是在装置按长期带电方式工作时，由上位机通过一个按键型开关量对装置进行复位，启动装置投入工作。复位信号由JK4－16、JK4－17输入，信号形式在常开触点短暂闭合后1～2 s释放。

3.6.5 SID－2V型自动准同步装置的电压参数整定

SID－2V型自动准同步装置的允许压差值及发电机过电压保护电压整定值是通过部分硬件来完成的，这是因为装置电压定值的改变很容易实现，要求无需太精确，从而大大简化了装置的硬件电路。装置内的输入电路上方设置了4个精密多圈电位器RP1、RP2、RP3、RP4，通过如下步骤可以分步实现发电机过电压保护定值、正向允许压差、负向允许压差三个定值的整定，可使用专配的SID－2DS准同步开发试验装置或两个调压器完成整定工作。

3.6.5.1 整定发电机过电压保护定值

调节输入装置的发电机电压为1.15倍额定电压，用直流电压表监视输入电路板上方的TTV－4测点对＋5 V电源地端的电压，然后调节电位器RP3，直到电压表指示从低电平变为高电平，整定完毕。

3.6.5.2 调节发电机及系统侧TV二次电压差的基准点

由于发电机及系统侧TV二次电压不一定是100 V(或$100/\sqrt{3}$ V)时正好对应一次侧的额定电压，所以必须以对应一次侧额定电压的实际二次侧电压为基准才能整定出合理的允许压差值。为此就要找出作为整定正、负压差允许值的基准点，其办法是先将送入装置系统侧的电压调到实际TV二次侧额定值U_{Se}，再将送入装置发电机侧的电压调到实际TV二次侧额定值U_{Ge}，接着用直流电压表监视输入电路板上方的TTV－1与TTV－7两测点的电压，调节电位器RP1使该电压向减小方向变化，直到电压为零停止，基准点整定完毕。

3.6.5.3 整定负向允许压差

保持系统侧输入电压为额定值U_{Se}，将发电机侧电压降到80%U_{Ge}以下，然后逐步将发电机侧电压升到最低允许电压值，此值应是以发电机侧额定电压U_{Ge}为基准的百分值，如－8%U_{Ge}；再调节电位器RP2，直到数码显示器的最右一位刚好稳定地显示“U”，整定完毕。

3.6.5.4 整定正向允许压差

保持系统侧输入电压为额定值U_{Se}，将发电机侧电压升到最高允许电压值，此值应是以发电机侧额定电压U_{Ge}为基准的百分值，如＋7%U_{Ge}；然后调节电位器RP4，直到数码显示器的最右两位刚好稳定地显示“－U”，整定完毕。

第4章　同步发电机自动调节励磁装置

同步发电机是将旋转形式的机械功率转换成三相交流电功率特定的机械设备。为了实现这一转换，它本身需要在发电机的转子绕组（又称励磁绕组）中通以直流电流。把这一产生旋转磁场的直流电流称为同步发电机的励磁电流（或称转子电流），与励磁有关的元件和设备，统称为励磁系统。

4.1　同步发电机励磁系统的任务、要求

运行中的同步发电机无论在正常或事故情况下，为维持机端电压都要调节励磁电流。一般现代发电机上都装有自动调节励磁装置（简称 AER），发电机的励磁电流按预定要求进行自动调整。

同步发电机的励磁系统通常由励磁功率单元和励磁调节装置两部分组成，其中励磁功率单元向同步发电机的励磁绕组提供可靠的直流励磁电流；励磁调节器按照发电机及电力系统运行的要求，根据输入信号和给定的调节准则自动调节控制功率单元输出的励磁电流。

4.1.1　励磁系统的任务

励磁控制系统的主要任务是向发电机的励磁绕组提供一个可调的直流电流（或电压），以满足发电机正常发电和电力系统安全运行的需要。无论是在稳态运行还是在暂态过程中，同步发电机运行状态都在很大程度上与励磁有关。对发电机的励磁进行调节和控制，不仅可以保证发电机及电力系统的可靠性、安全性和稳定性，而且可以提高发电机及电力系统的技术经济指标。

4.1.1.1　系统在正常运行时，维持机端电压或系统中某点电压水平

电力系统正常运行时，负荷是经常波动的。随着负荷的变化，电压也会发生变化，为了使电压在某一允许范围内，则需要对励磁电流进行调节以维持机端或系统中某点电压在给定的水平，励磁控制系统必须承担维持电压水平的任务。

为便于分析，可用单机运行系统来进行分析，如图 4-1（a）所示为同步发电机的运行原理图。图 4-1（b）所示为同步发电机的等值电路图。图中，发电

机感应电动势 $\dot{E}_q$ 与机端电压 $\dot{U}_G$ 的关系为

$$\dot{E}_q = \dot{U}_G + j\dot{I}_G X_d \tag{4-1}$$

式中　$\dot{I}_G$——发电机定子电流；

　　　X_d——发电机直轴同步电抗。

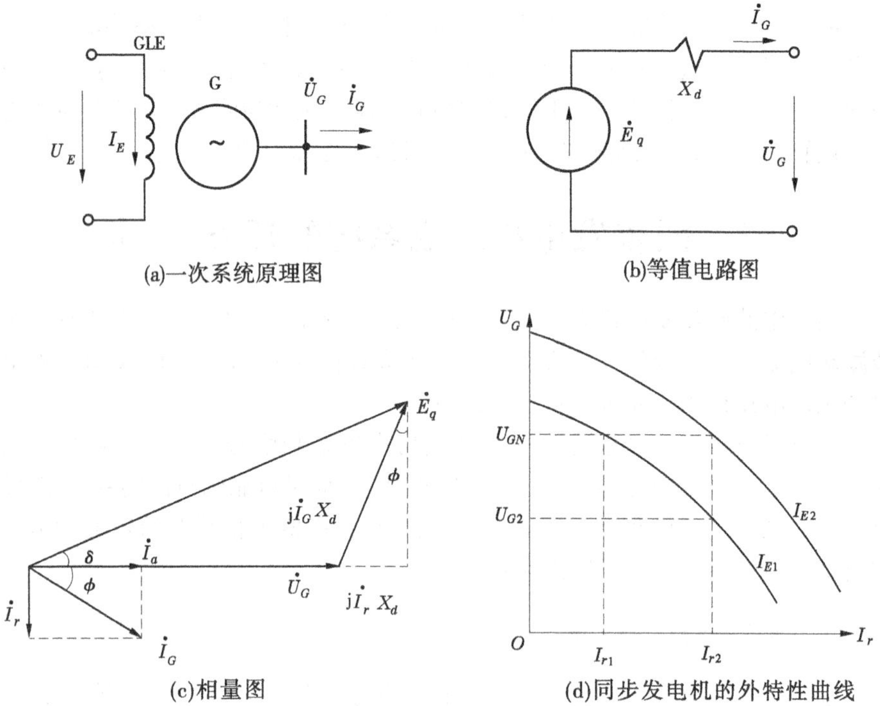

(a)一次系统原理图　　(b)等值电路图

(c)相量图　　(d)同步发电机的外特性曲线

图 4-1　同步发电机运行原理示意图

图 4-1(c)所示为发电机的相量图，由此可知 $\dot{E}_q$ 与 $\dot{U}_G$ 的幅值关系为

$$E_q\cos\delta = U_G + I_r X_d \tag{4-2}$$

式中　δ——发电机的感应电动势 $\dot{E}_q$ 与机端电压 $\dot{U}_G$ 间的相角，即发电机功角；

　　　I_r——发电机的无功电流。

由于 δ 值一般很小，可近似认为 $\cos\delta = 1$，则式(4-2)可简化为

$$E_q \approx U_G + I_r X_d \tag{4-3}$$

式(4-3)表明，在励磁电流一定、E_q 一定的条件下，无功负荷的变化是造成机端电压偏移的主要原因。由式(4-3)可作出发电机的外特性曲线，如

图 4-1(d)所示。当无功负荷 I_{r1}增加到 I_{r2}时,若励磁电流维持 I_{E1}不变,则相应机端电压 U_G 从 U_{GN}降到 U_{G2}。此时,若要保持机端电压为 U_{GN},则应使励磁电流 I_{E1}增加到 I_{E2},即使外特性曲线上移。同样,当无功负荷减小时,为保持机端电压为额定电压 U_{GN},励磁电流应相应减小,即外特性曲线下移。同步发电机的励磁自动调节就是通过不断地调整励磁电流来维持发电机端或系统中某点的电压为给定水平。

4.1.1.2 对并列运行机组间的无功功率进行合理分配

电力系统中有许多发电机并列运行,为了保证电力系统的电压水平和无功的合理分配,要求发电机输出的无功功率应合理。同时,要求当电力系统电压发生变化时,发电机输出的无功功率也要随之进行自动调节,并能满足运行的要求。

为便于分析,设同步发电机与无限大容量母线并联运行,也就是说,发电机端电压不随负荷变化而变化,为一恒定值,如图 4-2(a)所示。由于发电机输出的有功功率只受调速器控制,发电机的输出功率由原动机输入功率决定,与发电机的励磁电流大小无关,当原动机输入功率不变时,发电机的输出功率为常数,即

$$P = U_G I_G \cos\varphi = 常数 \tag{4-4}$$

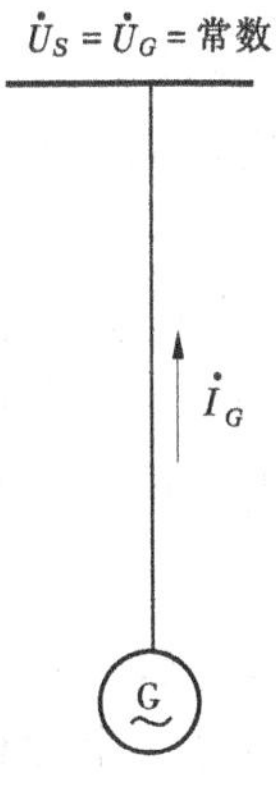

(a)一次系统

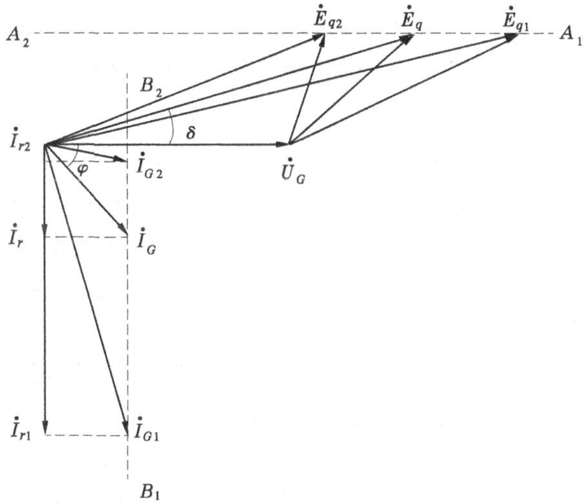

(b)相量图(P=常数)

图 4-2 同步发电机与无限大母线并联运行

式中　φ——发电机的功率因数角。

对隐极式发电机而言，由其功角特性可得，发电机输出的有功功率还可表示为

$$P = \frac{E_G U_G}{X_d}\sin\delta = 常数 \tag{4-5}$$

式中　δ——发电机的功角。

若计及 U_G 为常数，X_d 不变，式(4-4)和式(4-5)可写成

$$I_G\cos\varphi = 常数 \tag{4-6}$$

$$E_G\sin\delta = 常数 \tag{4-7}$$

发电机的相量图如图4-2(b)所示。由图可见，当励磁电流变化时，$\dot{E}_q$ 终端变化轨迹 A_1A_2 平行于 $\dot{U}_G$，相应定子电流 $\dot{I}_G$ 的变化轨迹为 B_1B_2。当励磁电流增大，使 $\dot{E}_q$ 增大为 $\dot{E}_{q1}$ 时，相应定子电流 $\dot{I}_G$ 增大为 $\dot{I}_{G1}$，此时无功电流由 $\dot{I}_r$ 增大为 $\dot{I}_{r1}$；反之，当励磁电流减小，使 $\dot{E}_q$ 减小为 $\dot{E}_{q2}$ 时，相应定子电流 $\dot{I}_G$ 减小为 $\dot{I}_{G2}$，此时无功电流由 $\dot{I}_r$ 减小为 $\dot{I}_{r2}$。可见，通过调节励磁电流的大小，可控制发电机发出的无功功率(I_rU_G)，使并列运行机组间的无功功率得到合理分配。

4.1.1.3　提高电力系统运行的稳定性

同步发电机稳定运行是保证电力系统可靠供电的首要条件。电力系统在运行中随时都可能受到各种干扰，在受到各种干扰后，发电机组能够恢复到原来的运行状态，或者过渡到另一个新的稳定运行状态，则系统是稳定的。电力系统的稳定可分为静态稳定和暂态稳定两类。

电力系统静态稳定是指在一个特定的稳运行条件下的电力系统，遭受到任何一个小干扰后，经过一定时间，能够自动地恢复到或者靠近于小干扰前的稳定运行状态的能力。电力系统具有静态稳定的能力，是系统能够正常运行的基本条件。

电力系统暂态稳定是指在一个特定的稳运行条件下的电力系统，突然遭受到一个大干扰后，能够从原来的运行状态不失去同步地过渡到另一个允许的新稳定运行状态的能力。显然，一个实际运行的电力系统应具有必要的静态稳定和暂态稳定的能力，良好的励磁控制系统能提高这些能力。

1. 提高电力系统的静态稳定性

以图4-3为例，发电机直接并联于无穷大系统，发电机向系统送出的有功功率可表示为

$$P_G = \frac{E_q U}{X_\Sigma}\sin\delta \tag{4-8}$$

式中 X_Σ——系统总阻抗,等于发电机、变压器、输电线路电抗之和;

δ——发电机空载电动势$\dot{E}_q$ 和受端电压 $\dot{U}$ 间的相角。

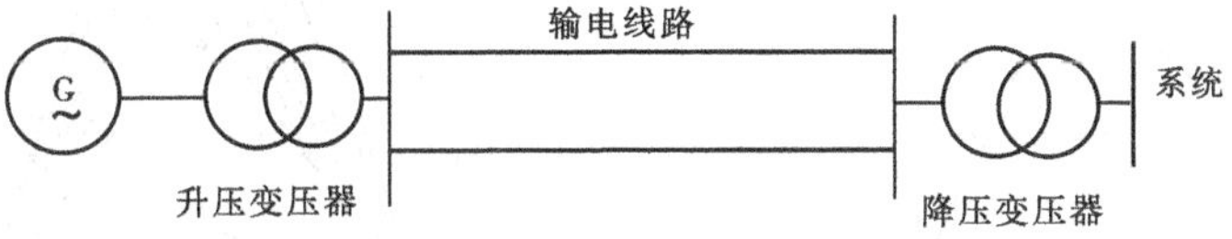

(a)接线图

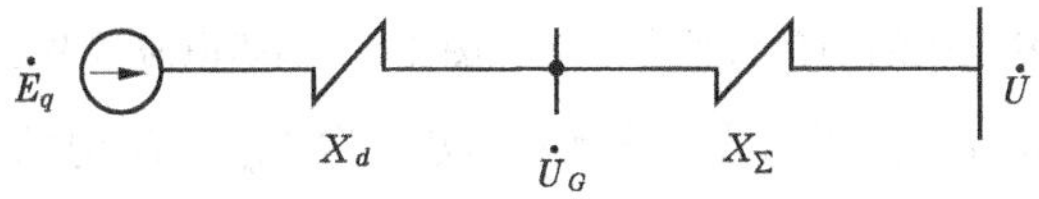

(b)等值电路

图 4-3 电力系统静态稳定分析图

在某一励磁电流下,对应于某一固定空载电动势 E_q 值时,发电机传输功率 P_G 是功角 δ 的正弦函数,$P(\delta)$关系曲线如图 4-4 所示,称为同步发电机的功角特性。从图 4-4 所示的功角特性曲线上可以看出,当发电机输出功率为 P_{G0}时,则运行在图 4-4 中的 a 点是静态稳定的。当 $\delta < 90°$时,发电机能稳定运行;当 $\delta > 90°$时,发电机不能稳定运行;$\delta = 90°$时,最大输出功率为 $P_{max} = E_q U/X_\Sigma$。

但是随着负荷的变化,机端电压就会发生变化,为了维持机端电压,励磁电流就需要不断地调节。励磁电流的改变,也会引起发电机空载电动势的改变,就形成了同步功率特性,将其不同的运行点连接起来,就得到了励磁电流调节后的功角特性,如图 4-5 所示。由图 4-5 可知,极限输出功率增加,系统的静态储备增加,稳定区扩大。由此可见,增加励磁调节器后系统的静态稳定性得到了提高。

2. 改善电力系统暂态稳定性

当电力系统遭受大的扰动后,发电机组间或电厂之间的联系立即减弱。只有当系统具有较强的暂态稳定能力时,才能使系统中各机组保持同步运行。虽然现代继电保护装置的快速切除故障、励磁自动控制系统对暂态稳定的影响一般不如对静态稳定的影响那样显著,但在一定条件下,仍然具有明显的作用,这可以用单机对无限大系统的例子来说明。图 4-6 为发电机暂态稳定的

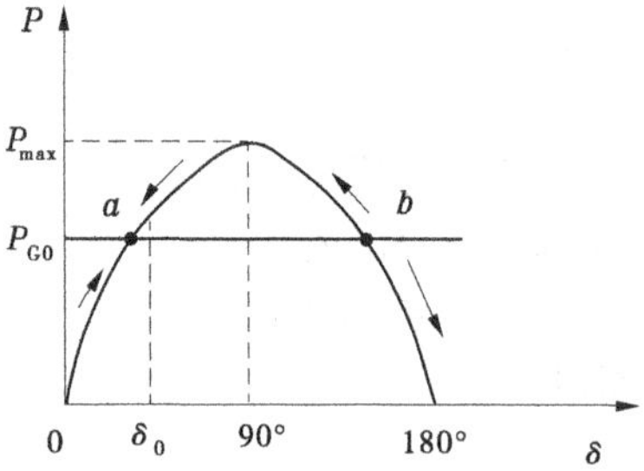

图 4-4 同步发电机的功角特性

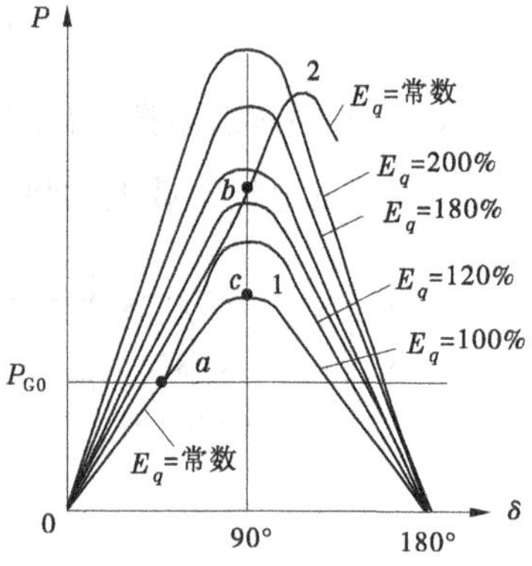

图 4-5 励磁电流调节后的功角特性

面积定则。设在正常运行时，发电机输送功率为 P_{G0}。在功角特性曲线 1 的 a 点上运行，当突然受到扰动后，电压突降，系统运行点由 a 点突降到功角特性曲线 2 的 b 点。如果事故消除前，励磁装置保持原状态，则由于动力输入部分存在惯性，输入功率仍为 P_{G0}，于是发电机轴上将出现过剩转矩使转子加速，运行点由 b 点沿曲线 2 向 F 点移动。abF 包围的面积均表现为这种加速的区域，称为加速面积。过了 F 点，发电机输出功率大于 P_{G0}，转子轴上将出现制动转矩，使转子减速。曲线 2 与 P_{G0} 直线间所形成的上块阴影部分面积表示使转子制动的能量，称为减速面积。发电机能否稳定运行取决于这两块面积是否相等，即所谓的等面积法则，若减速面积小于加速面积，则发电机将失去稳定。

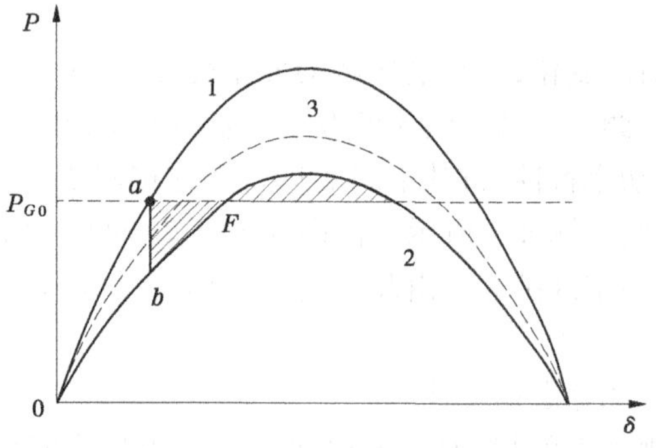

图 4-6 发电机暂态稳定的面积定则

若在刚受到扰动后励磁装置进行强励，则发电机组的运行点将移到功角曲线 3 上，这样不但减小了加速面积，而且增大了减速面积，有利于发电机的暂态稳定性。

提高同步发电机的强励能力，即提高励磁顶值电压和励磁电压的上升速度，是提高电力系统暂态稳定性最经济、最有效的手段之一。

4.1.1.4 改善电力系统的运行条件

当电力系统由于各种原因出现短时低电压时，励磁自动调节控制系统发挥其调节功能，即大幅度地增加励磁，以提高系统电压。在下述情况下可以改善系统的运行条件。

1. 改善异步电动机的自启动条件

电网发生短路等故障时，电网电压降低，必然使大多数用户的电动机处于制动状态。故障切除后，由于电动机自启动需要吸收大量无功功率，以致延缓了电网电压的恢复过程。此时，如果系统中所有发电机都强行励磁，那么就可以加速电网电压的恢复，有效地改善电动机的运行条件。

2. 为发电机异步运行创造条件

同步发电机失去励磁时，需要从系统中吸收大量无功功率，造成系统电压大幅度下降，严重时甚至会危及系统的安全运行。在此情况下，如果系统中其他发电机组能提供足够的无功功率，以维持系统电压水平，则失磁的发电机还可以在一定时间内以异步运行方式维持运行，这不但可以确保系统安全运行而且有利于机组热力设备的运行。

3. 提高继电保护装置工作的正确性

当系统处于低负荷运行状态时，发电机的励磁电流不大。若系统此时发生短路故障，其短路电流较小，且随时间衰减，以致带时限的继电保护不能正确工作。励磁自动控制系统就可以通过调节发电机励磁以增大短路电流，使继电保护可靠工作。

4. 限制水轮发电机突然甩负荷时电压迅速上升

因为水轮发电机的转动惯量相当大，并且水轮机调节机构动作灵敏性不如汽轮机，因此水轮发电机在运行过程中突然甩负荷之后，水轮机的机械功率大大地超过了同步发电机的电功率，在此期间内水轮发电机的转速就可能升高到额定值的130% ~140%。这样就有造成同步发电机端电压上升至危害电机绝缘的危险。在水轮发电机上装设了AER之后，当同步发电机电压上升至某一预定的数值时，它将迅速地减小励磁电流，因此就防止了危险的过电压发生。

4.1.2 对自动调节励磁系统的基本要求

为了充分发挥励磁系统各部分的作用，完成发电机励磁系统的各项任务，装置应满足如下基本要求：

(1)在正常运行时,能按机端电压的变化自动地改变励磁电流,维持电压值在给定水平。因此,要求自动调节励磁装置有足够的调节容量,励磁系统有足够的励磁容量。

(2)对并列运行的发电机,要求励磁调节器能稳定合理分配机组间的无功功率。

(3)电力系统发生事故使电压降低时,励磁系统应有很快的励磁响应速度和足够大的励磁顶值电压,以实现强行励磁的作用。对水轮发电机的励磁系统,还应有快速强行减磁能力,或增设单独的快速的强行减磁装置。

(4)装置要简单、可靠,动作要迅速,调节过程要稳定。调节系统应没有失灵区,以保证在稳定区内运行。

4.2 同步发电机励磁系统

在电力系统发展初期,同步发电机的容量不大,励磁电流由与发电机同轴的直流励磁机供给,即所谓的直流励磁机励磁系统。随着发电机容量的提高,所需励磁电流也相应增大,而直流励磁机却受到制造容量、调节速度的限制,以及具有整流子碳刷维护困难、易发生故障等问题。而大功率半导体整流元件制造工艺却日益成熟,于是大容量机组的励磁功率单元就采用了交流发电机和半导体整流元件组成的交流励磁机系统。随着控制理论的发展和新技术、新器件的不断出现,数字式励磁调节器已广泛在新机组上投入使用。下面介绍几种常见的励磁系统。

4.2.1 同步发电机常见的励磁方式

4.2.1.1 直流励磁机供电的励磁方式

直流励磁机供电的励磁方式是最早采用的励磁方式,直流励磁机与发电机同轴。其主要优点是:结构简单,运行可靠;当励磁机故障时,发电机转子仍可与励磁机形成闭合回路,不会产生感应过电压。其主要缺点是,因为直流励磁机为机械整流子换流,平时对整流子、碳刷的维护工作量大,且当需要的励磁电流很大时换向困难,所以直流励磁机的容量受到限制。因此,这种方式只能在 100 MW 以下中小容量机组中采用。按励磁机励磁绕组供电方式的不同,可分为自励式与他励式两种。

1. *自励式直流励磁机供电的励磁方式*

自励式直流励磁机系统原理接线如图 4-7 所示。发电机励磁绕组 GLE

由与之并联的直流励磁机 GE 供电，而直流励磁机 GE 同时经过磁场变阻器 *R* 向其励磁绕组 ELE 提供励磁电流，所以称为自励。改变磁场变阻器 *R* 的电阻值，可以改变励磁机的励磁电流，从而改变励磁机的端电压，达到人工调节励磁电流的目的。励磁调节器则通过电压互感器 TV 感受发电机端电压的变化作出响应，改变输出电流 I_A 的大小，达到自动调节励磁的目的。

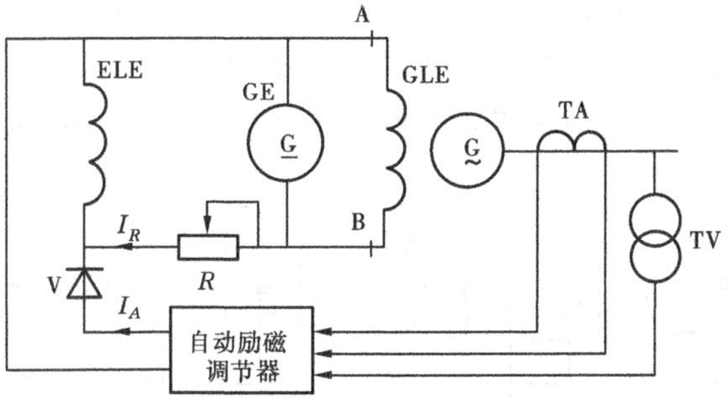

图 4-7　自励式直流励磁机供电的励磁方式（A、B 为滑环）

2. 他励式直流励磁机供电的励磁方式

他励式直流励磁机系统原理接线如图 4-8 所示。由图可见，他励式直流励磁机的励磁绕组是由另外一台副励磁机 GE2 供电的，所以称为他励。副励磁机 GE2 可通过调整磁场电阻 *R* 来改变其励磁电流，副励磁机 GE2 和励磁机 GE1 都与发电机同轴。自动励磁调节器的输出直接对主励磁机 GE1 起作用。由于有了同轴的副励磁机 GE2，在要求相同的励磁容量下，他励式的时间常数小，因而电压响应速度较高，发电机电压的稳定性也较自励式的好，一般用于水轮发电机组。

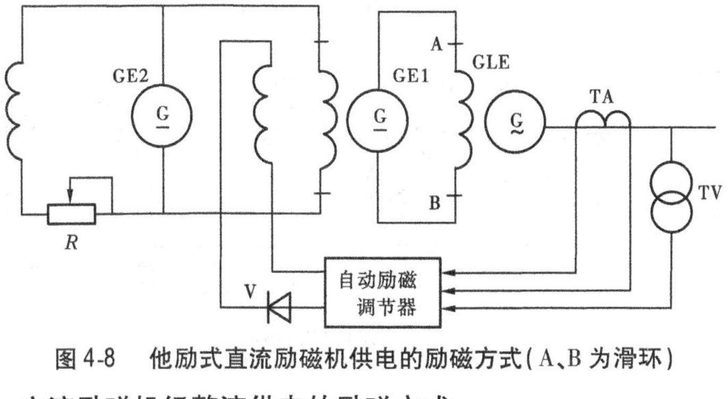

图 4-8　他励式直流励磁机供电的励磁方式（A、B 为滑环）

4.2.1.2　交流励磁机经整流供电的励磁方式

整流器可以是二极管或是晶闸管，所用整流设备可以是静止的或是旋转的，因此这种励磁方式有交流励磁机 - 静止二极管、交流励磁机 - 静止晶闸管、交流励磁机 - 旋转二极管、交流励磁机 - 旋转晶闸管等。

1. 交流励磁机 - 静止二极管励磁方式

图 4-9 示出了交流励磁机 - 静止二极管的三种励磁方式，其中 GE1 为励磁机，GE2 为副励磁机，发电机的励磁经二极管整流桥 U1、滑环 A 和 B 取得；图 4-9（a）中的副励磁机为永磁发电机；图 4-9（b）中副励磁机采用自励恒压方式保持 GE2 的端电压；图 4-9（c）取消副励磁机，励磁机的励磁电源采用自励方式。同步发电机的励磁调节是通过可控整流桥 U2（由 AER 控制）调节励

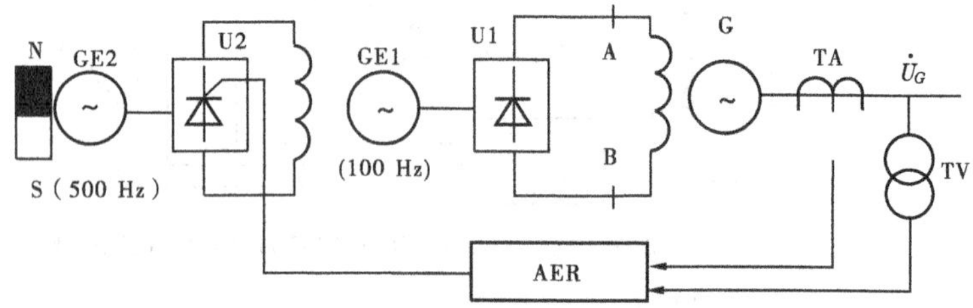

(a)GE2为永磁发电机

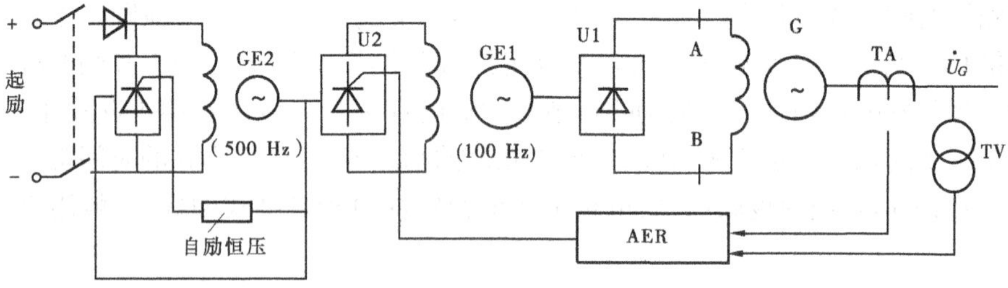

(b)GE2采用自励方式

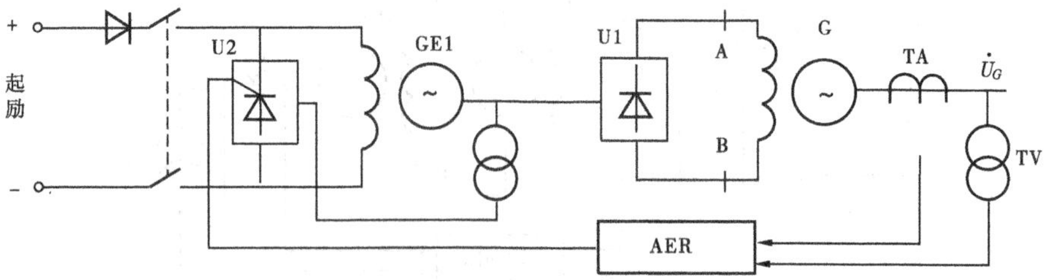

(c)GE1采用自励方式

图 4-9　交流励磁机 - 静止二极管励磁方式

磁机的励磁电流来实现的。由于调节作用必须通过交流励磁机，而交流励磁机有较大的时滞作用，故这种励磁方式的励磁响应速度较慢。尽管如此，这种励磁方式仍然有较多的应用。应当指出，图 4-9(c)的调节通道中接入了自励正反馈方式工作的交流励磁机 GE1，所以励磁响应速度慢于图 4-9(a)和图 4-9(b)所示的励磁方式。

为提高励磁响应速度及励磁系统运行的可靠性，一般主励磁机采用 100 Hz、副励磁机采用 500 Hz 的感应子交流发电机。感应子交流发电机的交流绕组、励磁绕组均置于定子侧，转子上无任何绕组，只有齿和槽，无电刷和滑环。转子转动时，借助于磁阻变化使交流绕组内的磁通发生变化，从而感应出交变电动势。

2. 交流励磁机－静止晶闸管励磁方式

图 4-10 示出了交流励磁机－静止晶闸管励磁方式。励磁机 GEl 的励磁电源可采用图 4-9 (a)、(b)所示方式供电，即在图 4-9 (a)和图 4-9(b)中 U2 为二极管整流桥，U1 为可控整流桥。此外，也可采用自励恒压的方式来保持 GE1 的端电压，如图 4-9 (b)中的 GE2 采用自励恒压方式。

由于这种励磁方式中 AER 直接控制同步发电机的励磁电压，所以可得到较高的励磁响应速度，当然晶闸管元件的容量要比图 4-9 中的大得多，同时励磁机容量也要求大一些。

因可控整流桥 U1 直接控制励磁电压，需要时可实现对同步发电机的逆变灭磁。

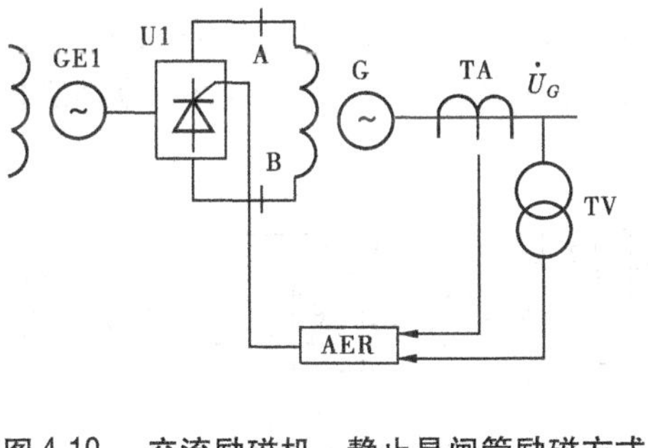

图 4-10　交流励磁机－静止晶闸管励磁方式

3. 交流励磁机－旋转二极管励磁方式

在图 4-9、图 4-10 所示的励磁方式中，供电给同步发电机励磁的整流设备是静止的，必须通过转子滑环(A 和 B)才能引入转子绕组。而转子滑环通过的极限电流为 8 000 ~ 10 000 A,因此当励磁电流超过这一数值时,可采取的措施是:①增加转子滑环接触面积;②采用无刷励磁方式,即交流励磁机采用旋转电枢式结构,直流励磁绕组安装在定子侧,整流二极管安装在转子轴上,构成交流励磁机 - 旋转二极管励磁方式。

图 4-11 所示为交流励磁机 - 旋转二极管励磁方式。图中副励磁机 GE2 可采用图 4-9(a)和图 4-9(b)所示的励磁方式。虽然这种励磁方式取消了转子滑环,但同步发电机的励磁调节还是通过励磁机 GE1 来实现的,因此这种励磁方式的励磁响应速度与图 4-9 相当。此外,此种励磁方式还存在着转子电压和电流的监测、转子绕组绝缘监视、旋转整流设备保护等问题,所以这种励磁方式应用较少。

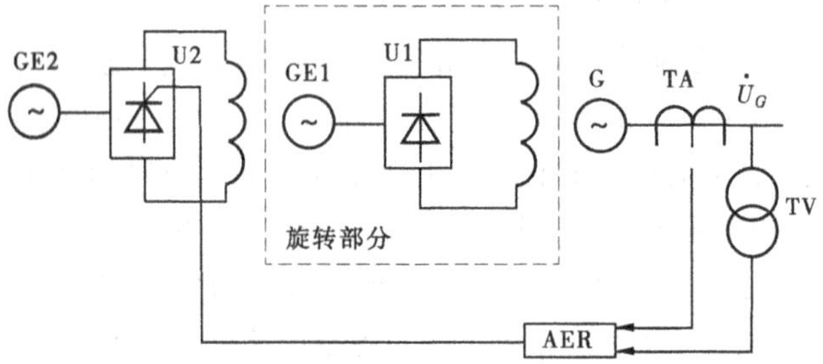

图 4-11　交流励磁机 - 旋转二极管励磁方式

4. 交流励磁机 - 旋转晶闸管励磁方式

图 4-9、图 4-11 所示的励磁方式,除同步发电机励磁响应速度较慢外,还存在着不能对发电机实行逆变灭磁的缺陷。为此在图 4-11 所示的励磁方式的基础上,将旋转二极管改为旋转晶闸管,构成交流励磁机 - 旋转晶闸管励磁方式,如图 4-12 所示。

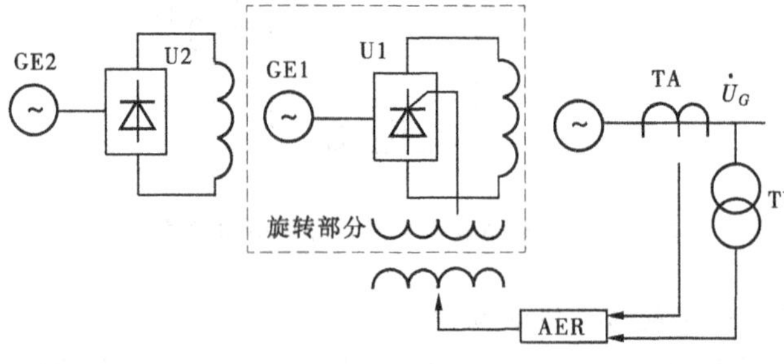

图 4-12　交流励磁机 - 旋转晶闸管励磁方式

这种励磁方式具有励磁响应速度快、无碳刷的特点，还可对发电机实现逆变灭磁。但这种励磁方式要将静止的 AER 的控制触发脉冲可靠正确地传送到旋转晶闸管上，一般可通过旋转变压器或控制励磁机来实现，技术要求相比传送到静止晶闸管上要高。此外，此种励磁方式还存在着与旋转二极管整流励磁同样的问题。所以，这种励磁方式在大型发电机上尚未获得应用。

4.2.1.3　自并励整流供电的励磁方式

自并励指的是同步发电机的励磁电源取自发电机本身，图 4-13 示出了一种自并励整流供电的励磁方式。发电机的励磁电源由接在机端的励磁变压器 T、可控整流装置 U 供给；AER 控制可控整流装置 U 的触发脉冲，实现发电机的励磁调节。整个励磁装置没有转动部分，接线特别简单。由于励磁变压器 T 与发电机并列，故图 4-13 为发电机自并励励磁方式。

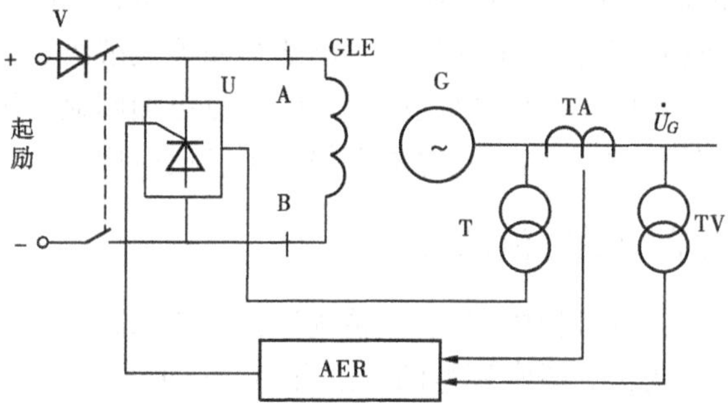

图 4-13　发电机自并励接线（A、B 为滑环）

1. *自并励励磁方式的优点*

（1）励磁系统设备少、接线简单且没有转动部分，故运行可靠性高。

（2）励磁响应速度快，可充分发挥 AER 的作用。

（3）取消了励磁机，缩短了机组长度，降低了投资成本。由于机组长度缩短，所以运行安全性也可相应提高。

（4）维护工作量小。

2. *自并励励磁方式存在的问题*

（1）发电机近端附近发生短路故障时能否强励。容量稍大的机组一般采用发电机变压器组接线，当发电机端或变压器发生短路故障时，发电机并不要求有强励作用，实际上由于发电机励磁回路有较长的时间常数，在强励作用前继电保护已动作跳闸；高压配出线路上出口附近发生短路故障时，因超高压线路上保护采用双重化配置，切除故障不仅可靠而且快速，特别在保护装置中设有快速距离Ⅰ段保护，发电机在强励作用前继电保护已动作切除故障；如果出口短路故障不是三相短路故障，发电机也未必不能强励。对高压配出线电厂侧的重合闸，为保证发电机的安全，三相重合闸采用检同期方式，不可能出现三相重合于永久性故障的情况。实际上，励磁回路存在的时滞使发电机的强励对提高系统暂态稳定的作用没有快速切除故障来得有效。

由上分析可见，自并励发电机近端附近发生短路故障，不必担心发电机能否强励的问题，更不必担心发电机会失去励磁。

(2)发电机继电保护能否可靠动作。根据对自并励发电机三相短路电流的分析得到。

在短路故障发生的0.5 s内，即使故障在发电机近端附近，发电机仍可提供较大的短路电流，因此对快速动作的保护不会产生影响。近端附近三相短路故障时，发电机提供的短路电流中可能没有稳态分量，因此给带时限的后备保护带来影响。然而，现代继电保护技术已能很完善地解决这一问题。

随着系统容量的扩大，自并励励磁方式的优点更加明显。因此，发电机的自并励励磁方式在中、大型同步发电机上得到了广泛应用。

4.2.2 自动调节励磁电流的方法

同步发电机在运行过程中，为适应系统运行的要求，励磁电流应根据系统运行情况作相应的调整。通常调整的方法有如下三种：

(1)改变励磁机励磁回路电阻。如图4-7所示，可通过改变励磁机励磁回路电阻改变励磁机的励磁电流，从而改变励磁机的端电压，相应地也调节了发电机的励磁电流。

(2)改变励磁机的附加励磁电流。图4-7和图4-8示出了通过改变励磁机附加励磁电流来实现调节发电机励磁电流的接线。

自动调节励磁装置接于发电机的电压，它供给励磁机一个附加励磁电流。当发电机电压发生变化时，自动调整励磁装置相应地改变这一附加励磁电流的数值，从而改变发电机的励磁电流。

(3)改变晶闸管的导通角。图4-10、图4-12和图4-13示出了励磁系统通过改变晶闸管的导通角调节励磁电流的接线示意图。

4.2.3 励磁电流的调节方式

励磁电流的调节方式按调节原理来区分，可分为按电压偏差的比例调节和补偿调节两种方式。

4.2.3.1 按电压偏差的比例进行调节

按电压偏差的比例调节实际是一个以给定电压为被调量的负反馈控制系统,其原理框图如图4-14所示。为了调节发电机的端电压 U_G,必须测量端电压的变化值。测量机构的输出电压 kU_G 与 U_G 成正比。比较回路电压偏差 $\Delta U = U_{set} - kU_G$,当电压偏高时,$\Delta U$ 为负;电压偏低时,ΔU 为正。

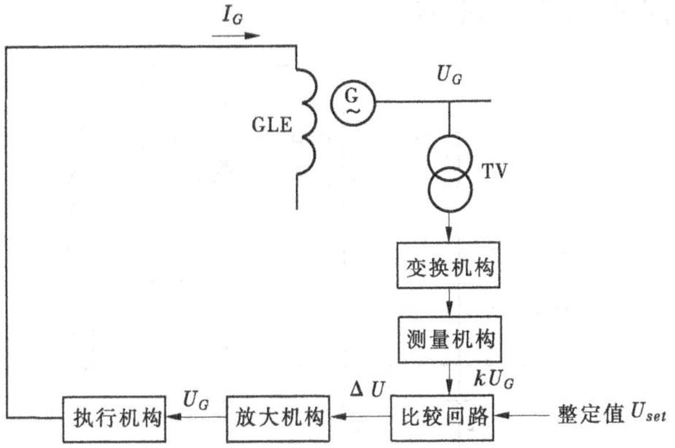

图 4-14 励磁调节基本框图

放大机构按照 ΔU 的大小和方向进行放大,通过执行机构使励磁电流向相应方向调整,控制发电机的电压值。被调量与整定值的偏差越大,调节作用越强,这就是按电压偏差的比例进行调节。

4.2.3.2 按定子电流、功率因数的补偿调节

同步发电机由于电枢反应的存在,当励磁电流保持不变时,在滞后功率因数下,机端电压随定子电流的增大而下降,且在同样的定子电流下,功率因数越低,机端电压降的越多。因此,同步发电机的端电压受定子电流和功率因数变化的影响。若调节量不仅能随发电机端电压变化,同时也能根据定子电流、功率因数变化进行调节,则这种调节方式称为补偿调节。

4.3 可控整流电路

随着大功率高电压硅整流元件的出现,在发电机励磁系统中,往往采用硅整流或可控整流电路。可控整流电路的主要任务是将交流电压整流成直流电压供给发电机励磁绕组或励磁机的励磁绕组。通常采用的可控整流电路是三相半控桥式整流电路或三相全控桥式整流电路。

4.3.1　三相半控桥式整流电路

图 4-15 为三相半控桥式整流电路，VTH1、VTH3、VTH5 为晶闸管，采用共阴极连接；V2、V4、V6 为整流二极管，采用共阳极连接；V7 为续流二极管，L 和 R 为励磁绕组的电感和电阻。A、B、C 三个端子接三相对称电源电压，取自发电机端或励磁机（副励磁机）端，供电可靠。

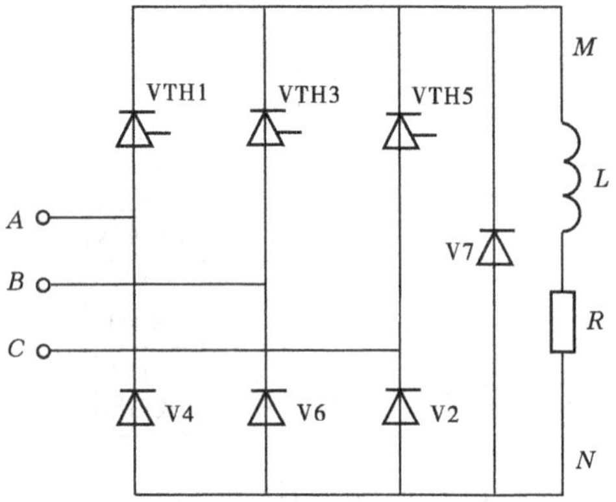

图 4-15　三相半控桥式整流电路

晶闸管的导通条件是：除要求元件阳极电位高于阴极外，还必须在控制极加入正触发脉冲。晶闸管的截止条件是：通过电流小于维持电流，或在阳极加反向电压。

4.3.1.1　控制触发脉冲的移相要求

若晶闸管元件具有最大的导通角，即晶闸管元件以二极管的方式工作，则三相半控桥式整流电路变为三相全波整流电路。此时，图 4-15 中 A、B、C 三点中电位最高的那一相晶闸管导通，电位最低的那一相二极管导通。在任一时刻均有一个晶闸管和一个二极管导通，输出电压波形如图 4-16 所示。

由图 4-16 可见，晶闸管 VTH1、VTH3、VTH5 分别在 a、b、c 三点开始导通，二极管分别在 a'、b'、c' 三点开始导通，也即在这些点上晶闸管的导通相别开始转换，故称 a、b、c 点为晶闸管的自然换相点。在这些自然换相点上，晶闸管有最小的控制角，即控制角的起始点（控制角 $\alpha = 0°$），分别滞后相应相电压 u_a、u_b、u_c 30° 相角，所以晶闸管 VTH1、VTH3、VTH5 的触发脉冲应依次滞后 120° 相角。

对 VTH1 而言，自 a 点导通后，若 VTH3 不加触发脉冲，则 VTH3 一直处

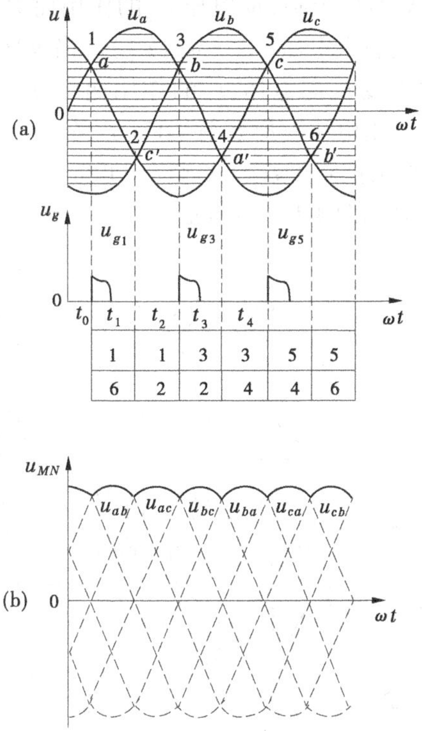

图 4-16　三相半控桥的输出电压波形

于截止状态，这样 VTH1 导通的时间可到 a' 点。因为在这段区间内，VTH1 处在正向电压下，过了 a' 点后，VTH1 承受反向电压（$u_{ca}>0$）而关断，因此 VTH1 的导通区间为 aa'。同理，VTH3 的导通区间为 bb'，VTH5 的导通区间为 cc'，触发脉冲移相范围为 0°～180°。

由以上分析可见，三相半控桥式整流电路触发脉冲的移相要求如下所述：

（1）任一相晶闸管的触发脉冲应在滞后本相相电压 30°～210°发出。

（2）各相晶闸管的触发脉冲相位依次相差 120°。

（3）移相触发电路的工作电源必须与加至晶闸管的正向电压同步。

4.3.1.2　输出电压波形

在符合上述要求的触发脉冲下，当控制角 $\alpha=30°$ 时，晶闸管 VTH1 在 u_{g1} 作用下导通，输出电流经二极管 V6（V2）构成回路，负载上电压 $u_{MN}=u_{ab}$（u_{ac}）；当晶闸管 VTH3 的触发脉冲 u_{g3} 出现时，正遇 B 相电压最高，VTH3 因触发而导通，VTH1 受到反向电压 u_{ba} 的作用而关断，此时输出电流经二极管 V2（V4）构成回路，负载上电压 $u_{MN}=u_{bc}$（u_{ba}）。同理，在 u_{g5} 的作用下 VTH5 导通时，因 C 相电压最高，VTH3 受到反向电压 u_{cb} 的作用而关断，输出电流经二极管 V4(V6)构成回路，负载上电压 $u_{MN}=u_{ca}(u_{cb})$。当 VTH1 的触发脉冲 u_{g1} 作用时，VTH1 导通，VTH5 受反向电压 u_{ac} 的作用而关断。之后就重复上述过程。作出 $\alpha=30°$ 时的输出电压波形如图 4-17(a)所示。

采用同样的方法作出控制角 $\alpha=60°$ 和 $\alpha=120°$ 时半控桥的整流输出电压波形，分别如图 4-17(b)和图 4-17(c)所示。

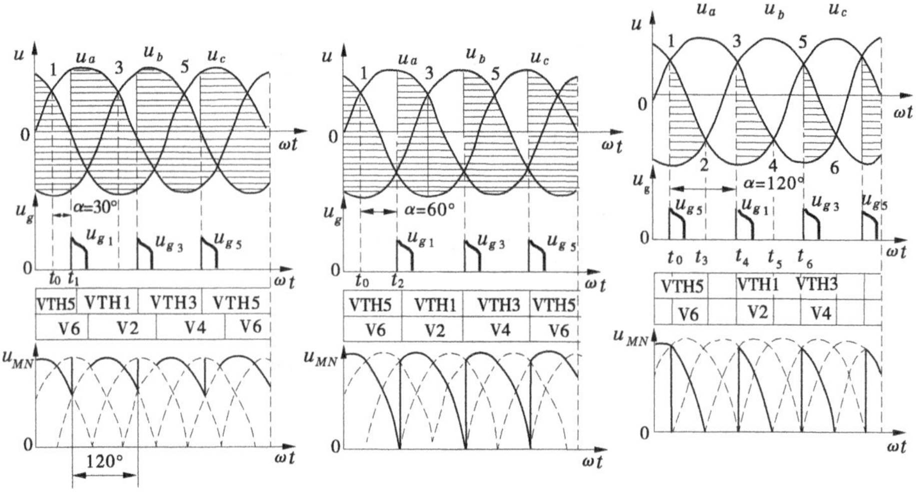

(a) $\alpha=30°$　　(b) $\alpha=60°$　　(c) $\alpha=120°$

图 4-17　三相半控桥式整流电路在不同 α 角时的输出电压波形

通过上述分析可知，三相半控桥式整流电路的输出电压波形有如下特点：

(1)当控制角 $\alpha<30°$ 时，输出电压波形每工频周期有六个波头，其中三个波头带有缺口，缺口大小与 α 角有关，α 角愈大，缺口愈大，α 角为 0°时没有缺口。

(2)当控制角 $30°<\alpha<60°$ 时，导通的晶闸管在关断之前本相电压已为负值，但仍比另一相高。如图 4-17(b)中，u_{g3} 作用时(u_{g3} 稍向前移)，VTH1 的阳极电压 u_a 已为负值，但 u_{ac} 仍大于 0。故晶闸管仍处于正向电压，在下一个晶闸管导通前仍可继续导通，这种情况下在工频一周期内已有三个波头达不到最大值。

(3)当控制角 $\alpha=60°$ 时，导通的晶闸管在本相相电压降到与另一相最低的相电压相等时自行关断，此时输出电压波形在工频一周期内只有三个波头，输出电压波形最低值已达到零值。

(4)当控制角 $\alpha>60°$ 时，输出电压波形不再连续，每个晶闸管自行关断后到另一相晶闸管触发导通的区间出现间断，α 角愈大，波形的间断区间也愈大。

当控制角 $\alpha \leqslant 60°$时，每个晶闸管的导通角 $\beta = 120°$；当 $\alpha > 60°$时，导通角减小为 $\beta = 180° - \alpha$。

4.3.1.3 续流管 V7 的作用

当 $\alpha > 60°$时，整流桥输出电压波形不连续，而整流桥的负载为电感性（转子绕组），因此在输出电压出现间断时，将出现以下两种情况：

（1）在晶闸管阳极电压过零时，感性负荷在电流下降时产生自感电势，使原来导通的晶闸管造成续流，无法关断，直到相邻元件触发导通，才受到反向电压而关断换流。输出波形出现负的部分，将造成输出平均值减小。

（2）若控制角 α 从较小值突增至180°，因自感电势的续流作用，会造成“失控”现象。

为了克服上述两种现象的出现，就在图 4-15 中加装一反向续流管 V7，有了续流管 V7 后，自感电势将从两个支路通过：一是续流管 V7；二是元件 VTH1、VTH3、VTH5 与 V2、V4、V6 中形成回路的支路。续流管正向压降很小，使元件 VTH1、VTH3、VTH5 与 V2、V4、V6 中形成回路的支路流过的电流小于维持电流，故元件 VTH1、VTH3、VTH5 中原来导通的一个就在阳极电压过零时自行关断。

4.3.1.4 输出电压与控制角 α 关系

三相半控桥式整流电路输出电压平均值 U_{av}与 α 间的关系可表示为

$$U_{av} = 2.34U_P\left(\frac{1 + \cos\alpha}{2}\right) = 1.35U_{P-P}\left(\frac{1 + \cos\alpha}{2}\right) \tag{4-9}$$

式中 α——控制角，$\alpha = 0° \sim 180°$；

U_{av}——输出电压平均值；

U_{P-P}——加到半控桥式整流电路上的三相对称线电压有效值。

作出 U_{av}与 α 的关系曲线如图 4-18 中曲线 1 所示，当 α 在 $0° \sim 180°$内变化时，相应地 U_{av}在 $1.35U_{P-P} \sim 0$ 变化。可见，只要改变控制角 α 的大小，就可以改变整流输出电压的大小，以满足励磁调节装置对晶闸管实行控制的要求。

需要指出，计及整流元件的管压降，以及供电回路中电感的存在使一个晶闸管的导通和另一个晶闸管的关断不能瞬间完成，需有一个过渡阶段，从而造成换相压降，因此使输出直流电压值较式（4-9）计算值略低一些。

4.3.2 三相全控桥式整流电路

图 4-19 为三相全控桥式整流电路，它的六个整流元件全部采用晶闸管，

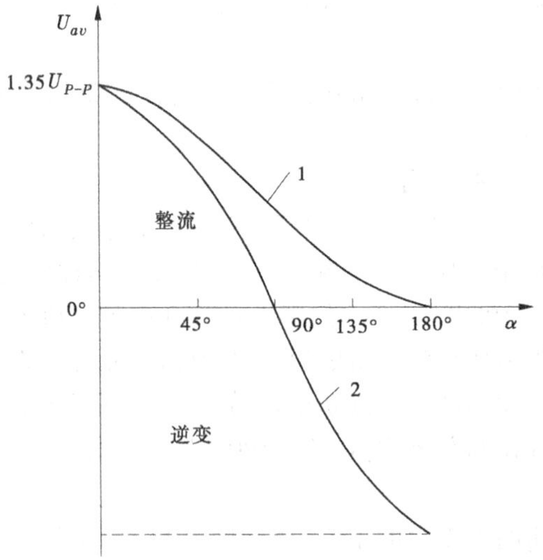

1—半控桥；2—全控桥

图 4-18　输出电压平均值 U_{av} 与 α 的关系曲线

VTH1、VTH3、VTH5 为共阴极连接，VTH2、VTH4、VTH6 为共阳极连接。它有整流和逆变两种工作状态，为保证电路正常工作，对触发脉冲提出了较高的要求。

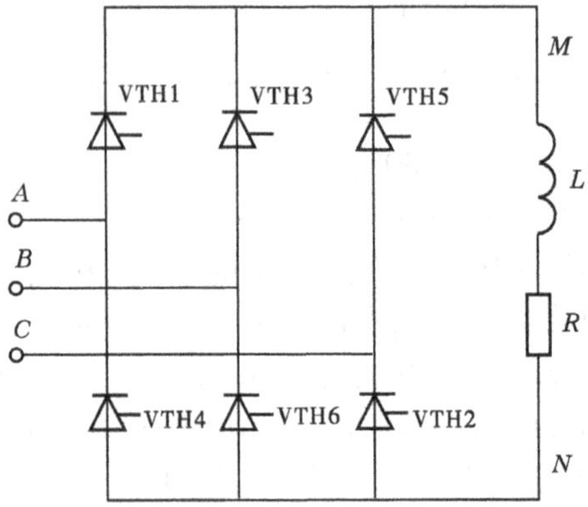

图 4-19　三相全控桥式整流电路

4.3.2.1　控制触发脉冲的移相要求

设全控桥式整流电路图 4-19 中的输入相电压为 u_a、u_b、u_c，当晶闸管具有最大的导通角（控制角 $\alpha=0°$）时，即以二极管的方式工作，则各晶闸管的触发脉冲在它们对应的自然换相点时刻发出，在自然换相点上相应晶闸管触发脉冲的控制角 $\alpha=0°$，即是控制角 α 的起始点。如图4-20 所示，输出电压波形与半控桥整流电路的控制角 $\alpha=0°$时一样，各元件每周期导通持续 120°。因此，对三相全控桥的触发脉冲应满足如下移相要求：

(1) 晶闸管元件 VTH1 ~ VTH6 触发脉冲的次序应为 VTH1、VTH2、…、VTH6，且触发脉冲的间隔依次相差 60°。为保证后一晶闸管触发导通时前一晶闸管处于导通状态，在触发脉冲宽度小于 60°时，在给后一晶闸管以触发脉冲的同时，也给前一晶闸管以触发脉冲，形成双脉冲触发。

(2) 任一相的晶闸管触发脉冲均在滞后本相相电压 30° ~ 120°的区间发出，最大移相范围为 180°。

(3) 移相触发电路的工作电源应与晶闸管阳极电压同步。

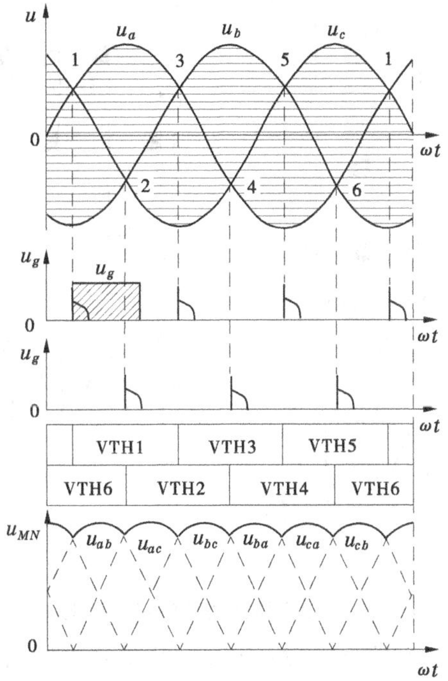

图 4-20　三相全控桥式整流电路输出电压波形

4.3.2.2　整流工作状态

整流工作状态就是将输入的交流电压转换为直流电压。三相全控桥式整流电路的控制角 $\alpha=0°$ ~ 90°时为整流工作方式。下面具体分析：

(1)当控制角 $\alpha=60°$ 时，在触发脉冲 u_{g1}、u_{g6} 作用下，VTH1、VTH6 导通，输出电压 $u_{MN}=u_{ab}$。经 60°电角度后，在触发脉冲 u_{g2}、u_{g1} 作用下，VTH1 保持导通，VTH2 也导通，因此时 B 相电压高于 C 相电压，$u_{bc}>0$，VTH6 在此反向电压 u_{bc} 作用下关断，输出电压 $u_{MN}=u_{ac}$。再经 60°电角度后，在触发脉冲 u_{g2}、u_{g3} 作用下，VTH2、VTH3 导通，因此时 B 相电压高于 A 相电压，VTH1 在反向电压 u_{ba} 作用下关断，输出电压 $u_{MN}=u_{bc}$。输出电压 u_{MN} 的波形如图 4-21(a)所示。

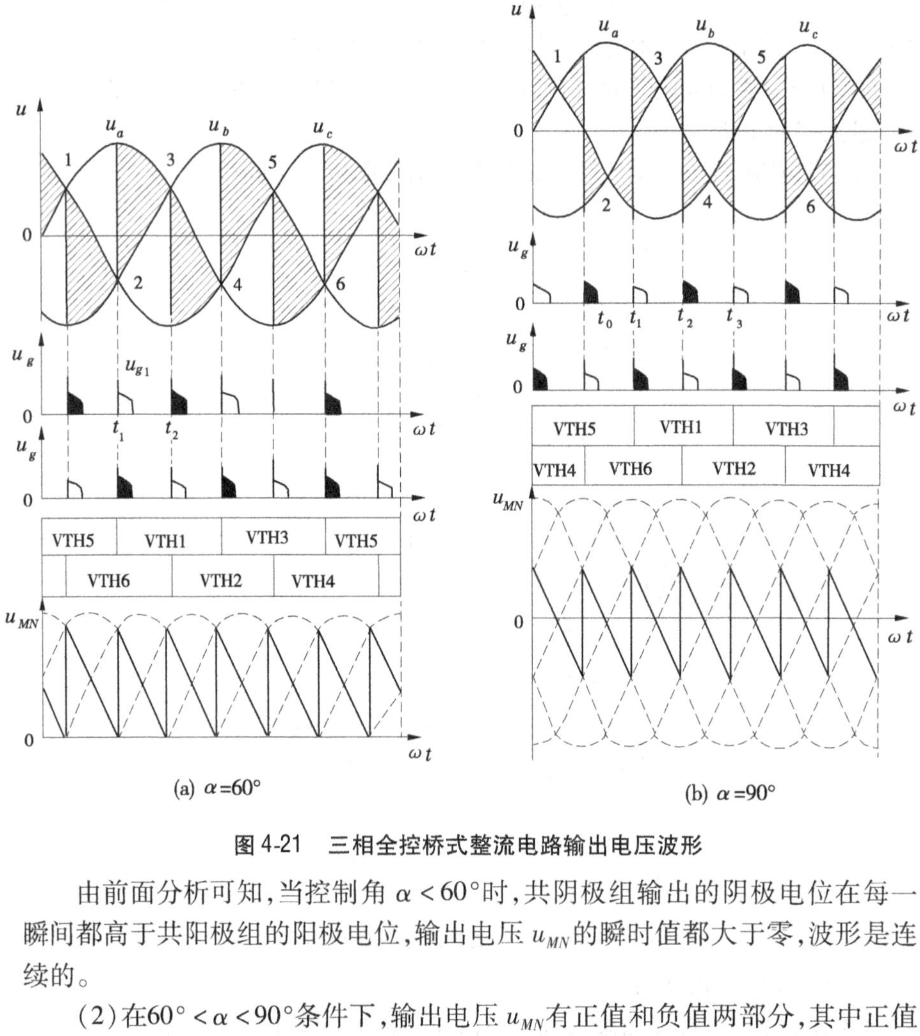

图 4-21　三相全控桥式整流电路输出电压波形

由前面分析可知，当控制角 $\alpha<60°$ 时，共阴极组输出的阴极电位在每一瞬间都高于共阳极组的阳极电位，输出电压 u_{MN} 的瞬时值都大于零，波形是连续的。

(2)在 $60°<\alpha<90°$ 条件下，输出电压 u_{MN} 有正值和负值两部分，其中正值部分的面积大于负值部分的面积，因而总的平均值仍是正值。控制角 α 增大时，正值部分面积减小，负值部分面积增大，总的平均值降低。当 $\alpha=90°$ 时，

正值部分面积和负值部分面积相等,输出电压平均值降到零,即 $U_{MN}=0$,此时输出电压 u_{MN}的波形如图 4-21(b)所示。

4.3.2.3 逆变工作状态

逆变工作状态就是$90°<\alpha<180°$时,输出电压平均值 U_{av}为负值,将直流电压转换为交流电压,其实质是将负载电感 L 中储存的能量向交流电源侧倒送,使 L 中磁场能量很快释放。

图 4-22 为 $\alpha=120°$时输出电压波形,ωt_3 时刻虽然 u_{ab}过零变负,但电感 L 上阻止电流 i 减小的感应电动势 e_L 较大,使 e_L-u_{ab}仍为正值,VTH1 和 VTH6 仍承受正向压降导通。这时 e_L 与电流 i 的方向一致,直流侧发出功率,即将原来在整流状态下储存于磁场的能量释放出来,并送回到交流侧。交流侧电压瞬时值 u_{ab}与电流 i 方向相反,交流侧吸收功率,将能量送回交流电网。

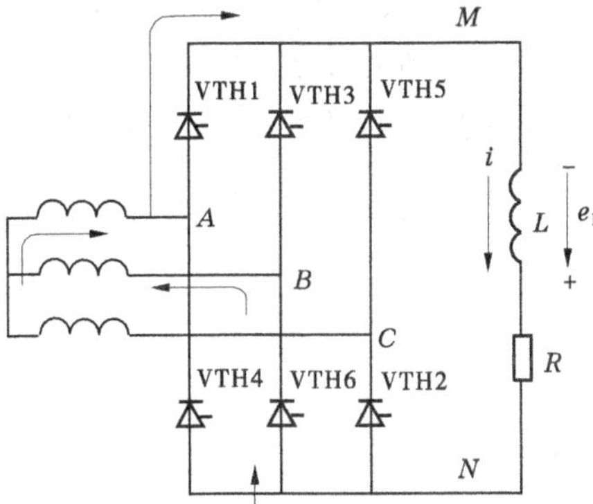

(a)原理图

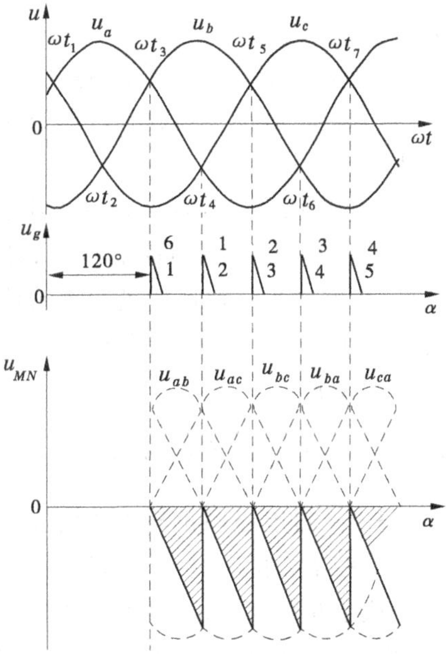

(b)波形图

图 4-22 逆变工作状态($\alpha=120°$)

通过以上分析可知,三相全控桥式整流电路工作在逆变状态需要如下条件:

(1)应使输出电压平均值 U_{av}为负值,控制角$90°<\alpha<180°$。

(2)负载必须为电感性(如发电机的励磁绕组),且原先三相全控桥处于整流状态下工作，即转子绕组已储存有能量。显然，当负载为纯电阻时，三相全控桥电路不能实现逆变。

(3)逆变就是直流侧电感中储存的能量向交流电源反馈的过程，因而逆变时交流侧电源不能消失。

4.3.2.4 输出电压与控制角的关系

三相全控桥式整流电路在电感性负载时，输出电压 U_{av} 平均值为

$$U_{av} = 1.35U_{P-P}\cos\alpha = 2.34U_{P}\cos\alpha \tag{4-10}$$

由式(4-10)可画出 U_{av} 与 α 的关系曲线，如图 4-18 中曲线 2 所示。

综上所述，三相全控桥式整流电路在 $0° < \alpha < 90°$ 时处于整流工作状态，改变 α 角，可以调节发电机励磁电流；在 $90° < \alpha < 180°$ 时，电路处于逆变工作状态，可以实现对发电机的自动灭磁。逆变灭磁有如下特点：

(1)从整流状态过渡到逆变，励磁电流方向不变，但励磁电压的方向反转。

(2)逆变必须有足够高的电源电压才有效，由于整流桥交流侧电压随停机过程衰减，故逆变灭磁是一种衰减的逆变过程，电压衰减后，灭磁效果变差，使灭磁时间拖长。

(3)灭磁速度与逆变角 β 大小有关。所谓逆变角，是指移相角 $\alpha = 180°$ 作为逆变角 $\beta = 0°$ 的起点向后推算，即 $\beta = 180° - \alpha$。理论上 $\beta = 0°$ 时灭磁速度最快，但必须保证晶闸管能可靠换流。根据经验 β 一般取 30°左右为宜，通常称为最小逆变角，用 β_{min} 表示。此时，$\alpha = 150°$ 左右，即最大控制角 α 取 150°，用 α_{max} 表示。

4.3.3 可控整流桥保护

4.3.3.1 过电流保护与均流措施

可控整流桥的过电流保护是每个晶闸管串联快速熔断器，当发生过电流时快速熔断器熔断，起到保护作用。每个快速熔断器两端跨接一个熔断指示器，正常时熔断指示器上无电压，熔断器熔断后，熔断指示器上显示电压，动作发出信号，指示出具体熔断器的位置。

当励磁电流较大时，需几个整流桥并联运行，由于元件参数差异、主回路接触电阻的不同，并联整流桥电流分配不均匀，容易引起整流桥过载，因此需采取均流措施。

(1)晶闸管元件严格选配，使并联整流桥晶闸管的动态平均压降、斜率电阻、门极触发电流等一致。

(2)交流侧电缆等长配置，每个整流桥通过各自电缆与励磁变压器的端子板相连，消除进线阻抗的不一致，并有电抗作用。

(3)在整流桥直流侧主回路串接均流电抗器，这不仅起到均流作用，而且限制了晶闸管元件的电流上升率，起保护作用。

(4)采用强触发方式，脉冲前沿不大于 1 ~ 2 μs，充分保证晶闸管元件的开通速度，也减小了开通时间的离散性。

要求均流系数不低于 0.85。

4.3.3.2 交流侧过电压保护

励磁变压器一次系统的操作会在励磁变压器二次侧产生过电压，励磁变压器高压侧拉闸也会在二次侧产生过电压。为避免整流桥受过电压损坏，在整流桥交流侧需设置过电压保护。

整流桥交流侧过电压保护如图 4-23 所示，其中三角形连接的有足够能容的由氧化锌阀片组成的非线性电阻 *NR*，用以抑制过电压幅；三角形连接的阻容吸收网络电路用以吸收过电压产生的能量。

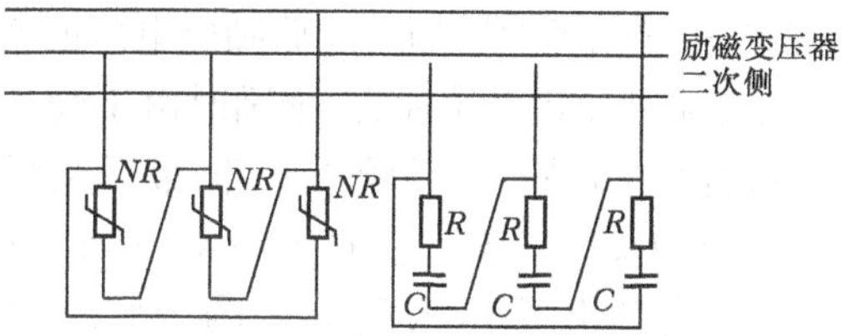

图 4-23 交流侧过电压保护

交流侧过电压保护通常分装在各整流柜中。

4.4 同步发电机的强行励磁与灭磁

4.4.1 同步发电机的强行励磁

电力系统发生短路故障或其他原因引起发电机端电压急剧下降时，会影响电力系统的稳定运行。因此，当发电机端电压降低到 80% ~85% 额定值时，应迅速将发电机励磁增加到最大值，对电力系统稳定运行具有重要的意义。通常将这种措施称为强行励磁，简称强励。此时，如能使发电机的励磁迅速上升到顶值，将有助于电网稳定运行，提高继电保护动作的灵敏度，缩短故障切除后系统电压的恢复时间,并有利于用户电动机的自启动和自同步时电力系统的工作条件。

为使强励充分发挥作用,各种励磁装置的强励都应满足强励顶值电压高、励磁响应速度快的基本要求。因此,在励磁系统中强励倍数和励磁电压响应比是衡量发电机强励能力的两项重要技术指标。

4.4.1.1 强励倍数

强励时,实际能达到的最高励磁电压 $U_{E\max}$ 与额定励磁电压 U_{EN} 的比值,称为强励倍数,用 K_E 表示,即

$$K_E = \frac{U_{E\max}}{U_{EN}} \tag{4-11}$$

显然,K_E 值愈大,强励效果愈好。但 K_E 的大小受励磁系统结构和设备费用的限制,通常取为 1.2～2。

4.4.1.2 励磁电压响应比

励磁电压响应比又称励磁电压响应倍率,能反映出励磁响应速度的大小。应注意到,强励时励磁电压必须要通过转子磁场才能起作用,而转子回路具有较大的时间常数,所以转子磁场的增加将滞后励磁电压的增加。

就图 4-7 所示的直流励磁机系统而言,强励时由于励磁机存在时滞作用,发电机的励磁电压起始上升较慢、然后较快上升、最后又缓慢上升到顶值,励磁电压 u_E 变化曲线如图 4-24(a)所示。对于图 4-13 所示自并励励磁系统来说,强励时发电机励磁电压几乎是瞬间上升的,励磁电压 u_E 变化曲线如图 4-24(b)所示。

在时间相同的条件下,阴影部分面积愈大,表示强励作用愈显著。为描述励磁电压上升速度,并对不同励磁系统进行比较,通常将图 4-24 中阴影面积 S_{abd} 等面积变换成 S_{abc}。这样,励磁电压的上升速率等效变换成常数。定义 Δt 内励磁电压等速上升的数值与额定励磁电压之比为励磁电压响应比,即

$$\text{励磁电压响应比} = \frac{bc/U_{EN}}{\Delta t}(\text{电压标幺值/s}) \tag{4-12}$$

对于直流励磁机系统,取 $\Delta t = 0.55$ s;对于快速励磁系统,取 $\Delta t = 0.1$ s。

励磁电压响应比随不同的励磁系统而有所不同。对于直流励磁机励磁系统,该值一般为(0.8～1.2)U_{EN}/s;对于快速励磁系统,该值在 $3U_{EN}$/s 以上。

4.4.2 同步发电机的灭磁

运行中的同步发电机,如果出现内部故障或出口故障,继电保护装置应快

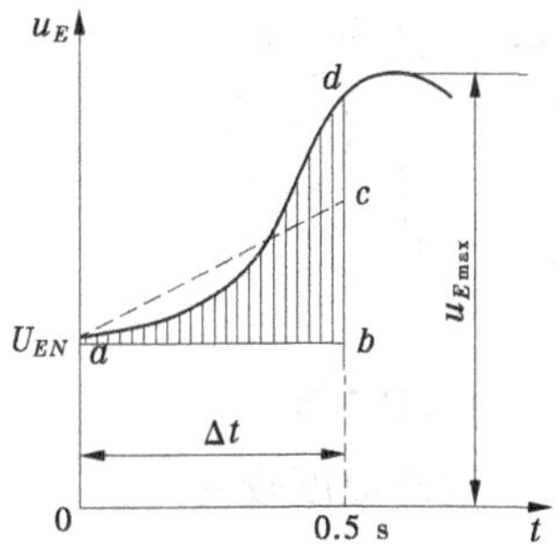

(a)直流励磁机励磁系统

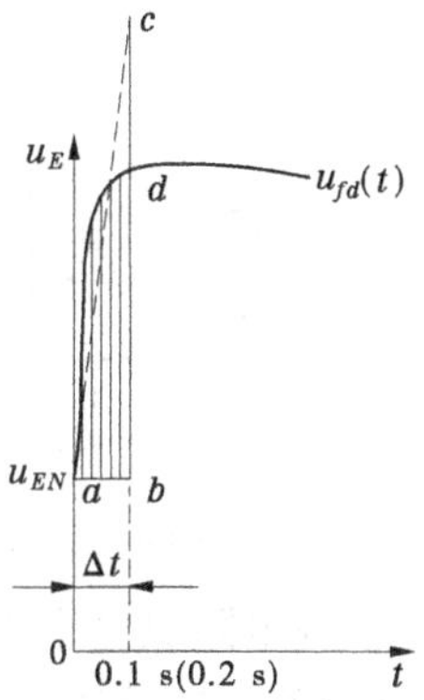

(b)快速励磁系统

图 4-24　强励时发电机励磁电压变化曲线

速动作,将发电机从系统中切除,但发电机的感应电势仍然存在,继续供给短路点故障电流,将会使发电设备或绝缘材料等严重损坏。因此,当发电机内部或出口故障时,在跳开发电机出口断路器的同时,应迅速将发电机灭磁。

所谓灭磁,就是把转子绕组的磁场尽快减弱到最小程度。考虑到励磁绕组是一个大电感,突然断开励磁回路必将产生很高的过电压,危及转子绕组绝缘,所以用断开励磁回路的方法来实现灭磁是不恰当的。为此,在断开励磁回路之前,应将转子绕组自动接到放电电阻或其他装置中去,使磁场中储存的能量迅速消耗掉。因此,灭磁时间要短,灭磁过程中转子过电压不应超过允许值。

下面分别介绍几种常用的灭磁方法。

4.4.2.1　利用放电电阻灭磁

利用放电电阻灭磁就是在励磁绕组中接入一常数电阻 R_m,即将励磁绕组所储存的能量转变为热能而消耗掉。如图 4-25 所示为励磁绕组对常数电阻放电灭磁的原理接线图。当发电机正常运行时,开关 Q 处于合闸位置,即励磁机经开关 Q 的主触点 Q1 供电给发电机的转子绕组励磁电流,而触点 Q2 断开。

当发电机退出运行需要灭磁时,灭磁开关 Q 跳闸,触点 Q2 先闭合,使励磁绕组接入放电电阻 R_m,然后触点 Q1 断开,可以防止励磁绕组切换到放电电阻时由于开路而产生危险的过电压。Q1 断开后,励磁绕组 GLE 通过 Q2 对 R_m 放电,灭磁就开始。

利用放电电阻 R_m 灭磁的实质是将磁场能转换为热能,消耗在电阻上。

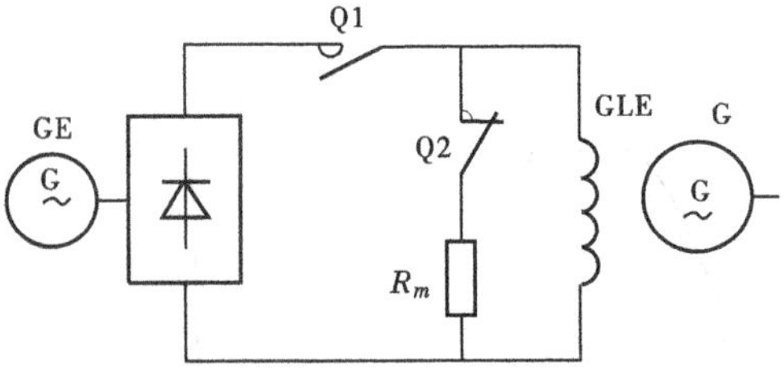

图 4-25　对常数电阻放电灭磁原理图

这种传统的对常规电阻放电来灭磁的方法，其灭磁速度较慢。

4.4.2.2　用可控整流桥逆变灭磁

可控整流桥逆变灭磁方式只适合于励磁电源采用全控桥整流的机组。由三相全控整流桥的工作原理可知，在正常工作情况下，控制角 $0° < \alpha < 90°$，全控桥工作在整流状态，供给发电机励磁电流。当需要灭磁时，将全控桥的控制角 α 后退到最小逆变角，全控桥就可以从"整流"状态过渡到"逆变"状态。在逆变状态下，励磁绕组中储存的能量就逐渐被反送回交流电源侧。由于励磁绕组是无源的，随着储存能量的衰减和逆变电流的降低，逆变过程将随之结束。

这种灭磁方式由于能量直接通过逆变桥从直流侧反送到交流侧，所以不需要灭磁开关。它具有接线简单、经济等优点。但在自并励励磁系统中，逆变电压受机端电压的影响很大，当发生机端三相短路时，发电机端电压下降到很低，从而导致励磁电压较小，逆变灭磁时间加长，严重的甚至有可能致使逆变灭磁失败，总过程不如交流励磁机励磁系统短。在实际现场运行中，逆变灭磁更多的是作为备用灭磁方案用于正常停机。

4.4.2.3　利用灭弧栅灭磁

利用灭弧栅灭磁的实质是将磁场能转换为电弧能，消耗于灭弧栅片中。由于灭弧栅灭磁速度快，广泛应用于大、中型发电机组中。

如图 4-26 所示，当发电机正常运行时，灭磁开关 Q 处于合闸状态，触点 Q1、Q4 闭合，Q2、Q3 断开。当开关 Q 跳闸灭磁时，Q2、Q3 闭合，Q1 和 Q4 断开。接入限流电阻 R_m，是为了防止励磁电源被短接。在极短时间内，Q3 紧接着也断开，在断开的过程中产生电弧，横向磁场将电弧引入灭弧栅中，电弧被灭弧栅分割成很多短弧，同时径向磁场使电弧在灭弧栅内快速旋转，散失热量，直到熄灭。

在灭磁过程中，励磁电流逐渐衰减，当衰减到较小数值时，灭弧栅电弧不

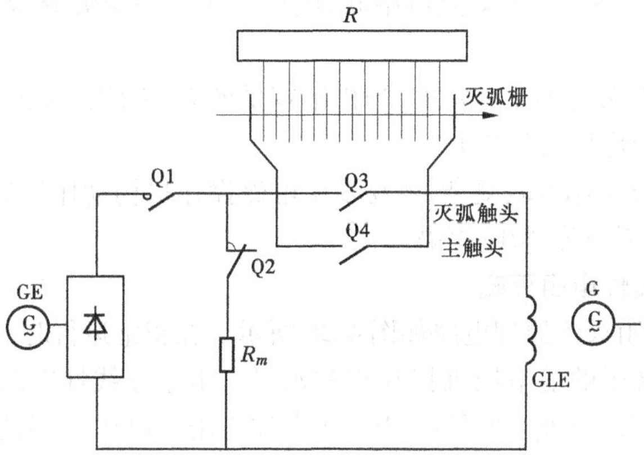

图 4-26　灭弧栅灭磁原理图

能维持,可能出现电流中断而引起过电压。为限制过电压,灭弧栅并接多段电阻,避免整个电弧同时熄灭,实现按顺序熄灭。只要适当选择灭弧栅旁路电阻,可将过电压限制在规定值以内。

应用最广泛的灭磁方法是利用 DM－2 型灭磁开关,如图 4-27 所示。灭磁时,利用灭磁开关中分割在灭弧栅中的电弧来消耗磁场能量,因灭弧栅两端电压(图 4-27 中 DM 间电压)基本不变,所以灭磁时励磁绕组两端电压也基本不变,从而灭磁速度较快,几乎接近理想灭磁。但是,这种灭磁方法存在以下缺陷:

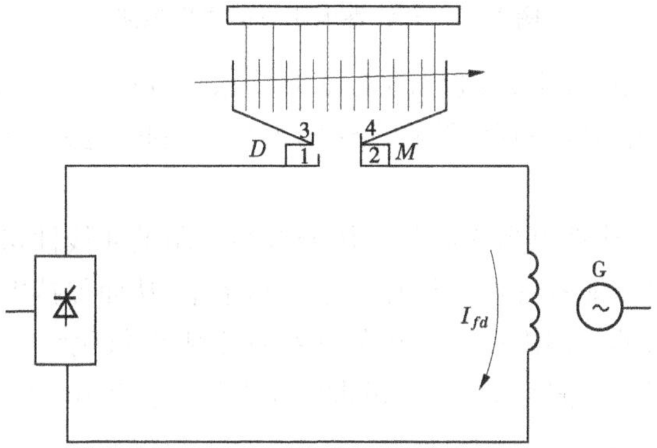

图 4-27　应用 DM－2 灭磁开关进行灭磁

(1)小励磁电流灭磁时,常因磁吹力不足,造成拉弧失败而烧坏灭磁开关触点。

(2)灭磁开关与可控整流桥串联,电源电压中的交流分量可使灭磁开关拉弧失败。

(3)灭磁开关能容是一定的,当机组容量增大,灭磁开关能容小于吸收的能量时,势必会烧坏灭磁开关。

(4)灭磁开关结构较复杂,容易发生电磁操作机构动作失灵、辅助触点接触不良和调整不当等,影响灭磁。

4.4.2.4　**非线性电阻灭磁**

非线性电阻灭磁原理电路如图4-28所示。在正常运行时,灭磁开关Q处于闭合位置,转子的端电压维持在正常水平。由于非线性电阻 R_m 的阻值非常大,此时没有达到 R_m 的导通电压值(也称为击穿电压),因此 R_m 支路相当于开路。当收到灭磁指令后,灭磁开关Q跳开,由于转子励磁绕组电感的作用,R_m 的端电压迅速升高,当达到 R_m 的导通电压值时,R_m 的阻值迅速下降到很小值,电流 i_n 快速增大。当 i_n 等于励磁绕组回路中的励磁电流时,Q的电弧熄灭,整个回路完成"换流"。这样,所有能量将在 R_m 和励磁绕组内阻上消耗掉。

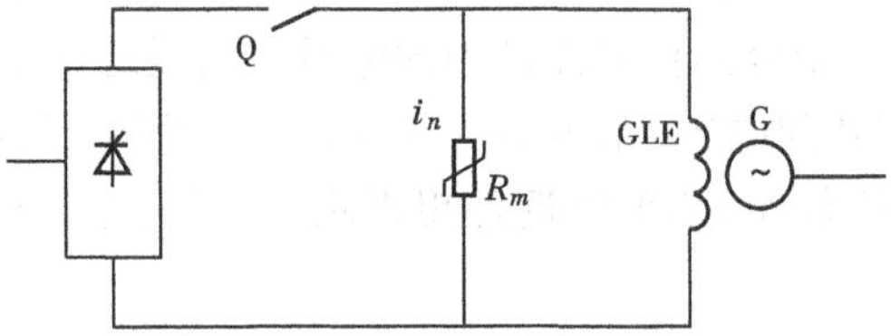

图4-28　非线性电阻灭磁原理电路

由于 R_m 的端电压对流过它的电流不敏感,电流的衰减对端电压影响不大,所以电流衰减速度一直维持在较快的水平。因此,这种灭磁方式的灭磁速度基本恒定。

由此可见,非线性电阻灭磁是利用非线性电阻的非线性伏安特性,保证灭磁过程中灭磁电压能较好地维持在一个较高水平,从而保持电流快速衰减,达到快速灭磁的目的。国内厂家生产的非线性电阻由氧化锌非线性电阻构成。氧化锌元件非线性电阻系数很小,正常电压下漏电流很小,可直接跨接在励磁绕组两端,灭磁可靠。

近年来,国内外已普遍采用双断口直流开关(双断口磁场断路器),配以非线性电阻的方法来灭磁。非线性电阻采用氧化锌元件,有良好的压敏特性,灭磁过程中两端电压始终维持在灭磁电压控制值上,因此非常接近理想灭磁,灭磁速度快。氧化锌元件作为过电压保护元件，过电压动作值可灵活整定。采用双断口直流开关，使灭磁过程中励磁电源与励磁绕组完全断开，有利于加快灭磁过程。为能可靠灭磁，非线性电阻的总能容应大于励磁绕组的最大储能。因此，这种灭磁方法具有灭磁速度快、灭磁可靠、结构简单、运行维护方便、灭磁过电压动作值可灵活整定等特点。

图 4-29 示出了双断口直流开关、非线性电阻灭磁的原理图。图中 DM 为双断口直流开关，NR1、NR2、NR3 为氧化锌非线性电阻，NR1 的动作电压低于 NR2、NR3 的动作电压。

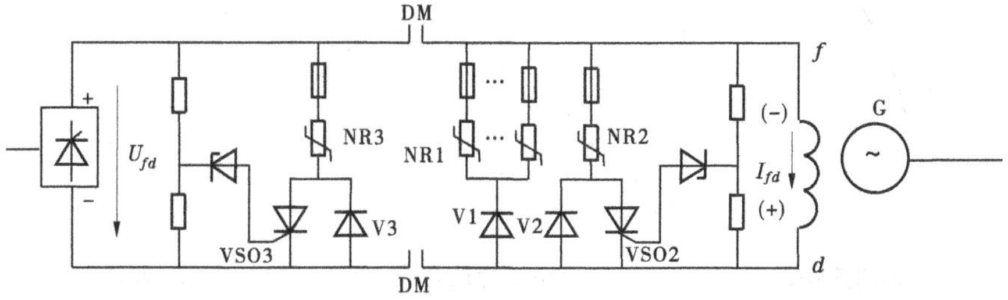

图 4-29　双断口直流开关、非线性电阻灭磁

综上所述，发电机的灭磁实际上是将励磁绕阻储存的能量消耗掉。采用线性电阻灭磁，是将励磁绕阻储存的能量转变为热能，并消耗在该电阻上；采用可控整流励磁系统中的逆变灭磁，是将励磁绕阻储存的能量馈送给励磁电源；采用灭弧栅灭磁，是将磁场能转换为电弧能，并消耗于灭弧栅片中；采用非线性电阻灭磁，是将能量在 R_m 和励磁绕组内阻上消耗掉。

4.5　并联运行发电机间无功负荷分配

4.5.1　具有 AER 发电机的外特性

4.5.1.1　调差系数的概念

发电机励磁调节系统由励磁系统和发电机组成，考虑发电机转子电压和电流之间存在线性关系（未饱和时），利用励磁调节系统的 $I_E=f(U_G)$ 和同步发电机的调整特性 $I_{GQ}=f(I_E)$，可以合成发电机的外特性 $U_G=f(I_{GQ})$。

发电机的调整特性是指发电机在不同电压值时其励磁电流 I_E 与无功电

流 I_{GQ} 的关系曲线，如图 4-30(a)所示。外特性是指发电机的无功电流 I_{GQ} 与端电压 U_G 的关系曲线，如图 4-30(b)所示，图中用虚线表示了工作段 a、b 两点的作图过程。图 4-30(c)给出了不同 RP 值的外特性。当励磁调节器与发电机闭环后，发电机的外特性不仅与励磁调节器的静态工作特性有关，而且与发电机的调整特性有关。

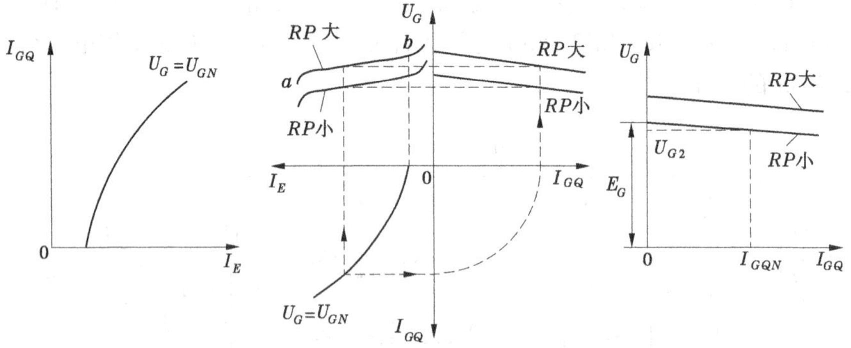

(a)调整特性　　(b)外特性合成　　(c)外特性

图 4-30　具有励磁调节器的同步发电机外特性

图 4-30(c)说明，发电机在加装自动励磁调节器后，当无功电流 I_{GQ} 变化时，发电机端电压 U_G 基本维持不变，达到了自动调压的目的。同时可看出，改变 RP 值，可上下平移发电机的外特性。而在某一具体 RP 值下，外特性随 I_{GQ} 的增加而稍有下倾，下倾的程度可用调差系数 K_u 来表示。调差系数定义为

$$K_u = \frac{E_G - U_{G2}}{U_{GN}} = E_{G*} - U_{G2*} \tag{4-13}$$

式中　E_G——发电机空载电动势；

U_{G2}——带额定无功电流时的发电机端电压，一般取 $U_{G2} = U_{GN}$。

由式(4-13)可见，调差系数 K_u 表示无功电流由零增加到额定值时发电机端电压的相对变化。调差系数 K_u 越小，无功电流变化时发电机端电压变化越小，所以调差系数 K_u 表征了励磁调节系统维持发电机端电压的能力。

4.5.1.2　调差环节的作用

由于同步发电机运行需要，对发电机的外特性提出了不同的要求，调差系数需要调整，调整的内容是要求 $K_u > 0$ 或 $K_u < 0$，同时 K_u 数值可以调整。不同调差系数的发电机外特性如图 4-31 所示。$K_u > 0$ 时为正调差系数，其调差

特性曲线下倾，即发电机端电压随无功电流增大而降低；$K_u<0$ 时为负调差系数，其调差特性曲线上翘，即发电机端电压随无功电流增大而升高；$K_u=0$ 为无差特性，调差特性呈水平，发电机端电压不随无功电流而变化，是恒定值。

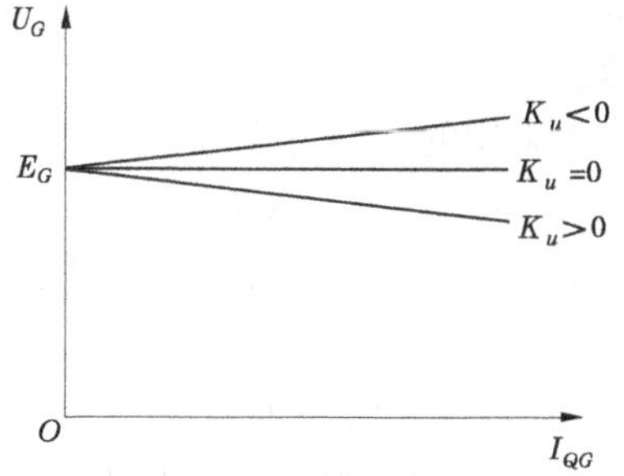

图 4-31　不同调差系数所对应的发电机外特性

由于同步发电机在电网中运行情况各异，对无功调节提出了不同的要求，因此在励磁调节装置中设置了调差单元。所以，调差环节用来获得所需的调差系数。

图 4-32 为接入调差环节的 AER 简图，接入调差环节后，仅影响励磁自动调节装置的反馈通道。

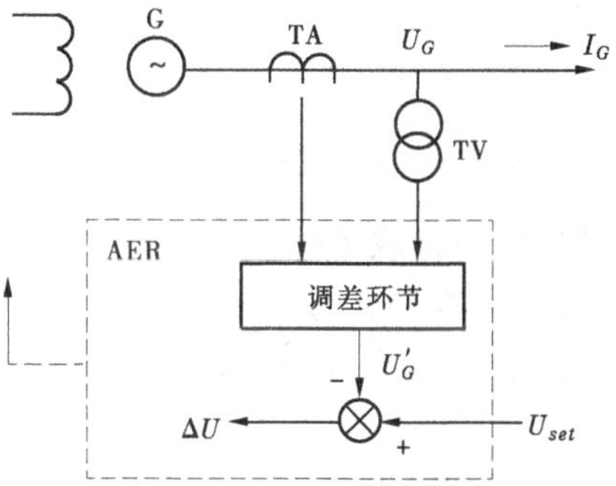

图 4-32　接入调差环节的 AER 简图

正调差系数的物理概念可理解为：无功电流 I_{GQ}（或 Q）增大时，AER 感受到的电压 U'_G在上升（相当于发电机电压虚假升高），于是 AER 降低发电机的励磁电流，驱使发电机电压降低，所以得到下倾的外特性曲线。正调差特性主要用来稳定并联运行机组间无功电流的分配，所以正调差环节也可称为电流稳定环节。

负调差系数的物理概念可理解为：无功电流 I_{GQ}（或 Q）增大时，AER 感受

到的电压 U'_G在下降(相当于发电机电压虚假降低),于是 AER 增大发电机的励磁电流,驱使发电机电压升高,所以得到上翘的外特性曲线。负调差特性主要用来补偿变压器或线路压降,维持高压侧并列点的电压水平,所以负调差环节也可称为电流补偿环节。

4.5.1.3 调差系数的整定

在微机励磁调节装置中采用的调差公式为

$$U'_G = U_G - K_u I_{GQ} \tag{4-14}$$

一般用无功功率 Q 代替无功电流 I_{GQ}成为名副其实的无功(功率)调差,即

$$U'_G = U_G - K_u Q \tag{4-15}$$

当 $K_u > 0$ 时, Q 上升导致 U'_G下降,从而发电机电压 U_G 下降,即为正调差;当 $K_u < 0$ 时, Q 上升导致 U'_G上升,从而发电机电压 U_G 上升,即为负调差。

国家标准规定,励磁调节器的调差系数可调范围为 ±10%,而电力系统运行要求机组并列点的调差系数应整定为 3% ~5%。对于机端直接并联运行的机组,使用正调差系数,整定为 3% ~5%。对于单元接线机组,并联点在升压变压器高压侧,为补偿升压变压器的电压降落,应使用负调差系数,大容量升压变压器的电抗一般在 12% ~15%,折算为正调差系数为 6% ~8%,为保证并列点的调差系数为 3% ~5%,需要整定励磁调节器的调差系数为 -3%左右。

4.5.2 并联运行发电机间无功负荷分配

4.5.2.1 两台正调差特性机组并联运行

两台正调差特性的发电机在公共母线上并联运行,如图 4-33 所示,其调差特性分别为曲线 1 和曲线 2。两台发电机在并联点母线电压为 U_1,则负担的无功电流分别为 I_{QG1}和 I_{QG2}。

如果无功负荷 I_{QG}增加,母线电压 U_1 下降,励磁调节器动作使新的稳定电压值为 U_2,这时两台发电机负担的无功负荷分别为 I'_{QG1}和 I'_{QG2},各机组的无功电流增量为 ΔI_1 和 ΔI_2,两台机组分别承担一部分增加的无功负荷,其和等于无功负荷电流的增量。

可见,此时两机组能稳定并联运行,并可维持无功电流的稳定分配,其分配比例与调差系数有关。

设无功电流为零时机端电压为 U_{G0},额定无功电流为 I_{QGN}时的端电压为 U_{GN},则母线电压为 U_G 时的无功电流为

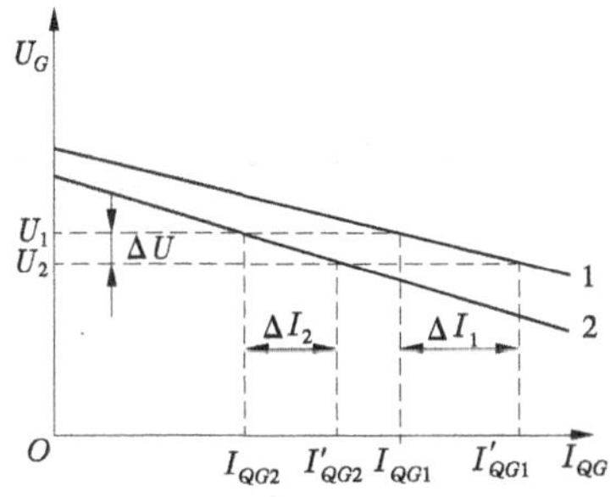

图 4-33 两台正调差特性机组并联运行

$$I_{QG} = \frac{U_{G0} - U_G}{U_{G0} - U_{GN}} I_{QGN} \tag{4-16}$$

用标幺值表示为

$$I_{QG*} = \frac{-(U_G - U_{G0})/U_{GN}}{(U_{G0} - U_{GN})/U_{GN}} = -\frac{\Delta U_{G*}}{K_u} \tag{4-17}$$

或母线电压由 U_1 变到 U_2，则可以得机组无功电流增量的标幺值为

$$\Delta I_{QG*} = -\frac{\Delta U_{G*}}{K_u} \tag{4-18}$$

由式(4-18)可见，当发电机在公共母线上并联运行时，若系统无功负荷波动，则机组的无功电流增量与电压偏差成正比，与该机组的调差系数成反比。若使并联机组的无功电流增量按机组容量分配，则要求各机组具有相同的调差系数，即两机组的外特性相同。若 K_u 不相同，则调差系数小的机组承担的无功电流大。为了使无功电流分配稳定，调差系数不宜过小。

4.5.2.2 一台无差特性与一台有差特性机组并联运行

若有两台发电机组在公共母线上并联运行，第一台发电机组为无差调节特性，如图 4-34中曲线 1 所示，第二台发电机组为有差调节特性，且 $K_u > 0$，如图 4-34中曲线 2 所示。这时母线电压必定等于第一台发电机组的端电压 U_1，并保持不变，第二台发电机组的无功电流为 I_{QG2}。如果无功负荷改变，则第一台发电机组的无功电流将随之改变，而第二台发电机组的无功电流维持不变，仍为 I_{QG2}。移动第二台发电机组调差特性曲线 2 可以改变发电机组无功负荷的分配。移动第一台发电机组调差特性曲线 1，不仅可以改变母线电压，而且可以改变第二台发电机组的无功电流。

由上面的分析可知，一台无差特性的发电机组可以和一台或多台正调差特性的机组在同一母线上并联运行。但由于无差特性发电机组将承担所有无

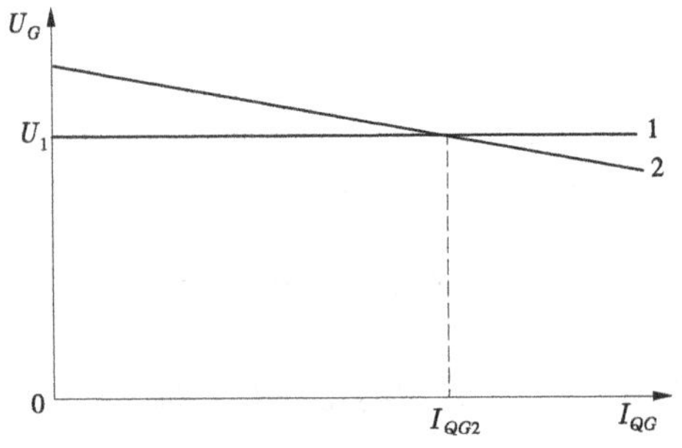

图 4-34　一台无差特性和一台有差（$K_u>0$）特性机组并联运行

功功率的变化量，无功功率的分配是不合理的，所以实际中很少采用。

4.5.2.3　一台正调差特性的机组与一台负调差特性机组并联运行

如图 4-35 所示，第一台发电机组的负调差特性为曲线 1，第二台发电机组的正调差特性为曲线 2。两机组在同一母线上并联运行时，设并联点母线电压为 U_1，两台机组相应的无功电流为 I_{QG1} 和 I_{QG2}。当系统中无功负荷变化（如增大）时，无功功率在两机组间发生摆动，不能稳定分配，因此不允许负调差特性机组直接参与并联运行。

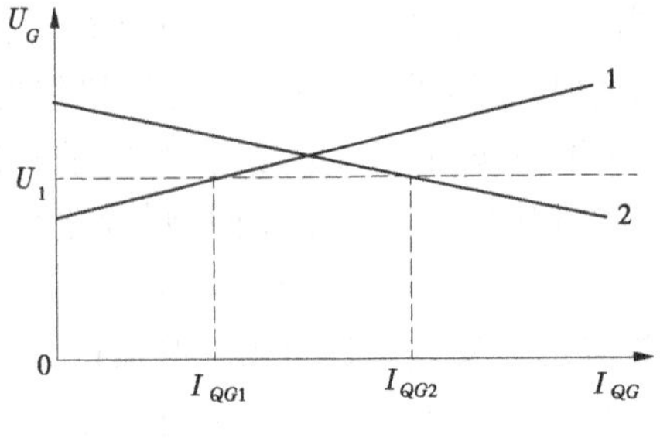

图 4-35　一台正调差特性的机组与
一台负调差特性机组并联运行

4.5.2.4　发电机变压器组并列运行

如图 4-36（a）所示，若将变压器 T1、T2 的阻抗合并到发电机 G1、G2 的阻抗中，则对并列点高压母线来说，仍可看作两发电机并列运行，故发电机的外特性曲线必须是下倾的，如图 4-36（b）中实线 1 和实线 2，这样才能稳定两机组无功功率的分配。

注意到 AER 的输入电压为机端电压 $\dot{U}_{G1}$、$\dot{U}_{G2}$，考虑到变压器压降 $j\dot{I}_{GQ1}$

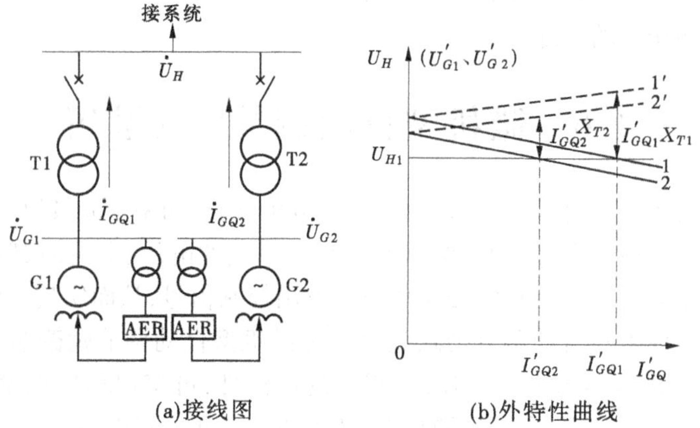

图 4-36　两台发电机变压器组并列运行

X_{T1}、$j\dot{I}_{GQ2}X_{T2}$与$\dot{U}_H$同相位，故折算到高压侧的机端电压为

$$
\begin{aligned}
U'_{G1} &= U_H + I'_{GQ1}X_{T1} \\
U'_{G2} &= U_H + I'_{GQ2}X_{T2}
\end{aligned}
\tag{4-19}
$$

式中　U_H——并列点高压母线电压值；

I'_{GQ1}、I'_{GQ2}——高压侧电压为U_{H1}时折算到高压侧的发电机 G1、G2 的无功电流；

X_{T1}、X_{T2}——折算到高压侧的变压器 T1、T2 的电抗值。

根据式(4-19)可作出分别以U'_{G1}、U'_{G2}为纵坐标的发电机外特性曲线，如图 4-36(b)中虚线 1′、2′所示，具有负调差系数(U'_{G1}、U'_{G2}不是并列点电压)。如果外特性 1′、2′具有正调差特性，相对并列点电压的发电机外特性曲线，倾斜角更大，于是无功功率的变化引起高压母线有较大的波动。一般情况下，并列点电压外特性的调差系数在 5% 左右，所以图 4-36(b)中特性曲线 1′、2′为负调差系数，这样可维持并列点高压母线的电压水平，对提高电力系统的稳定性是很有益的。

4.5.2.5　总结

对于机端直接并列运行的发电机，无差特性的发电机不得多于一台，负调差特性的发电机不允许参与并列运行。

为使无功功率按机组容量分配，并列运行发电机的外特性曲线$U_G = f(I_{GQ})$应重合，并具有正调差系数。

发电机变压器组在高压母线上并列运行，对并列点电压来说仍应有正调差系数;为维持高压母线的电压水平,对机端电压来说可以是负调差特性,仍能稳定无功功率的分配。

4.6 微机型自动调节励磁装置

如前所述,励磁控制系统是由同步发电机、励磁功率单元及励磁调节器共同组成的自动控制系统,励磁调节器检测发电机的电压、电流或其他状态量,然后按给定的调节准则对励磁功率单元发出控制信号,从而实现控制功能。

不论是模拟式自动调节励磁装置还是微机型自动调节励磁装置,其基本功能是相同的,只是微机型 AER 有很大的灵活性,可实现和扩充模拟式 AER 难以实现的功能,充分发挥了微机型 AER 的优越性。利用功能框图能方便地说明系统各环节的相互联系及其功能,并能方便地应用控制理论分析系统。最基本的自动调节励磁系统功能框图如图 4-37 所示,由调差环节、测量比较、综合放大、移相触发、可控整流等基本控制部分组成,构成以机端电压为被调量的自动励磁调节的一个反馈控制系统。

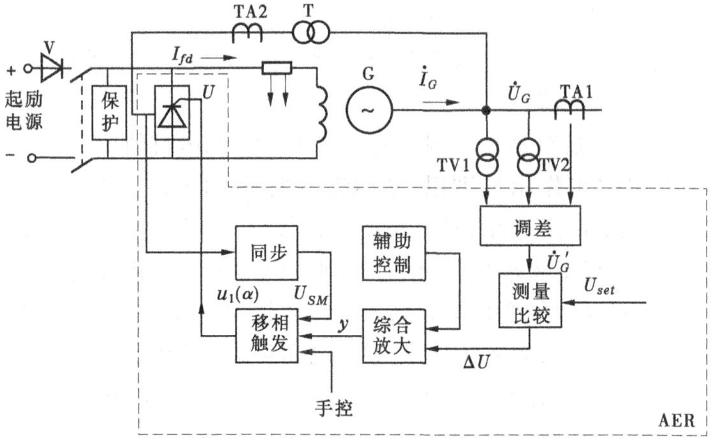

图 4-37 自动调节励磁系统功能框图

辅助控制部分是为了满足发电机的不同工况要求、改善电力系统稳定性和励磁系统动态性能而设置的,如为保证发电机运行的安全,设置了各种励磁限制;为便于发电机运行,设置了电压给定值系统。

在图 4-37 所示的主通道自动调节励磁系统中,若由于某种原因使发电机电压升高,偏差电压 ΔU 经综合放大后得到一控制量,使移相触发脉冲后移,控制角 α 增大,可控整流输出电压减小,减小发电机的励磁,机端电压随之下降。反之,当发电机电压下降时,综合放大后得到的一控制量使移相触发脉冲前移,控制角 α 减小,可控整流输出电压增大,增大发电机的励磁,机端电压随之升高。因此,调节结果可使机端电压在给定值水平。

除上述主通道调节外,还可切换为以励磁电流为被调量的闭环控制运行。由于采用了自动跟踪系统,所以切换不会引起发电机无功功率的摆动。以励磁电流为被调量的闭环控制运行,也称手动运行,通常应用于发电机零起升压以及自动控制通道故障时。在模拟式 AER 中,用模拟电路、电子电路来实现图 4-37 所示功能。

随着电力系统的不断发展、发电机单机容量的不断增加,电力系统越来越大、越来越复杂,对励磁调节器的要求也在日益提高,如更优的励磁调节性能、更多和更灵活的限制等附加功能。随着计算机技术、数字控制技术和微电子技术的飞速发展和日益成熟,同步发电机组微机型自动调节励磁装置已逐渐替代半导体励磁调节器。

微机型 AER 与半导体励磁调节器比较,在构成的主要环节上都是相似的,由于微机型 AER 借助于其软件优势,在实现复杂控制和增加辅助功能等方面有很大的优越性和灵活性。本节讨论微机型 AER 的特点、构成与原理。

4.6.1 微机型自动调节励磁装置的特点

4.6.1.1 硬件简单,可靠性高

由于采用了微处理器,以往调节器的操作回路、部分可控整流触发回路、各种保护功能、机械或电子的电压整定机构都可以简化或省去,采用软件来完成。这样就大大减少了印刷电路板的数量,电路元件少,焊点少,接插件少,因此调节器故障维修带来的停机时间大大减小,使装置可靠性得到极大提高。

4.6.1.2 硬件易实现标准化,便于产品更新换代

微机型励磁调节器,硬件的功能主要是输入发电机的参数,如电压、电流、励磁电压、励磁电流等,输出各控制、报警信号及触发脉冲。对于不同容量、不同型号的发电机,只要改变软件及输出功率部分就可以。这样便于标准化生产,便于产品升级换代,硬件的调试工作量也大大减少。

4.6.1.3 便于实现复杂的控制方式

利用计算机强有力的判断和逻辑运算能力及软件的灵活性,可以在励磁控制中实现复杂的控制方式,如最优控制、自适应控制、人工智能等,往往要求

大量的计算和判断,这对半导体励磁调节器来说几乎是不可能实现的,而微机型励磁调节器为实现复杂的控制提供了可能性。

4.6.1.4 通信方便

可以通过通信总线、串行接口或常规模拟量方式方便灵活地与上位计算机通信、接收上位计算机控制命令。上位计算机可直接改变机组给定电压值,非常简单地实现全厂机组的无功成组调节及母线电压的实时控制,便于实现全厂的自动化。

4.6.1.5 显示直观

发电机的各种运行状态、运行参数、保护定值等都可以通过显示面板的数码管显示出来,不仅显示十进制数,还可显示十六进制数。除此之外,还可显示各种故障信号,为运行人员提供了极大的方便。

4.6.2 微机型 AER 的构成

微机型自动调节励磁装置是由一专用的计算机控制系统构成的,如按计算机控制系统来划分,则由硬件(电气元件)和软件(程序)两部分组成。

4.6.2.1 硬件电路

典型微机型 AER 框图如图 4-38 所示。由于大规模集成电路技术日益进步,计算机技术不断更新,具体的系统从单微处理器、多微处理器向分布式、网络式方向发展,所以微机型 AER 的硬件也随之发展,没有固定模式。但按照计算机控制系统组成原则,硬件的基本配置由主机、输入/输出接口和输入/输出过程通道等环节组成。

1. 主机

主机由微处理器 CPU,存储器 RAM、ROM 等器件组成,是调节器的核心部件。它将输入通道采集来的发电机运行状态变量的数值送至 CPU 中进行调节计算和逻辑判断,并将实时采样数据、控制计算过程中的一些中间数据和主程序中控制用的计数值等存放在可读写的存储器 RAM 中,将固定数据、设计值、应用软件和系统软件等事先固化存放在只读存储器 ROM 或 EPROM、EEPROM 中。按照预定的程序进行信息处理求得控制量,通过数字移相脉冲接口电路发出与控制角对应的脉冲信号,从而实现对发电机励磁电流 I_E 的控制。

2. 模拟量输入通道

为了维持机端电压水平和机组间无功负荷的分配,需测得发电机的运行电压 U_G、电流 I_G。发电机无功功率 Q_G、有功功率 P_G 和励磁电流 I_E 等,分别经

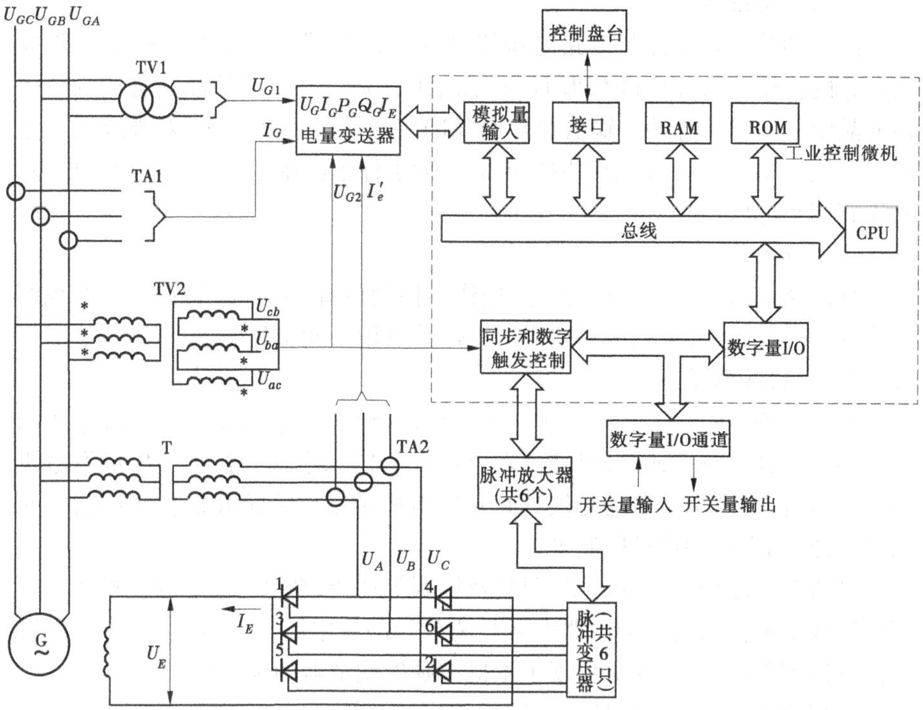

图 4-38　典型微机型 AER 框图

过各自的变送器变成直流电压，然后按预定的顺序依次接入 A/D 转换器，将输入的这些模拟量转换成数字量后再输入到微机型励磁调节器的主机中。在图 4-38 中，输入两路发电机电压 U_{G1} 和 U_{G2} 是为了防止电压互感器断线时产生误调节。

3. 开关量输入、输出通道

因励磁调节器需要采集发电机运行状态信息，如断路器、灭磁开关等的状态信息，这些状态信号经转换后与数字量输入接口电路连接。

励磁系统运行中异常情况的告警或保护等动作信号从接口电路输出后，驱动相应的设备，如灯光、音响等。

4. 接口电路

在计算机控制系统中，必须由接口电路来完成输入、输出通道两者间传递信息的任务。除采用通用的接口电路如并行和管理接口（中断、计数/定时）外，图 4-37 所示的励磁调节器中还设置了监控盘台连接的接口电路、专用的数字移相脉冲特殊接口。

5. 脉冲输出通道

同步和数字触发控制电路是微机型励磁调节器的一个专用输出过程通道。它的作用是将计算机 CPU 计算出来的、用数字量表示的晶闸管控制角转换成晶闸管的触发脉冲。输出的控制脉冲信号需经中间放大、末级放大后才能触发大功率晶闸管,控制其输出电流。为了保证晶闸管按规定的顺序导通,必须有同步电压信号。

6. 运行操作设备

励磁调节器有一套供运行人员操作的控制设备,用于增、减励磁和监视调节器的运行。另外,供程序员使用的操作键盘用于调试程序、设定参数等。

4.6.2.2 软件框图

发电机的励磁调节是一种快速实时的闭环调节,它对发电机机端电压的变化要有很高的响应速度,以维持端电压在给定水平;同时,为了保证发电机的安全运行,励磁调节器还必须具有对发电机及励磁系统起保护作用的一些限制功能,如强励和低励限制等。

微机型励磁调节器的调节、限制及控制等功能,都是通过软件实现的。它不仅取代了模拟式励磁调节器中某些调节和限制电路,而且扩充了许多模拟电路难以实现的功能,充分体现了微机型励磁调节器的优越性。

微机型励磁调节器的软件由监控程序和应用程序组成。监控程序就是计算机系统软件,主要为程序的编制、调试和修改等服务,而与励磁调节没有直接关系,但仍作为软件的组成部分安置在微机型励磁调节器中。应用程序包括主程序和调节控制程序,是实现励磁调节和完成数据处理、控制计算、控制命令的发出及限制、保护等功能的程序,以及用于实现交流信号的采样及数据处理、触发脉冲的软件分相和机端电压的频率测量等功能。微机型励磁调节器软件设计主要集中在主程序和调节控制程序。

1. 主程序的流程及功能

如图 4-39 所示为主程序流程图,主程序主要由系统初始化、开机条件判别及空载设置、开中断、故障检测及检测设置、终端显示和人机接口命令过程构成。

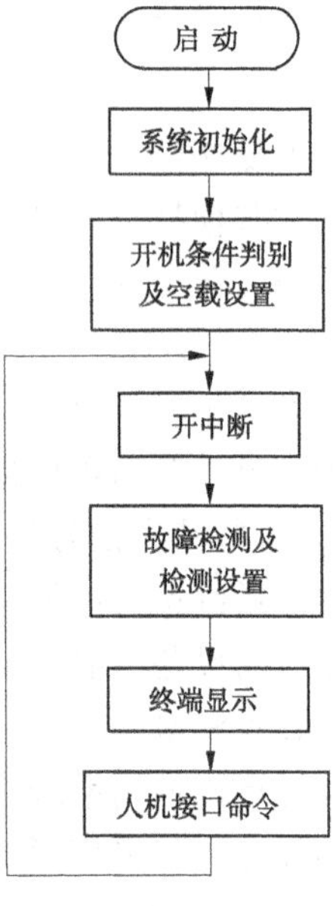

图 4-39 主程序流程图

系统初始化就是在微机型励磁调节器接通电源后、正式工作前，对主机以及开关量、模拟量输入/输出等各个部分进行模式和初始状态设置，包括对中断初始化、串行口和并行口初始化等。系统初始化程序运行结束就意味着微机型励磁调节器已准备就绪，随时可以进入调节控制状态。

开机条件判别及开机前设置流程如图 4-40 所示。现假定微机型励磁调节器用于水轮发电机励磁系统。首先判别是否有开机命令。若无开机命令，则检查发电机断路器分合状态。若发电机断路器处于“分”状态，表明发电机尚未具备开机条件，程序转入开机前设置，然后重新进行开机条件判别；若发电机断路器处于“合”状态，则表明发电机已并入电网运行，转速一定在 95% 额定转速以上，程序退出开机条件判别。若有开机命令，则反复不断地查询发电机转速是否达到 95% 额定转速，一旦达到了，表明开机条件满足，结束开机条件判别，进入下一阶段。

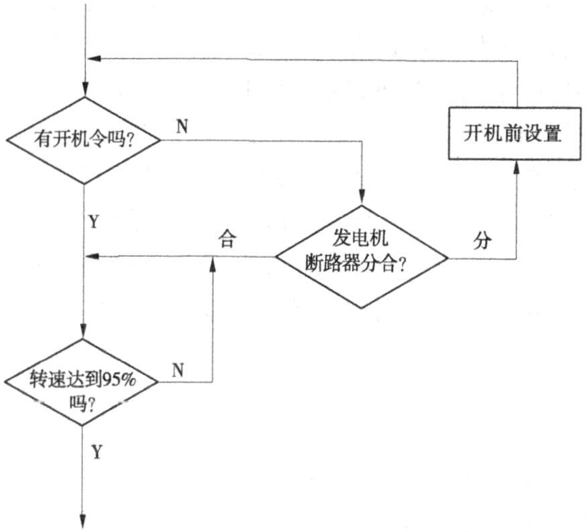

图 4-40　开机条件判别及开机前设置流程图

开机前设置主要是将电压给定值置于空载额定位置以及将一些故障限制复位。

主程序中“开中断”环节表示微机型励磁调节器在此将调用各种调节控制程序来实现各种功能。开中断后，中断信号一出现，CPU 即中断主程序转而执行中断程序，中断程序执行完毕后将返回主程序继续执行。

TV 断线判别、工作电源检测、硬件检测、自恢复等，是通过微机型励磁调节器中配备的励磁系统故障的检测及处理程序来实现的。检测设置就是设置一个标志，表明励磁系统已经出现了故障，以便执行故障处理程序。

为了监视发电机和微机型励磁调节器的运行情况，可通过 CRT 动态地将发电机和励磁调节器的一些状态变量显示在屏幕上。终端显示程序将需要监视的量从计算机存储器中按一定格式送往终端 CRT 显示出来。

在调试过程中，人机接口命令程序可对电压偏差的比例积分微分(PID)调节参数、调差系数等参数进行在线修改。

2. 调节控制程序的流程和功能

调节控制程序流程如图 4-41 所示。对于晶闸管全控桥式整流电路，每个交流周期内触发 6 次，对于 50 Hz 的工频励磁电源则每秒触发 300 次。为了满足这种实时性要求，中断信号每隔 60°电角度出现一次，每次中断间隔时间约 3.3 ms。要在每个中断间隔时间内执行完所有的调节控制计算和限制判别等程序是不可能的。因此，程序采用分时执行方式，在每个周期的 6 个中断区间分别执行不同的功能程序。这 6 个中断区间以同步信号为标志。

进入中断以后，首先压栈保护现场，将被中断的主程序断点和寄存器的内容保护起来，以便中断结束后返回到主程序断点继续运行。

接下来查询是否有同步信号(同步信号是通过开关量输入/输出接口读入的)。若没有同步信号，则表示没有励磁电源，不执行调节控制程序，退出中断；若有同步信号，则查询是否有机组故障信号。因为机组故障是紧急事件，必须马上处理。一旦查询到机组故障信号便转入逆变灭磁程序。若机组正常无故障，且发电机断路器在分开状态(机组空载运行)，则检查空载逆变条件是否满足。

空载逆变条件有以下三个：

(1)有停机令。

(2)发电机机端电压大于 130% 额定电压。

(3)发电机频率低于 45 Hz。

以上三个条件中只要其中任意一个成立，则转入逆变灭磁程序。如果发电机处于闭合状态(机组并网运行)或空载运行而不需逆变灭磁，则转入调节计算程序或限制控制程序。

在执行调节计算程序或限制控制程序之前，首先检查是否有限制标志(限制标志包括强励限制标志、过励限制标志和欠励限制标志)。若有限制标志，则转入限制控制程序；若无限制标志，则转入正常调节计算及限制判别程序。

执行电压调节计算程序或限制控制程序后，就得出晶闸管的控制角和应触发的桥臂号。“控制输出”将输出到同步和数字触发控制电路，生成晶闸管

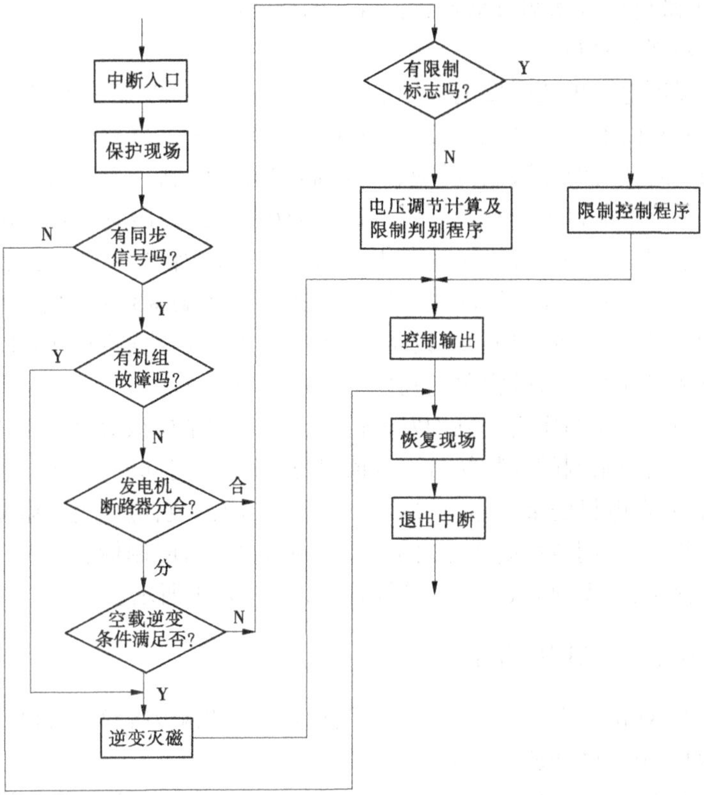

图 4-41　调节控制程序流程图

的触发脉冲。然后恢复现场，退出中断，回到主程序。

3. 电压调节计算

电压调节计算流程包括采样、调差计算和对电压偏差的比例调节等。

采样控制程序的作用是将各种变送器送来的电气量经 A/D 转换成微机能识别的数字量，供电压调节计算使用。被采集的量有发电机电压、有功功率、电感性无功功率、电容性无功功率、转子电流和发电机电压给定值。

调差计算是为了保证并联运行机组间合理分配无功功率而进行的计算，作用相当于模拟式励磁调节装置的调差单元。

在硬件配置不变的情况下，微机型自动调节励磁装置采用不同的算法就可实现不同的控制规律，如对电压偏差的比例（P）调节、比例积分（PI）调节、比例积分微分（PID）调节等。实现不同的控制规律只需修改软件，而不需修改硬件。这样可以很方便地用同一套硬件构成满足不同要求的发电机励磁系统,体现了微机型自动调节励磁装置特有的灵活性。

4.限制判别程序

为了保证电网事故时发电机尽量不解列,而又不危及发电机安全运行,容量在 100 MW 以上的发电机一般应设置励磁电流限制。励磁电流限制的设置包括强励定时或反时限限制、过励延时限制和欠励限制。为了防止发电机空载运行时励磁电流过大导致发电机过饱和而引起过热,还应设置发电机空载最大励磁限制。在模拟式励磁系统中电路实现比较困难,一般不设置或只设置必要的几种励磁电流限制功能。所以,在微机型励磁系统中,只增加一些应用程序,不增加或很少增加硬件设备,就可实现上述各种限制。因此,微机型励磁调节装置都配置有较完善的励磁电流限制功能。

限制判别程序的作用是判别发电机是否运行到了应该对励磁电流进行限制的状态。当被限制的参数超过限制值时,持续一定时间后,程序设置某种限制标志,表明发电机的某一运行参数已经超过了限制值,应该进行限制了。在下一次中断,进入调节控制程序之前,首先检查是否有限制标志:若有,则执行限制控制程序;若无,则执行调节计算程序,如图 4-41 所示。

4.6.3 微机型 AER 的原理

微机型 AER 采用软件移相触发。与模拟式移相触发相类似,也是由同步移相、脉冲形成和脉冲放大环节组成的。

数字移相就是将 PID 计算(比例、积分、微分运算,作用相当于模拟控制装置中的综合放大单元)输出的数字量 y 转换为控制角 α,并在规定的角度区间内形成脉冲,经功率放大后形成触发脉冲,来触发相应的晶闸管。对三相全控桥触发脉冲,控制角 α 有上、下限,即 $\alpha_{min} \leqslant \alpha \leqslant \alpha_{max}$,如取 $\alpha_{min} = 5°$、$\alpha_{max} = 150°$。此外,须采用双脉冲触发。

4.6.3.1 数字移相

数字移相工作特性就是输出的控制角 α 与输入量 y 间的关系曲线。根据自动励磁调节装置的调节规律,发电机机端电压在给定值 U_{set}/K 水平上运行。当机端电压 U_G 降低时,励磁电压应升高,此时控制角 α 应减小,驱使机端电压 U_G 升高,从而使机端电压维持在给定水平上运行。

当机端电压升高时,控制角 α 应增大,使励磁电压降低,驱使机端电压 U_G 降低,从而使机端电压维持在 U_{set}/K 水平上运行。注意到上述规律有线性关系,并作出数字移相工作特性曲线,如图 4-42 所示。图中粗线段表示发电机正常运行时的工作范围。$\alpha = f(y)$ 工作特性曲线不随 U_{set} 而改变。

数字移相就是将数字量 y 在规定的角度区间内转换成时间 t_α，再由 t_α 转换为工频电角度 α，从而实现数字移相。

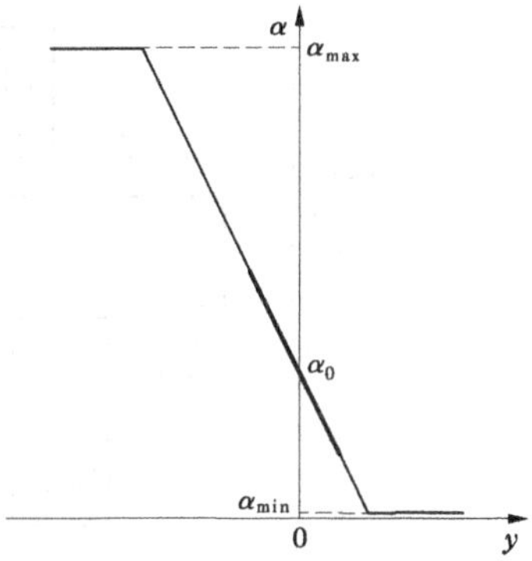

图 4-42 数字移相工作特性曲线

数字移相是通过软件和可编程定时/计数器（如 8253 芯片）来实现的。从本章 4.3 节中已经知道，三相全控桥式整流电路输出电压的高低取决于控制角 α 的大小，而 α 的大小可用触发脉冲距 α 角起始点的延时 t_α 来表示，再折算成对应的计数脉冲个数 D。α 换算为 t_α 的公式为

$$t_\alpha = \frac{\alpha}{360°}T \tag{4-20}$$

式中 T——可控硅交流电源的周期。

如加到定时/计数器中的计数脉冲的频率为 f_c，则与 t_α 对应的计数脉冲数为

$$D = t_\alpha f_c = \frac{\alpha}{360°}Tf_c \tag{4-21}$$

整个移相触发的过程是：如果已知控制角 α（ΔU_G 和 ΔQ 通过软件计算确定），用式（4-21）可求得计算机的写入数 D，经过数据总线送到 8253 芯片中，计数器为减法计数器，计数结束时，计数器输出端输出低电平信号，经功率放大电路和脉冲变压器，形成触发脉冲，去触发相应可控硅。

4.6.3.2 同步电路

同步电路的任务是将同步变压器二次侧电压进行处理，以处理后的方波作为定时计数器的门控信号，指明控制角 α 的计时起始点，以触发相应可控硅。同步信号的采集一般有两种方式：一种是采集单相同步信号，其他几个同步点由计算机算出；另一种是由硬件实现六个同步点。

由硬件实现的三相同步整形电路中的数字移相脉冲原理如图 4-43 所示，图中采用两个 8253 芯片，输出 6 个触发脉冲，作为三相全控桥的双脉冲触发，脉冲间隔为 60°。

如图 4-44 所示，线电压 u_{ac}、u_{ba}、u_{cb} 经方波整形后可得宽度为 180°的 3 个方波，它们各自的反相器也是 3 个宽 180°的方波，这 6 个方波依次间隔 60°。它们的上升沿正好与 6 个自然换相点对应，分别接到两个 8253 芯片的 6 个 Gate 端。作为三相全控桥晶闸管控制角 α 的计时起点，6 个输出端信号经转换后得到输出的触发脉冲信号。

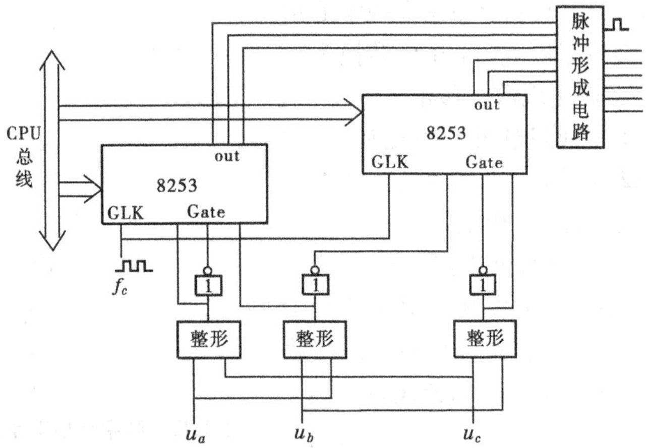

图 4-43　三相数字移相脉冲原理

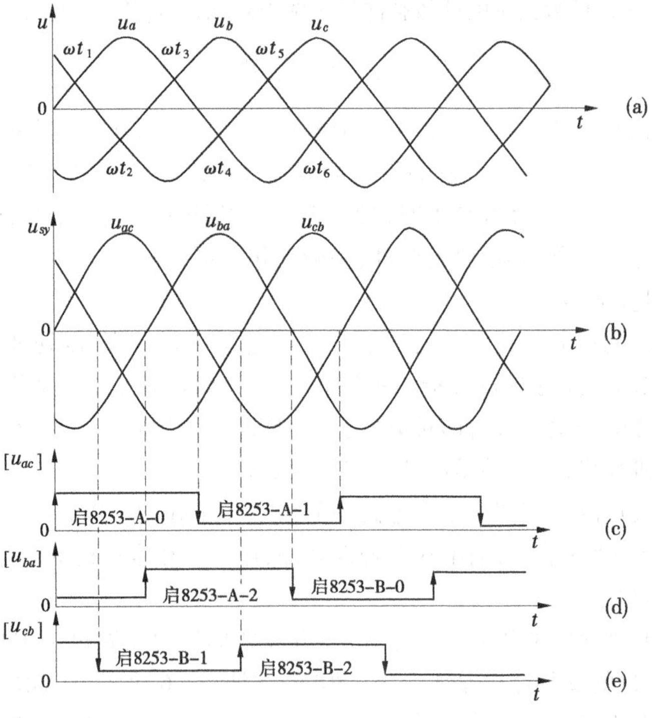

(a)交流电源相电压;(b)可控硅同步电压;(c)、(d)、(e)整形后的方波电压

图 4-44　同步电压波形

同步信号整形电路采用的抗干扰措施：一是采用电容耦合方式引入同步变压器二次电压；二是用光电管实现模拟部分与数字部分的电气隔离。

在自并励励磁系统中，触发脉冲属于弱电，励磁电压属于强电，所以脉冲放大输出的脉冲变压器一、二次绕组间应有足够高的隔离耐压水平。又因励磁电流大，可控整流柜不止一面，故触发脉冲输出数量要满足要求，输出功率要足够大，以保证晶闸管触发导通。

4.6.3.3 运行控制方式

（1）恒励磁电流方式。这种方式又称电手动。电压互感器断开时自动进入此方式，也可以在励磁机试验时人为切换到此方式。该方式以稳定励磁电流为目的，无强励强减功能，其算法是以励磁电流为给定值，测定电流偏差，进行 PID 运算，得到控制电压 U_C 经移相触发控制 α 角，达到恒励磁作用。

（2）恒无功功率方式。机组并入无限大系统后，可进入恒无功功率方式。多运用在并列运行机组上，以无功功率作为给定值，测无功功率偏差进行 PID 计算。

（3）恒功率因数。以恒无功功率为基础，根据发电机有功功率，计算出给定 $\cos\varphi$ 下的无功功率，以此无功功率为给定值，做恒无功运行。

（4）跟踪母线电压起励方式。该方式建立在恒机端电压的运行方式下，把母线电压作为恒电压方式的给定值，即成为跟踪母线电压的起励方式。常在机组启动时用，机组并入系统后，自动返回恒压运行，可以缩短机组并网时间。

4.6.3.4 限制和保护

1. 伏赫限制

同步发电机解列运行时，其机端电压有可能升得较高，而其频率也有可能降得较低，如果其机端电压 U_G 与其频率 f 的比值 U_G/f（称为伏赫比）过高，则同步发电机及与其相连的主变压器（单元接线机组）的铁芯就会发生磁饱和，使空载激磁电流加大，造成铁芯过热。因此，有必要对 U_G/f 加以限制。伏赫限制的任务就是在机组解列运行时，确保 U_G/f 不超出安全数值。U_G/f 的整定值通常取标幺值 1.1 ~ 1.15。

2. 欠励瞬时限制（最小励磁限制）

欠励瞬时限制的作用是防止发电机因励磁电流过度减小而引起失步或因机组过度进相运行而引起发电机定子的端部过热。

当发电机的励磁不足时，发电机的定子电流将变成超前功率因数角，发电机从系统吸收感性无功功率，进入进相运行。励磁电流越小，发电机从系统吸收的无功就越多,其进相运行就越深。在系统处于轻负荷运行状态时,利用一部分发电机进相运行吸收系统过剩的无功,避免系统电压因无功过剩上升过高,是一种比较经济简便的调压措施。然而,发电机的进相运行不是无限制的,而要受到静态稳定和定子端部温升的限制。当发电机因吸收无功过多而导致机组过度进相运行时,容易导致发电机失稳和定子端部过热。为此,必须设置发电机欠励瞬时限制环节。

3. 最大励磁电流瞬时限制

最大励磁电流瞬时限制的作用是:限制同步发电机励磁电流的最大值(顶值),防止超出设计允许的强励倍数,避免励磁功率单元及发电机转子绕组超极限运行而损坏。

最大励磁电流瞬时限制的工作原理是:检测励磁电流,并与最大励磁电流限制整定值比较,若小于限制值,限制不动作;若大于限制值,限制瞬时动作,瞬时限制晶闸管整流桥中晶闸管控制角在预先规定的范围内,立即减小励磁调节装置的输出,迫使励磁功率单元迅速减小输出的励磁电流,当励磁电流下降到限制整定值以下时,限制解除动作。

最大励磁电流瞬时限制整定值应高于强励时的励磁电流,一般可取2.5~2.8倍额定励磁电流。

4. 反时限延时过励磁电流限制

反时限延时过励磁电流限制用于防止同步发电机转子绕组因长时间过流而过热。同步发电机的励磁绕组及励磁功率单元的长期工作电流,是按额定励磁电流的1.1倍设计的,当励磁电流超过了额定励磁电流的1.1倍时,就称之为“过励”。

反时限延时过励磁电流限制实际上由一个热量积分器加一个定值小于1.1倍额定励磁电流的定电流调节器组成,通常,该限制提供反时限限制特性,即按发电机转子容许发热极限曲线对发电机转子电流进行限制。

5. 整流柜最大出力限制

在自并励励磁系统中,若发生晶闸管元件故障、快速熔断器熔断或冷却风机停运等硅整流柜局部故障,则应根据具体情况判断是否限制发电机负荷,限制其最大出力,以免发生过载而扩大故障。如果此时不对整流柜的最大出力进行限制,那么发生强励时,整流柜可能严重过载而扩大故障甚至完全烧毁,严重危及发电机组的安全运行。如多台整流柜并列运行,则当一台整流柜故障时,可不限负荷、不限强励;如接着另一台再发生故障,则需限制发电机励磁电流,不致引起整流柜故障扩大,同时解除强励。

6. 空载过电压限制

发电机空载运行时,为防止发电机过电压,危及定子及相连设备的绝缘,当发电机电压升至空载过电压动作整定值时,及时输出逆变角,进行逆变灭磁。

4.7 励磁系统常见故障及处理

4.7.1 故障处理的基本要求

故障处理前应先了解励磁调节装置说明书所述的安全措施和对维护人员的基本要求,故障处理人员应满足上述条件。处理故障时必须有两个以上的技术人员同时参与,以免单独一人操作时发生意外。

故障处理时必须根据具体的故障现象仔细分析产生故障的可能因素,考虑好处理过程中可能发生的不利后果,做好预防措施,防止处理时扩大故障或影响机组的安全稳定运行。

尽可能通过开环试验等方法模拟机组实际运行时的工况,在机组停机时处理故障。若某些故障确实需要在机组运行时方能确定,也应在机组空载运行时进行处理。原则上,在排除故障时,机组不要处于并网运行状态;否则,必须做好安全措施,应尽可能使机组轻载运行。若因故障使机组不能稳定运行,必须快速分断发电机出口断路器、断开灭磁开关或紧急停机,防止事故扩大。

如果更换装置中器件,则应切断励磁的所有电源及与外界的电气连接,以保证人身及设备的安全。带电插拔器件一般是被禁止的。一些对静电感应敏感的器件,如 CMOS 器件,如果受到静电放电,则极易损坏,应避免碰及,更换此类器件或装有此类器件的线路板时,首先应关断电源,操作时手腕最好带上供放电用的护套。紧急情况下,在操作前可用手先触摸不带电柜体中的不带油漆的金属部分,以减小手中静电对器件的损坏危险。

被更换器件,最好由厂家提供,所有备件都已在工厂检测,可以直接替换原被换件,不必进行跳线及设置等。

4.7.2 典型故障的处理

在大部分情况下,励磁系统的各正常功能都由励磁故障监测系统在持续地监测着,这些功能一旦发生故障,监测系统会发出报警信号,并给出故障信息。

4.7.2.1 TV断相

调节器发“TV断相”信号是指A通道用的TV1或B通道用的TV2有故障(若采用单PLC调节器,外部只有一路TV信号输入时,发出“TV断相”信号的同时将发出“失磁保护”信号,启动事故停机)。这时,显示屏会弹出故障报警画面并闪烁报警。

当故障发生在当前运行通道时,调节器会自动切换到备用通道运行。

TV断相一般都由TV三相不平衡引起。若是A通道的TV故障,则首先检查调节柜对外接线端子排端子的三相电压是否平衡。若三相电压不平衡,则故障出在励磁柜外,这时应检查TV的保险是否完好或各转触点是否接触良好;若三相电压平衡,则说明故障在励磁柜内,这时应按图纸顺着接线端子号检查,找出不平衡点,然后再采取相应的处理措施。

B通道发生TV故障的处理方法与A通道类似。

4.7.2.2 厂用电消失

厂用电消失是指用于厂用电供电回路的交流接触器均不带电,即厂用电Ⅰ段、Ⅱ段均消失。厂用电为励磁系统的照明灯、加热器、风机等提供电源,由于功率柜停风机运行有一定的时间限制,所以厂用电消失后,虽然励磁调节器仍能正常工作,但还是应该尽快处理。

发生厂用电消失故障时,显示屏会弹出故障报警画面并闪烁报警。这时报警画面和本次上电故障记录画面显示“交流电故障”,追忆画面显示的是“厂用电消失”。

发生厂用电消失故障时,首先应检查厂用电供电回路的交流断路器是否全部合上,如果合上故障仍然存在,则应检查电厂的两段厂用电是否送到励磁屏。

若为单PLC励磁系统,由于只采用了一路厂用电源,故发生厂用电消失故障时,应直接检查厂用电是否送到励磁屏。

4.7.2.3 直流电消失

直流电消失是指直流220 V操作电源故障。发电机并在网上时,直流电源消失,虽然励磁系统仍能正常运行,但已不能对灭磁开关进行操作,所以必须尽快地处理。

发出直流电消失故障信号时,显示屏会弹出故障报警画面并闪烁报警。

发生直流电消失故障时,首先应检查直流操作电源输入回路的熔断器的对外接线端是否有220 V直流电压,若没有,则是励磁柜外的原因;若有,则应先检查两个熔断器是否完好。若熔断器完好,则应参照图纸检查合位继电器

KCP、跳位继电器 KTP 不同时带电的原因。若熔断器熔断,则应更换(更换前,应确保励磁系统操作回路无短路现象,直接用万用表测量操作电源 +601、-602 回路电阻应大于 500 Ω)。

4.7.2.4 逆变不成功

逆变不成功是指发电机在解列的情况下,励磁装置在接收到停机令后 5 s 内,机端电压还大于 10% 的额定机端电压。

调节器在发生逆变不成功的同时,会发出信号去跳灭磁开关灭磁。

正常运行时,如果发生逆变灭磁失败跳灭磁开关的情况,一般都是硬件故障。主要检查停机令有没有通过数据总线送到调节器操作面板上。

4.7.2.5 起励失败

起励失败是指从投励开始 10 s 内机端电压还小于 10% 的额定机端电压。此时调节器便发出"起励失败"信号。起励失败的原因有:

(1)未收到起励(开机令)信号。

(2)灭磁开关位置信号未采集到。

(3)阳极刀闸没合或无阳极电压。

(4)起励回路不正常(他励不动作)。

(5)有灭磁及其他故障信号(如风机停风、整流故障、TV 断线等)。

(6)发电机转子连线未接好,如碳刷接触不良等。

发出"起励失败"信号时,应首先检查调节器在起励前是否处于正常的准备开机状态,即功率柜交直流刀闸、灭磁开关、TV 高压侧刀闸、起励电源开关均合上,而且无停机信号(此时也可以重新给调节器上一次电,重新预置)。然后再检查是否有起励电源,TV 保险是否熔断,TV 回路的接线是否松动。如果这些都正常,则另换一个通道起励。如果可以正常起励,则说明是调节器通道内的原因。如果也不能正常起励,则应该检查起励回路、脉冲公共回路、可控硅整流器、转子回路是否有接地或短路等。

若调节器没有发出"起励失败"命令,但机组仍无法起励,则很大程度为外部原因所致。一般情况下若能在励磁盘近方起励而不能远方自动起励,则应检查"机组 95% 转速令"及"开机令"信号是否正常送入励磁盘,上述信号触点是否有抖动等。若远方近方均不能起励,应检查机组频率是否没有达到 45 Hz 以上。

4.7.2.6 过励保护

过励保护是指励磁电流超过了额定励磁电流的 2.5 ~3.5 倍,这种情况比较严重,它很可能是转子短路或励磁失控引起的。过励保护动作时,励磁装置会同时发出命令给发电机保护，发电机保护再来跳发电机出口断路器和灭磁开关。

过励保护的动作值一般设为额定励磁电流的2.5~3.5倍，准确数据查阅出厂试验报告。

发生过励保护时，应对转子回路和励磁系统进行全面的检查。首先应确认转子回路有无短路现象，功率柜可控硅和快熔、灭磁柜非线性电阻和快熔是否损坏。然后利用小电流试验查看励磁系统是否工作正常，开机之前还应该着重检查TV、励磁变压器副边TA、励磁变压器副边的同步变压器，以确认回路和相位正常。若不能找出故障原因，就不要轻易开机起励。

4.7.2.7 A(B)通道脉冲故障

A(B)通道脉冲故障是指A(B)通道的脉冲在送出A(B)通道抽屉之前已发生了故障。这时A(B)通道显示屏上报警画面显示“脉冲故障”，故障追忆画面显示“脉冲故障”。

当运行通道发生此故障时，调节器会自动切换到备用通道运行。

如果这时A(B)通道显示屏上“脉冲故障”和“TV断相”报警画面一直都亮着，则说明无同步中断信号。如果面板上的“脉冲故障”指示只有在强行切换到该通道运行时才亮，则应该是调节板上有硬件故障，这时应检查调节板上的脉冲功放回路来查找故障，或检查脉冲输出插头是否插紧。

4.7.2.8 硅柜故障

硅柜故障包括风机故障、快熔熔断和整流器脉冲丢失三种情况。

风机故障是由风机交流接触器来检测的。当发生风机故障情况时，应检查风机交流接触器是否接通、调节器发出的“自动开风机”信号是否正常。当风机故障后停转时，功率柜上相应的指示灯会被点亮。

快熔熔断是指功率柜与可控硅串联的快熔有熔断现象。快熔熔断是比较严重的故障。这时首先应该检查是哪个快熔熔断(快熔熔断时快熔上面的信号点会自动弹出)，然后要检查与之串联的可控硅是否损坏(可控硅损坏时，阴极阳极短路)。开机之前必须按开环试验的要求做小电流试验，看功率柜输出波形是否正常。没有查出快熔熔断的原因并排除之前，不能开机起励。

整流器脉冲丢失故障是由励磁盘上脉冲功放板监测并发出的，当故障信号发生时，脉冲功放板将输出低电平信号。整流器脉冲丢失故障检查：若脉冲确实丢失，励磁系统在停机后则不能正常起励，此时应按开环试验的要求做小电流试验，看功率柜输出波形是否正常。若波形不正常，则应检查送入脉冲功放板的脉冲线是否有松动，否则应更换脉冲功放板。若波形正常，则可能由于受到外部干扰因素所致，一般将调节器电源关闭后重新开启即可消除。如果信号继续存在，则也应更换脉冲功放板。

4.7.2.9 24 V(Ⅰ或Ⅱ)段故障

24 V(Ⅰ或Ⅱ)段故障是指由厂用交流电源提供的24 V电源有故障。此时励磁柜的对外输出端子上将有"24 V电源Ⅰ或Ⅱ段故障"信号输出。

24 V(Ⅰ或Ⅱ)段故障检查主要是查开关电源模块的输入/输出，以确定电源模块是否损坏，然后做出相应的处理。在厂用电源消失时，此信号也将同时产生。

4.7.2.10 调节器故障

PLC调节器出现该故障信号后，将自动切换到备用通道运行。调节器故障信号消除后，可手动切换到主通道运行。出现PLC故障，需要检查PLC的运行工况。在PLC面板上有一个"error"指示灯，当PLC在运行过程中出现错误时，该灯显示为红色。

检查此故障方法如下：检查PLC主机模块上的指示灯是否仍闪亮，若指示灯全部没有指示，则应是整个模块烧毁，应更换PLC模块。若PLC指示灯仍闪亮，则应检查PLC的自检信号的输出是否正常。自检信号输出为明暗交替的方波信号。若PLC的自检信号不正常，且调节器显示屏上的显示数据也不正常，许多指示符出现空白，则应为PLC死机，程序无法运行，重新开启电源一次即可解决。若不能解决，应更换PLC模块。若PLC的自检信号正常，则应检查调节板上的单片机芯片工作是否正常。可采取互相更换两个通道单片机芯片的办法进行测试。

4.7.2.11 电源故障

出现该故障信号后，将自动切换到备用通道运行。此时应检查调节器通道内调节板+5 V电源是否正常。

4.7.3 励磁系统应退出运行的故障

励磁系统在下列故障情况下应退出运行：

(1)励磁装置或设备的温度明显升高，采取措施后仍超过允许值。

(2)励磁系统绝缘下降，不能维持正常运行。

(3)灭磁开关、磁场断路器或其他交直流开关触点发热。

(4)整流功率柜故障。

(5)冷却系统故障，短时不能恢复。

(6)励磁调节器自动单元故障，手动单元不能投入。

4.8 自动调节励磁装置整定计算

自动调节励磁装置整定的参数有调差系数、强励反时限限制、过励限制、欠励限制、U_*/f_*限制、过电压限制。

4.8.1 调差系数 K_u

为稳定并列运行发电机间无功功率的分配，对于发电机或发电机变压器组并列点，调差系数应取正值。

4.8.1.1 机端直接并列运行的发电机

对机端直接并列运行的发电机，调差系数一般取 $K_u=5\%\sim6\%$。

4.8.1.2 发电机变压器组高压母线并列运行

将变压器阻抗看作发电机阻抗的一部分，对高压母线并列点来说，调差系数应为正值，且调差系数应在5%～6%水平。

为维持高压母线电压的水平，应补偿主变压器压降的影响，故调差系数应为

$$K_u=(5\%\sim6\%)-\left(U_K\%\frac{P_N}{S_T\cos\varphi}\mp m_T\%\right)\tag{4-22}$$

式中 $U_K\%$——主变的短路阻抗值；

P_N——发电机额定功率；

$\cos\varphi$——发电机额定功率因数；

S_T——变压器额定容量；

m_T——变压器调压分接头位置，当分接头为正值时 $m_T\%$ 前取“－”号，当分接头为负值时 $m_T\%$ 前取“＋”号，当分接头为0时 $m_T\%=0$。

如 $P_N=600$ MW、$\cos\varphi=0.9$、$S_T=720$ MVA，当 $U_K\%=18\%$、分接头为 +2.5%时，整定的调差系数为

$$K_u=(5\%\sim6\%)-\left(18\%\times\frac{600}{720\times0.9}-2.5\%\right)=-(9.2\%\sim8.2\%)$$

4.8.2 强励反时限限制

强励反时限限制应与发电机的强励能力相配合。整定的参数有强励允许倍数、强励允许时间、长期允许的励磁电流。

强励允许倍数 K_E 一般情况下取2。

强励允许时间 t_E 由发电机制造厂给出，一般情况下取 t_E 为 10 s。

长期允许的励磁电流 $I_{E\infty}$ 由发电机的励磁电流特性确定，一般情况下 $I_{E\infty}=1.1I_{EN}$，而 I_{EN} 为发电机额定励磁电流。

4.8.3 过励限制

发电机的过励限制由发电机制造厂提供的允许 $P—Q$ 曲线确定。一种方式是根据发电机允许的 $P—Q$ 曲线，再作一条过额定运行点（P_N，Q_N），稍低于允许 $P—Q$ 曲线的另一条 $P—Q$ 曲线，在此曲线上取适当点（一般取 5 ~6 点）输入装置（要经过（P_N，Q_N）点）即可构成过励限制；另一种方式是过（P_N，Q_N）点作一条稍低于允许 $P—Q$ 曲线的直线，这条直线方程就构成了过励限制，通常给出两点坐标即可，一点坐标是（P_N，Q_N），另一点坐标是（0，Q_0），其中 Q_0 是直线与 $+Q$ 轴交点的坐标。

应当指出，整定的过励限制应与发电机转子反时限过电流保护相配合。因为转子反时限特性曲线与发电机的允许 $P—Q$ 曲线相对应，转子反时限过电流保护按转子反时限特性曲线整定，而整定的过励限制特性低于发电机的允许 $P—Q$ 曲线。所以，当发电机过励时，应该是励磁自动调节装置先于转子反时限过电流保护动作。

4.8.4 欠励限制

发电机在运行中，为防止失去静态稳定，在励磁自动调节装置中设置了欠励限制。欠励限制根据发电机制造厂提供的进相运行时允许 $P—Q$ 曲线确定。为简化起见，欠励限制取直线特性。当然，整定的欠励限制特性在发电机进相运行时允许的 $P—Q$ 曲线以上，并留有一定的裕度。

欠励限制特性的两点坐标：一点坐标为额定功率 P_N 下允许的进相无功功率 $-Q_A$，即该点坐标为（P_N，$-Q_A$）；另一点坐标为（0，$-Q_B$），其中可取 $Q_B=70\% S_N/X_d$（S_N 为发电机额定视在功率，X_d 为发电机的同步不饱和电抗标幺值）。两点连线即构成了欠励限制特性。

当不采用直线特性而采用曲线限制特性时，可通过上述两点作稍高于进相允许的 $P—Q$ 曲线，在此曲线上取 5 ~6 点即可构成欠励限制特性。

整定的欠励限制特性不应限制发电机正常进相运行时所带进相无功功率。如欠励限制特性限制了进相运行时所带进相无功功率，则欠励限制特性应相应下移（试验完后恢复原欠励限制特性）。同时，作进相运行试验时，励磁自动调节装置应处于“自动”运行。

4.8.5 U_*/f_*限制

励磁调节器 U_*/f_* 限制值应低于发电机（或变压器）U_*/f_* 反时限保护最低值。如发电机 U_*/f_* 反时限保护最低值为 1.07，则励磁调节器中 U_*/f_* 限制值取 1.06。

4.8.6 过电压限制

励磁调节器过电压限制取 $1.15U_N$（U_N 为发电机额定电压），与发电机的过电压保护相配合（发电机过电压保护的动作电压 $U_{op} \geqslant 1.2U_N$）。

第5章　电力系统频率和有功功率的自动控制

5.1　电力系统的频率特性

频率和电压是衡量电能质量的两个重要指标，而且对频率的要求比对电压的要求更严格。例如，电力系统各点的电压允许在±(5%～10%)范围内波动，而现代电力系统的频率偏差最大不得超过±1%(我国某些电力系统以±0.1 Hz作为频率偏差合格范围的考核指标)。同时，电力系统中各点的电压不一定是相等的，为了减少能量损耗，系统的无功平衡与电压调整没有必要采用集中调度和校正的方法，而可采用就地平衡和分别调压的方法，从而使解决的方法得以简化。电力系统内任何两点电压可以不相等，但系统内各点的频率要完全相同，如果不相同，则系统会处于失步状态，就会出现振荡。

电力系统的频率稳定与否，取决于系统有功功率是否平衡。若系统总的发电功率等于用户总的耗用功率，则系统频率维持在额定值；若总发电功率大于总耗用功率，则频率将高于额定值；反之，则低于额定值。

调度所制订的计划日负荷曲线(图5-1中的实线)是基于统计资料，而实际的日负荷曲线(图5-1中的虚线)与前者存在差别，其差值称为计划外负荷，亦称为无规律变化负荷，它一般不超过系统最大负荷的±2%，系统容量越大，所占比例越小。计划外负荷主要是由于某些生产机械(如大型水泵电动机组、电气机车、轧钢设备等)的启停引起的，它是系统频率波动的根本原因。要始终维持系统频率在额定值，技术上有一定困难，也没有必要。但是，如果频率波动超过允许值，则会使用户电动机转速变化过大，不仅会影响工业产品的质量，有时还会造成不必要的损失和事故，并使电钟产生误差。如系统频率下降会造成火电厂很多辅机(给水泵、排水泵、风机等)的工况剧烈恶化，使汽轮发电机组的出力大幅下降，严重时甚至不能工作。若频率过分降低，还将严重威胁汽轮机的安全。因此，要采取必要的技术手段，将电力系统的频率维持在预定水平上。这就将系统中划出一部分机组甚至一个或几个电站执行调频任务，使系统的总发电功率随时追踪用户的总消耗功率，这些机组或电站称为调频机组或调频电站。调频容量的大小取决于系统在 10 min 内最大负荷上涨的速度和频率的允许偏差值，一般为系统最大负荷的 8% ~10% 。

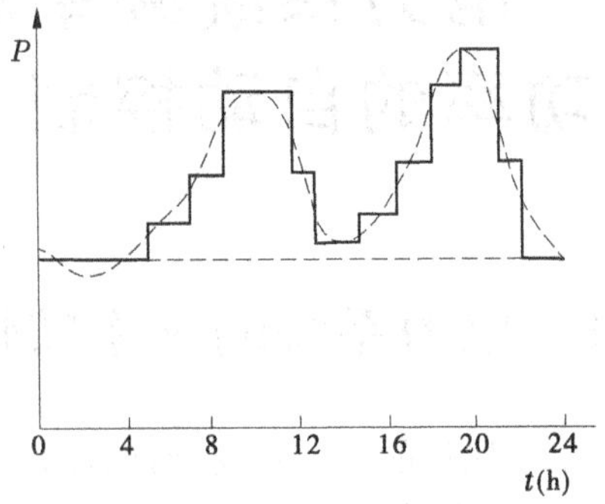

图 5-1　日负荷曲线

电力系统的调频，实质上就是系统有功功率的自动控制，手动调节是不能完成这一任务的，只有采用自动发电控制（AGC）才能胜任。在电力系统运行中，当用一台或几台机组来调节频率时，会引起机组间有功负荷分配的改变，同时电网的潮流分布以及系统中的网损也都随之改变，这就涉及电力系统经济运行问题。所以，自动发电控制必须具备以下功能：

（1）能维持系统频率在预定水平上。如对 3 000 MW 及以上的系统，应维持在（50 ±0.2） Hz 范围内。

（2）能防止输电线路过负荷运行，控制区域电力系统间联络线的交换功率与计划值相等，实现各区域电力系统有功功率的就地平衡。

（3）能在 AGC 所控制的范围内，实现机组间有功功率的最优化分配。

（4）保证电钟的准确性，在任何时间电钟的偏差不应大于 30 s。

（5）保证一部分机组有旋转备用容量。

在电力系统运行中，负荷是不断变化的，而发电机输出功率的改变相对较缓慢，因此系统频率的波动不可避免。当系统频率变化时，整个系统的有功负荷也要随着改变，即 $P_L = f(f)$。这种有功负荷 P_L 随频率而改变的特性称为负荷的功率－频率特性，即负荷的静态频率特性。

电力系统中的有功负荷，部分与频率变化无关，如照明、电阻炉、整流负荷等。部分与频率成正比，如卷扬机、切削机床、往复式水泵等。也有与频率的二次方或更高次方成比例的负荷，如变压器的涡流损耗、鼓风机等。电力系统负荷的功率－频率特性一般可表示为

$$P_L = a_0 P_{Ln} + a_1 P_{Ln}(f/f_n) + a_2 P_{Ln}(f/f_n)^2 + a_3 P_{Ln}(f/f_n)^3 + \cdots + a_n P_{Ln}(f/f_n)^n \tag{5-1}$$

式中 f_n——额定频率；

P_L——系统频率为 f 时，整个系统的有功负荷；

P_{Ln}——系统频率为额定值 f_n 时，整个系统的有功负荷；

a_0、a_1、…、a_n——各类负荷占 P_{Ln} 的比例系数。

若将式(5-1)用标幺值形式表示，则可表示为

$$P_{L*} = a_0 + a_1 f_* + a_2 f_*^2 + \cdots + a_n f_*^n \tag{5-2}$$

显然，当系统频率为额定值时，$P_{L*}=1$，$f_*=1$，于是有

$$a_0 + a_1 + a_2 + \cdots + a_n = 1 \tag{5-3}$$

一般情况下，应用式(5-1)或式(5-2)计算时，通常取到三次方即可，因为系统中与频率高次方成比例的负荷很小，可忽略。

式(5-1)或式(5-2)称为电力系统有功负荷的静态频率特性方程。当系统负荷的组成及性质确定后，负荷的静态频率特性方程也就确定了，因此也可以用曲线来表示，如图 5-2 所示。

如图 5-2 所示，在额定频率 f_n 时，系统负荷功率为 P_{Ln}，当频率下降到 f_b 时，系统负荷功率由 P_{Ln} 下降到 P_{Lb}，如果频率升高，负荷功率将增大。也就是说，系统机组输入功率与负荷功率之间失去平衡时，系统中的负荷也参与了调节作用。这种现象称为负荷的频率调节效应。通常用 K_{L*} 来衡量调节效应的大小，称 K_{L*} 为负荷的频率调节效应系数。

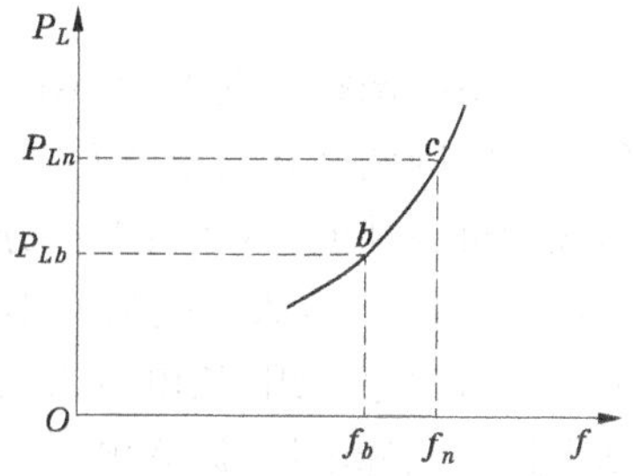

图 5-2 负荷的静态频率特性

$$K_{L*} = \frac{dP_{L*}}{df_*} = a_1 + 2a_2 f_* + 3a_3 f_*^2 + \cdots + n a_n f_*^{n-1} = \sum_1^n m a_m f_*^{m-1} \tag{5-4}$$

由式(5-4)可知，系统的 K_{L*} 值取决于负荷的性质，它与各类负荷所占总负荷的比例有关。

在电力系统运行中，允许频率变化的范围很小，在较小的频率变化范围内，有功负荷与频率的关系曲线接近于直线，如图 5-3 所示。直线的斜率为

$$K_{L*} = \tan\beta = \frac{\Delta P_{L*}}{\Delta f_*} \tag{5-5}$$

有名值与标幺值间的换算关系为

$$K_{L*} = K_L \frac{f_n}{P_{Ln}} \tag{5-6}$$

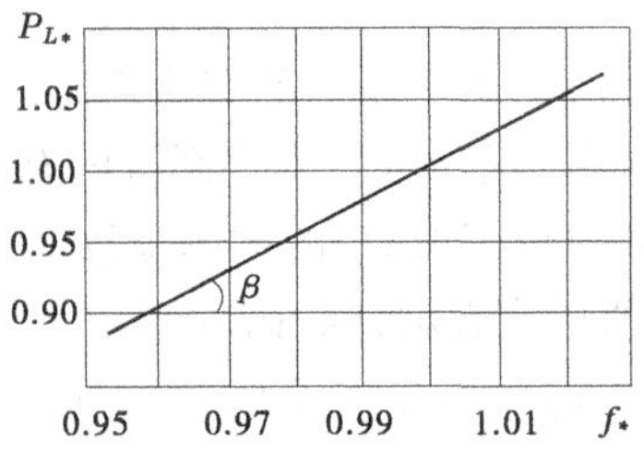

图 5-3　有功负荷的静态频率特性

K_{L*} 值一般在 1 ~3,它表明系统频率变化 1% 时负荷变化 1% ~3%。K_{L*} 是电力系统调度部门要求掌握的一个数据。在实际的系统中,需要经过测试求得,也可根据负荷资料分析估算确定。

5.2　电力系统自动调频方法

电力系统调频不仅维持系统频率在预定水平上,还要实现机组负荷的经济分配。电网调度在确定各发电厂的发电计划和安排调频任务时,根据日负荷曲线和机组性能,将运行电厂分为调频电厂、调峰电厂和带基本负荷的发电厂。在图 5-1 中,全天不变的基本负荷由带基本负荷的发电厂承担,其机组一般为高参数火电机组、热电机组及核电机组。计划日负荷曲线的变动负荷按计划下达给调峰电厂,调峰电厂一般由水电机组和中小型火电机组担任,计划外负荷由调频电厂承担。

由于系统计划外负荷是不可预测的,且变化迅速,因此要求调频机组的调节性能要好,在追踪系统负荷时应迅速、灵敏。水电机组控制程序简单,启动和停机迅速,自动化程度较高,功率调节迅速,高效区较宽,因此具有年调节、多年调节水库的水电厂以及枯水期的水电厂,特别适宜作调频电厂。

电力系统的调频是在发电机组调速器调节的基础上,按一定的调节准则自动完成的。调频方法可分为电力系统频率的一次调节、电力系统频率的二次调节和联合电力系统的调频。

5.2.1　电力系统频率的一次调节

在电力系统运行中,调频问题实质上是控制发电机的发电功率和负荷所需功率之间的平衡问题。图 5-4 是电力系统频率特性图,其中 $P_L = F(f)$ 是负荷的静态频率特性曲线,$P_G = F(f)$ 是发电机组的功率频率特性曲线,两条曲线的交点就是电力系统频率的稳定运行点，例如图中 a 点，机组的发电功率和负荷所取用的有功功率都为 P_L。

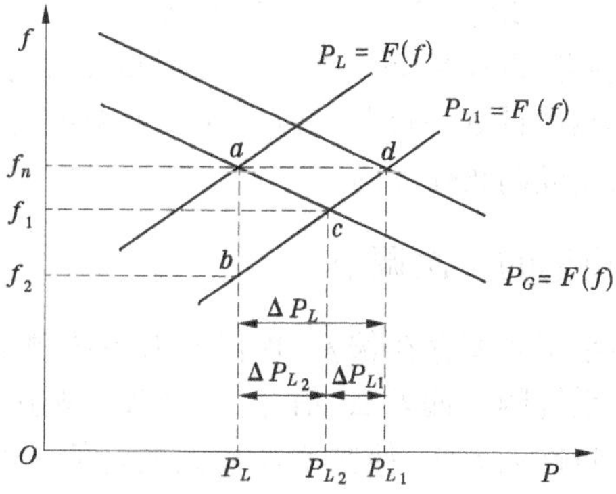

图 5-4　电力系统频率特性

如果系统中的负荷增加 ΔP_L，则总负荷静态频率特性变为 P_{L1}，假设这时系统内所有机组的调速器均不调节，机组的发电功率恒定为 P_L，则系统频率将逐渐下降，负荷所取用的有功功率也逐渐减小。依靠负荷调节效应系统达到新的平衡。运行点移到图中 b 点，频率稳定值下降到 f_2，系统负荷所取用的有功功率仍然为原来的 P_L 值。此时频率偏差值 Δf 取决于 ΔP_L 值的大小，一般是相当大的。但是，实际上当系统负荷增加时，频率下降，调速器开始调节，增加机组的发电功率。经过一段时间后，运行点稳定在 c 点，这时系统负荷所取用的有功功率和机组的发电功率都为 P_{L2}，频率稳定在 f_1，此时的频率偏差 Δf 要比调速器不调节时小得多。调速器的这种调节作用称为电力系统频率的一次调节（一次调频）。若要使频率恢复到额定值，则需要移动发电机组的功率频率特性，运行点由 c 点移动到 d 点，频率恢复到额定值，这一调节过程称为电力系统频率的二次调节。

电力系统一次调频后，系统频率会产生偏差，其原因是发电机组的功率频率特性以有差特性运行。为减小系统的频率偏差值，可将各机组调速器的调差系数整定得小一些，减小机组的功率—频率特性曲线下倾斜率，以使系统频率变化较小，适应机组负荷的较大变化。由于调速器存在转速死区，调差系数不宜整定得太小，否则会发生并列运行机组间负荷分配不稳定的现象。

对于小容量的电力系统，为使系统频率满足要求，也可让系统中一台容量较大的机组以无差特性运行，由它来承担系统全部计划外负荷，维持系统频率在额定值，其余的机组则按有差特性运行。前者称为主导发电机组，后者称为

基载机组。所以,这种调频法又称为主导发电机法。其调节方程组为

主导发电机组 $\Delta f=0$

基载机组 $\Delta P_i=0 \quad (i=2,3,\cdots,n)$ (5-7)

显然,主导发电机组的容量必须足够大(不得小于系统容量的8% ~ 10%),才有能力补偿系统计划外负荷。但对现代大型电力系统来说,用一台主导发电机组是难以完成调频任务的。

5.2.2 电力系统频率的二次调节

由于一次调频后系统频率存在偏差,现代电力系统频率都要进行二次调节。通过不断地检测系统频率偏差 Δf 信号,自动改变调速器功率给定值,用移动机组功率—频率特性的方法,使频率恢复到额定值。电力系统实现频率二次调节的方法目前主要有积差调节法和自动发电控制。

5.2.2.1 **积差调节法**

积差调节法是根据电力系统频率偏差的累积值调节频率。先假设系统中由一台发电机进行频率积差调节,其调节方程式为

$$\int \Delta f \mathrm{d}t + K_P P = 0 \tag{5-8}$$

式中 Δf——系统频率偏差,$\Delta f=f-f_n$,Hz;

P——机组承担的功率,MW;

K_P——功率比例系数,Hz/MW。

工作过程可用图5-5加以说明。在 $0 \sim t_1$ 时段内,$f=f_n$,$\Delta f=0$,$\int \Delta f \mathrm{d}t = 0$,$P=0$,式(5-8)成立。在 t_1 时刻,出现计划外负荷 ΔP_Σ,频率开始下降,$\Delta f<0$,$\int \Delta f \mathrm{d}t$ 向负值方向增加;为使式(5-8)成立,机组应增加出力,并足以补偿计划外负荷,即 $P_M=\Delta P_\Sigma$。至 t_M 时刻,$\Delta f=0$,$\int \Delta f \mathrm{d}t = M$ 并维持不变,且 $P_M=-M/K_P$,调节过程结束。在 t_2 时刻,系统负荷减小(计划外负荷为负值),系统频率开始上升,$\Delta f>0$,$\int \Delta f \mathrm{d}t$ 从负值向零值方向回升。为满足式(5-8),机组应减小负荷,至 t_N 时刻,频率降至额定值,$\Delta f=0$,$\int \Delta f \mathrm{d}t = N > M$ 并维持不变,而且 $P_N=-N/K_P<P_M$。

对于 n 台机组,采用积差调频时,其调节方程为

$$\int \Delta f \mathrm{d}t + K_{Pi} P_i = 0 \quad (i=1,2,\cdots,n) \tag{5-9}$$

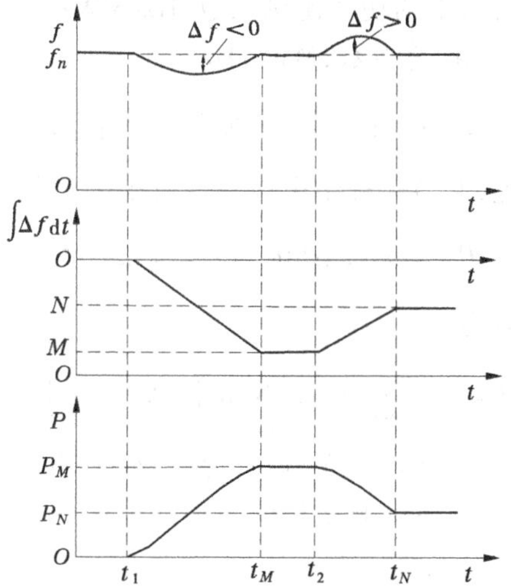

图 5-5　积差调频的工作原理

式中　P_i——第 i 台机组承担的功率,MW;

K_{Pi}——第 i 台机组功率比例系数,Hz/MW。

由于系统各点频率相同,所以各机组调节方程中的 $\int\Delta f\mathrm{d}t$ 值相同,各机组同时进行调节。将各机组按式(5-9)相加,并整理得

$$\int\Delta f\mathrm{d}t = -\sum_1^n P_i\Big/\sum_1^n \frac{1}{K_{Pi}} \tag{5-10}$$

将式(5-10)代入式(5-9),得每台机组的负荷为

$$P_i = \frac{1}{K_{Pi}}\sum_1^n P_i\Big/\sum_1^n \frac{1}{K_{Pi}} = \Delta P_{\Sigma}\Big/\left(K_{Pi}\sum_1^n \frac{1}{K_{Pi}}\right) \tag{5-11}$$

由式(5-11)可知,调节结束后,机组间按比例分配计划外负荷。由于 $\int\Delta f\mathrm{d}t$ 信号滞后于 Δf 信号,调节速度慢,不能保证频率的瞬时偏差在规定范围内。为克服这一缺点,可在式(5-9)中再加入频率瞬时偏差信号 Δf,这样在频差较大时,能加快调节过程,而频差较小时则可保持积差调节法灵敏度高、调节精度也高的优点。其调节方程组为

$$\Delta f + K_{Pi}\left(P_i - a_i\int k'\Delta f\mathrm{d}t\right) = 0 \quad (i = 1,2,\cdots,n) \tag{5-12}$$

式中　a_i——第 i 台机组的功率分配系数, $\sum\limits_{i=1}^n a_i = 1$;

K_{Pi}——第 i 台机组的功率比例系数,Hz/MW;

k'——功率频率换算系数,MW/ Hz。

调节过程结束时,Δf 必须为零,否则积分项 $\int k'\Delta f \mathrm{d}t$ 就会不断变化,调节过程不会结束。因此,调节过程结束后每台机组的负荷出力为

$$P_i = a_i \int k'\Delta f \mathrm{d}t \quad (i = 1,2,\cdots,n) \tag{5-13}$$

总的计划外负荷为

$$\Delta P_{\Sigma} = \sum_{i=1}^{n} P_i = \sum_{i=1}^{n} a_i \int k'\Delta f \mathrm{d}t = \int k'\Delta f \mathrm{d}t \tag{5-14}$$

可见,功率仍按一定比例关系进行分配。如果功率分配系数 a_i 按等流量微增率原则设计,即可实现调频机组间负荷的最优分配。

积差调节法能维持系统频率不变,可就地取得频差积分信号。为了使各调频厂测得的 Δf 值尽可能一致,避免频差积分的差异而造成功率分配上的误差,各调频厂需设置高稳定性晶体振荡标准频率发生器。

为克服频差积分信号分散产生的不一致性,也可在电网调度中心设置一套高精度频率发生器,产生频差积分信号,确定各调频厂的负荷调节量,通过信号通道送给各调频厂,各调频厂再根据运行方式分配给各调频机组,如图 5-6所示。

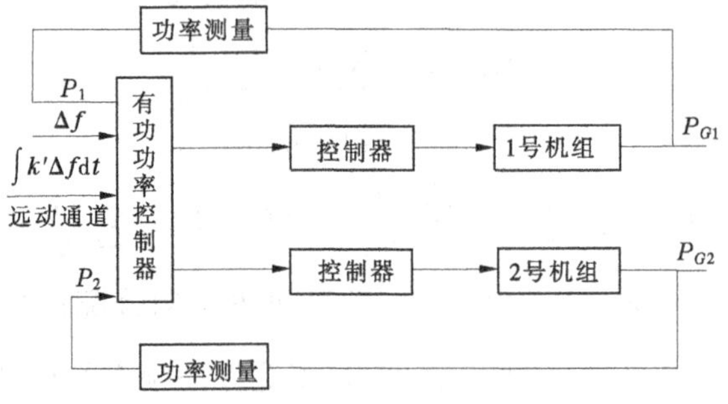

图 5-6　积差集中调频示意图

5.2.2.2　自动发电控制(AGC)

自动调频除维持系统频率为额定值外,还必须使系统的潮流分布符合经济安全原则。积差调节法由于信号分设在各地,很难综合考虑优化控制,因而无法全面完成调频经济功率分配的任务。随着电网调度 SCADA 系统技术的成熟和广泛应用,调度中心实时监控计算机系统都安装了能量管理系统(EMS),通过 EMS 中配置自动发电控制(AGC)的子功能软件,采用集中式联

合调频的方法，实现调频经济功率分配的任务。

自动发电控制是一个闭环反馈控制系统，如图 5-7 所示。调度中心根据遥测得到的发电机组实际功率值和频率偏差等信号，按一定的调节准则确定各调频厂（或机组）的功率设定值 P_c，并通过远动下行通道将这功率指令信号传递到相应机组的控制器。控制器根据功率设定值和实发功率值 P_G 之差信号，采用 PID 控制规律控制机组，最终使机组的实发功率与设定值相一致。

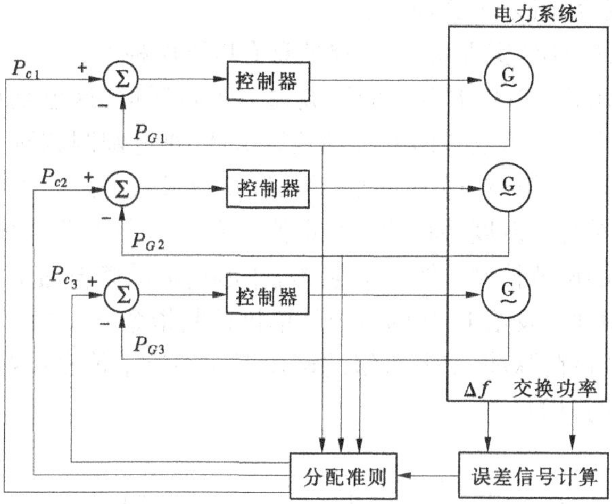

图 5-7　自动发电控制示意图

AGC 决定各调频机组调节功率 ΔP_{ci}，最简单的关系式为

$$\Delta P_{ci} = a_i\left(\sum_{1}^{n} \Delta P_{Gi} - B\Delta f\right) \tag{5-15}$$

式中　B——频率偏差系数，MW/Hz；

a_i——分配系数，$\sum_{i=1}^{n} a_i = 1$。

所以，系统调频机组总的调节功率为

$$\sum_{1}^{n} \Delta P_{ci} = \sum_{1}^{n} a_i\left(\sum_{1}^{n} \Delta P_{Gi} - B\Delta f\right) = \sum_{1}^{n} \Delta P_{Gi} - B\Delta f \tag{5-16}$$

当调节结束时，$\Delta f = 0$，系统各调频机组调节前的功率加上调节功率与它们的实发功率相等，分配至各调频机组的调节功率 ΔP_{ci} 由分配系数 a_i 确定。

电网调度中心用 AGC 实现调频，传递给调频电厂的调节指令有以下两种形式：

（1）调节指令直接下达给各调频机组，控制各机组的调速器进行调节。

而经济功率分配计算，包括调频厂内机组间的负荷分配，计算工作量全部集中在电网调度中心。汽轮发电机组作为调频机组时，因功率调节涉及机、炉热力系统的协调控制，常采用这种方式。

(2)调节指令为全厂总调节量，调频电厂内机组间的经济功率分配计算由发电厂 AGC 完成。水电厂作为调频电厂时，因机组能快速启动，系统调频时机组启动频繁。为了减少机组损耗和维护费用，减轻调度中心计算机的负担，简化遥调指令，可采用这种方法。

调度中心用 AGC 实现调频，传递信息有以下两种方式：

(1)利用调度中心与水电厂的微波通道进行通信，这也是水电厂过去采用的传统通信方式。水电厂内的远动装置 RTU 通过调制调解器经远动微波通道与调度中心的计算机通信。将机组、线路及母线等运行参数送往调度端的控制计算机系统。调度端将功率给定值等有关指令传送给水电厂的 RTU，以实现对机组的调节控制。图 5-8 为调度中心由远动微波通道直接控制发电机组示意图，调度端发给 RTU 的指令是单机控制指令，通过 RTU 的脉冲输出模块发出增、减负荷脉冲，对各机组的调速器功率给定值直接控制，从而达到调整机组负荷的目的。

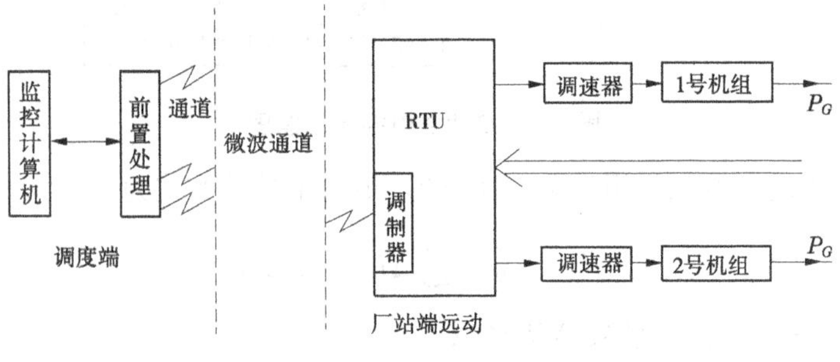

图 5-8　由远动微波通道直接控制发电机组示意图

如图 5-9 所示，调度中心由远动微波通道发给 RTU 的指令是全厂有功给定值，RTU 经 D/A 转换器转换后，送入电厂计算机监控系统上位机，由电厂 AGC 经济分配负荷后，再对各机组进行调节控制。

(2)利用电力系统计算机系统专用的广域网进行网络通信。调度中心计算机一般通过高速光纤通道，把发电机功率给定值发送给水电厂计算机监控系统。由于光纤通信速度比较快，现在水电厂逐渐采用这种方式。如图 5-10 所示，电网调度的计算机与水电厂监控系统之间采用 104 通信协议(或 101 通信协议)进行通信，将功率给定值下发到水电厂监控系统上位机，上位机内的

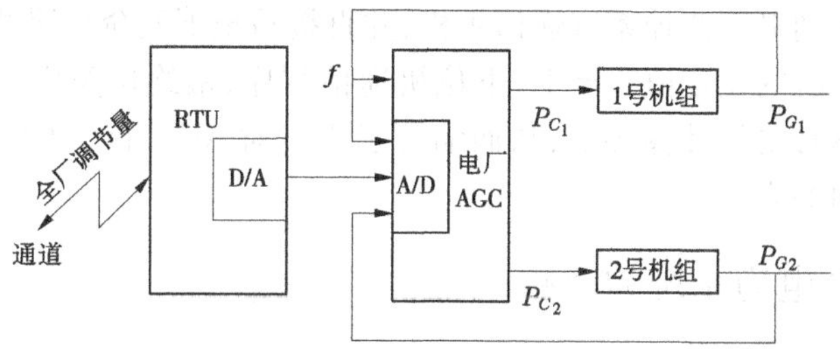

图 5-9　由远动微波通道给定全厂总有功示意图

电厂 AGC 软件按优化原则进行功率分配，再分送到受控机组的现地控制单元 LCU；LCU 收到命令后，由其内部的 PID 控制器周期性地根据调速器对上次命令的响应情况计算并确定本次调节命令，然后将其发送到增、减负荷继电器，控制机组的调速器功率给定值，最终使机组实发功率等于给定功率。

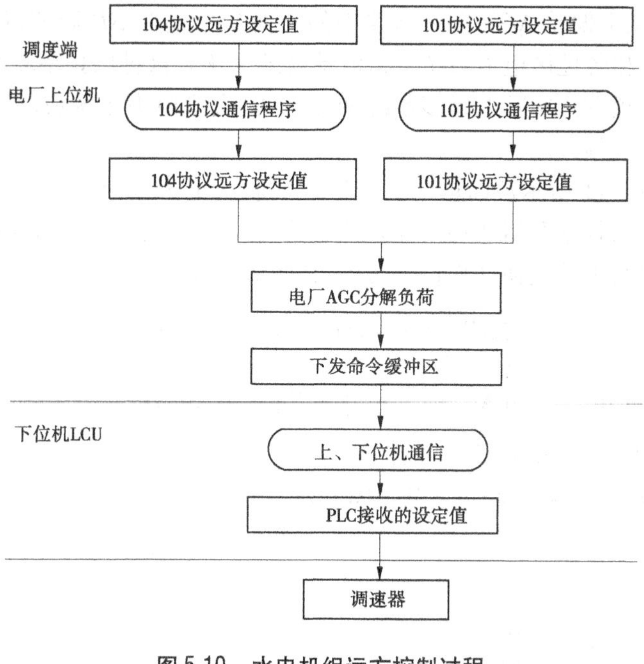

图 5-10　水电机组远方控制过程

随着计算机控制技术和通信技术的发展，调速器的功率跟踪能力和通信能力不断提高，AGC 的功能也不断丰富。电厂上位机发送给机组的功率给定指令，不必经过现地控制单元内的 PID 控制，可以通信方式直接写入微机调速器内部变量区。对于电网调度单机控制方式，网调可通过 104 通信协议，将单机设定值发送到电厂监控系统通信主机,并直接写至下发命令缓冲区,通信主机接收到缓冲区的设定值写至上、下位机通信程序,最终送至机组的调速器。由于减少了不必要的计算环节,从而缩短了机组对 AGC 命令的响应时间,调频质量也得到提高。

5.2.3 联合电力系统的调频

随着电力系统的规模越来越大,大型电力系统由几个区域电力系统相互连接构成。对于这种联合电力系统,调频时如果仅按频率偏差 Δf 进行调节,而对联络线路上的交换功率不加控制,其结果可能引起联络线上的功率超出允许值,危及系统稳定。因此,联合电力系统实行分区控制,将每个区域电力系统看成一个控制区域,每个控制区域的负荷由本区域内的发电厂和从其他控制区域中经过联络线输送的功率来平衡,联络线按协议输送功率。系统调频时,既按频率偏差 Δf 又按联络线中的交换功率偏差 ΔP 调节,最终维持系统频率稳定和各地区电力系统负荷波动就地平衡。这种以频率联络线功率偏差控制的调频方式实际上是多系统调频方式,大型电力系统或联合电力系统常采用这种调频方法。

现以图 5-11 所示最简单的两个地区的联合电力系统为例来说明它的调节特点。采用频率联络线功率偏差控制的调频方式,不仅要消除频差,而且要消除联络线路中的交换功率偏差 ΔP_L,其调节方程组为

$$\begin{cases} \Delta P_A = -K_{IA}\int(\Delta P_{LA} + K_A\Delta f_A)\,\mathrm{d}t \\ \Delta P_B = -K_{IB}\int(\Delta P_{LB} + K_B\Delta f_A)\,\mathrm{d}t \end{cases} \tag{5-17}$$

式中 K_{IA}、K_{IB}——积分增益常数;

K_A、K_B——频率修正系数,MW/ Hz。

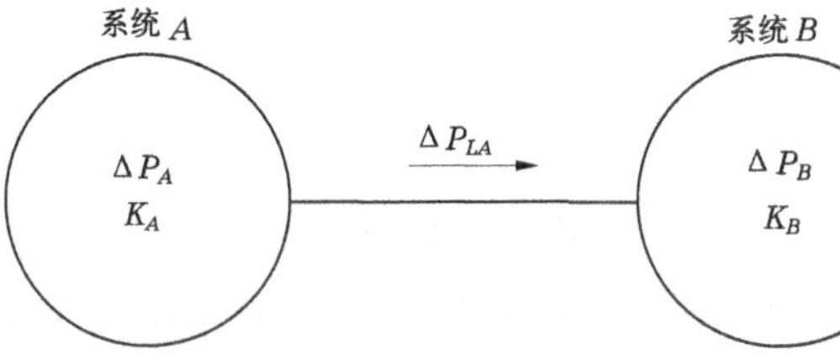

图 5-11 简单的联合电力系统

式(5-17)中的"-"号表示本区域的调频机组功率增量 ΔP 与联络线路功

率增量 ΔP_L 和频差 Δf 的方向相反，即当 Δf 或 ΔP_L 为负值时，本区域的调频机组增加输出功率。

由式(5-17)可见，任一控制区域内的负荷变动都会引起频率波动，导致系统调频。调整结果在稳定情况下，必须使 $\Delta f = 0$，$\Delta P_{LA} = \Delta P_{LB} = 0$，联络线路中交换的功率保持原有的协议功率，达到分区调频的目的。

5.3 水电厂自动发电控制

水电厂自动发电控制简称水电厂 AGC，它的主要任务是接收电网调度下达的全厂有功功率总调节量，实行厂内机组间经济功率分配，其功能软件安装在水电厂计算机监控系统上位机中。水电厂机组间的经济分配比火电厂简单，一般小型计算机就可胜任。

5.3.1 水电机组有功功率调节方式

水电机组有功功率调节方式按水电厂 AGC 控制权来分，可分为电网调度控制方式和电厂控制方式。电网调度控制又分为网调给定全厂总有功和网调单机控制方式。电厂控制分为全厂给定总有功和负荷曲线方式。

全厂给定总有功可由电网调度直接给定，也可由电厂运行人员接收调度负荷指令后在 AGC 控制画面上设置。按负荷曲线方式控制全厂有功功率时，由电网调度给定或电厂运行人员设定日负荷曲线，AGC 以日负荷曲线当前小时的功率值作为全厂有功负荷的给定值。

在系统频率正常的情况下，电厂 AGC 按给定总有功运行，按有功偏差信号 $\sum P_i - P_{set}$ 调节有功。这里的 $\sum P_i$ 为电厂的实发有功，而 P_{set} 为按日负荷曲线所规定的应发有功(或电网调度中心下达的应发有功)，并通过最优负荷分配使电厂在总有功一定的条件下，机组耗水量最小。其调节方程组为

$$\begin{cases} \sum_{i=1}^{n} P_i - P_{set} = 0 \\ \min Q = \sum_{i=1}^{n} Q_i(P_i) \\ P_{i\min} < P_i < P_{i\max} \end{cases} \tag{5-18}$$

式中 P_i——第 i 台机组有功功率，MW；

Q——相应于电厂给定总有功的总耗水量，m^3/s；

Q_i——第 i 台机组引用流量，m^3/s；

n——电厂机组总台数；

$P_{i\min}$——第 i 台机组有功出力的最小值，MW；

$P_{i\max}$——第 i 台机组有功出力的最大值，MW。

但是，在特殊情况下，当系统频差超过了预定水平时，为了系统能安全稳定运行，电厂 AGC 的总有功设定值也相应变化。其有功功率与频率的关系曲线如图 5-12 所示。

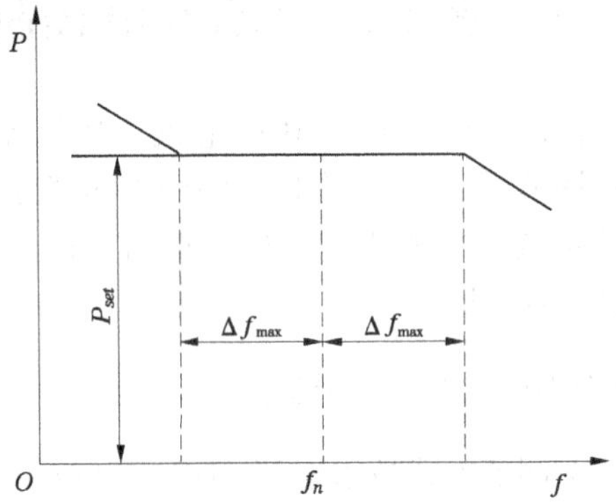

图 5-12 电厂有功功率与频率的关系曲线

当 $|\Delta f| > \Delta f_{\max}$ 时，电厂 AGC 的总有功设定值按式(5-19)计算，即

$$\begin{cases} P_{set} = P_{实发} - K_f \Delta f \\ \Delta f = f - f_n \end{cases} \tag{5-19}$$

式中 $P_{实发}$——当前时刻全厂实发总有功，MW；

K_f——系统调频系数，MW/ Hz。

AGC 调节方程组不变，仍为式(5-18)，所以在电厂 AGC 内不但 $\sum_{i=1}^{n} P_i - P_{set}$ 信号产生调节作用，同时频率偏差 Δf 信号也产生调节作用，并按等流量微增率分配机组负荷。

为保证电厂 AGC 的正常运行和机组设备安全，电厂 AGC 的运行有一定的条件限制。当机组无事故、LCU 无故障时，机组才可参加电厂 AGC 运行。机组调相运行、机组处于常规位置时，AGC 自动退出。无机组参加 AGC 时全厂 AGC 自动退出。为了防止电厂 AGC 控制权切换过程中负荷发生扰动，在电厂控制方式下，网调给定值将跟踪电厂给定值。在电网调度控制方式下，如果到网调的通信通道发生故障，自动切换到厂控方式。

5.3.2 水电厂机组的优化运行

水电厂机组的优化运行是指在给定电站负荷的情况下，确定投入机组的顺序和投入机组的台数，使得水能消耗最少。

例如，在最简单的两台机组情况下，其1号机、2号机和1号机+2号机的流量特性如图5-13所示。显然，给定负荷在0 ~ P_a 时，应投入1号机；在 P_a ~ P_b 时，应投入2号机；而在 P_b ~ P_d 时，则1号机和2号机应并列运行。

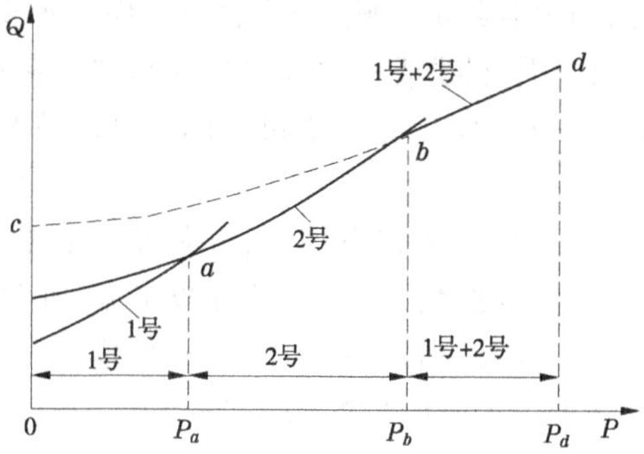

图5-13 两台机组的流量特性曲线

对于多台机组，可按上述解决问题的原则实现优化运行。但是，随着机组台数的增加，机组组合方案相应增加，其工作量则迅速增大。

由经济运行理论得知，最经济的负荷分配方式是按等微增率分配负荷。所谓微增率，是指输入耗水量微增量与输出功率微增量的比值。对水电机组来说，微增率为水流消耗量的微增量与发电机输出功率微增量的比值。等微增率法就是运行的水电机组按微增率相等的原则分配负荷，这样就可使水电厂总的水流消耗量为最小，从而是最经济的。

水电机组在单位时间内所消耗的水量（流量）与输出功率之间的关系如图5-14所示。对应于某一输出功率时的流量微增率就是曲线上对应该功率点切线的斜率。即

$$q = \Delta Q/\Delta P \tag{5-20}$$

式中 q——流量微增率；

ΔQ——流量微增量；

ΔP——输出功率微增量。

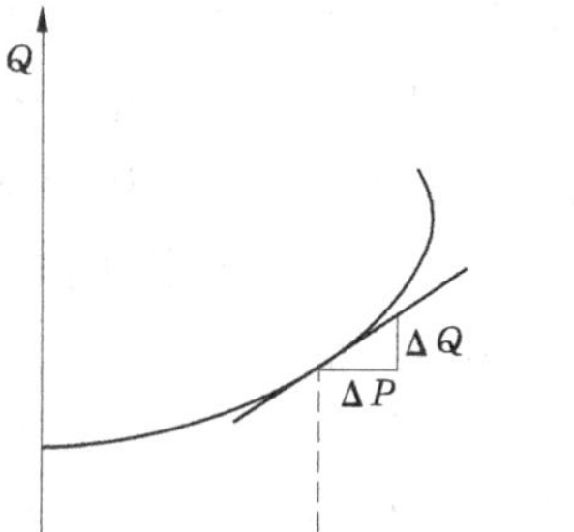

图5-14 机组流量与功率特性曲线

为使水电厂耗水量最小，各机组的流量

微增率应相等,即

$$q_1 = q_2 = \cdots = q_n \text{ 或 } \mathrm{d}Q_1/\mathrm{d}P_1 = \mathrm{d}Q_2/\mathrm{d}P_2 = \cdots = \mathrm{d}Q_n/\mathrm{d}P_n \quad (5\text{-}21)$$

通常,同一个水电厂的所有水轮发电机组的型号和容量是相同的,其流量微增率曲线也是相同的。显然,在这种情况下的最优分配方案就是机组间的负荷平均分配。此时,只要确定并列运行的机组台数就行了。

然而,AGC 在分配有功功率时需考虑以下问题:

(1)水头及运行机组数的影响。当水轮机的作用水头高于计算水头时,机组出力受发电机出力限制线的影响;当水轮机的作用水头低于计算水头时,出力则受水轮机 5% 出力限制线或空蚀等因素的影响。在水头较高和机组较少时,影响尤其明显。因此,AGC 分配给机组的有功功率应满足:$P_{i\min} < P_i < P_{i\max}$。

(2)机组不能运行在振动区和空蚀区,并使机组跨越振动区次数最少。为了减少机组跨越振动区的次数,程序可设置跨越振动区死区值。由于在当前运行区域机组功率无法跟踪给定值,因此需要跨越振动区。与不跨越振动区相比,当功率缺额减少值大于跨越振动区死区值时,机组跨越振动区。

(3)尽可能减少调节次数和开停机次数,减少机组的磨损。系统的负荷随时在波动,AGC 机组调节比较频繁,如果仅考虑用水的经济性而调用全厂机组去适应并非特别大的随机负荷,必然导致大量机组频繁启动,无疑会增加机组损耗和维修费用,相比用水的经济性反而得不偿失。尤其是对机组台数较多的大型水电厂,如三峡水电厂,不仅不经济,而且会带来安全隐患。

为避免频繁调节机组,水电厂 AGC 可设置有功功率死区。当全厂有功设定值增量大于死区值时,AGC 重新分配或调整参加 AGC 机组负荷;否则,负荷分配情况不变。

为避免调用全厂机组去适应并非特别大的随机负荷,可采取在预定功率范围内仅改变 1 台或 2 台机组的有功功率设定值,预先定义每台机组适当的有功功率调节步长。当全厂有功给定值有变化(如增负荷)时,选择实发有功值占总容量比例最小的机组增加有功,如果增量在调节步长范围内,且不进入振动区和不越有功上限,则只分配 1 台机组即可完成调节量;否则,将剩余负荷分配给实发值占总容量比例小的机组,进行同样的判断,如果分配不完,再换下一台机组,直至分配完有功增量;减有功时,首先减实发有功值占总容量比例最大的机组,其他采取相同策略。设置适当的有功调节步长,可减少一次有功设定值变化而参加调节的机组台数,从而减少机组磨损。如果设置有功调节步长很小,则变为等容量比例分配。但是,调节步长不能设置得过小,因为每台机组调速器都有一定的死区，调节幅度过小，调速器可能不动作。所以，设置每台机组调节步长，既要考虑减少机组调节频率，又要很好地跟踪有功功率目标值。

为防止频繁开停机，程序可设置开停机死区值，只有当总有功给定值大于当前可发最大容量，且差值大于开停机死区时，程序才会开机；当总有功给定值小于当前停掉一台机组的可发最大容量，且差值大于开停机死区时，程序才会停机。开停机顺序根据机组的效率和状况等因素人工设定，如“1”为最高优先级，优先级数字小的机组先开机，优先级数字大的机组先停机；也可按发电时间长的机组先停机，备用时间长的机组先开机的原则选择开停机顺序。

电网调度对水电厂 AGC 的功率跟踪能力都要进行考核。因此，当机组出现事故停机时，其他 AGC 机组必须立即尽可能补偿事故停机造成的功率缺额。当未加入 AGC 的机组有功实发值发生变化造成全厂实发有功偏离目标值时，AGC 机组必须立即补偿这种偏差。

(4)水轮发电机组承担系统一定的旋转备用容量。

5.4 电力系统频率异常的控制

电力系统正常运行时，对于计划外负荷所引起的频率波动，系统动用发电厂热备用容量，即系统运行中的发电机容量就足以满足用户的需要。但当系统发生较大事故时，如区域电力系统间联络线因故障断开、系统内大型机组突然故障的退出运行等，系统出现严重的功率不平衡，超出正常热备用调节能力，此时若不迅速采取措施，就会产生频率异常现象，系统频率值远远超出系统安全运行所允许的范围，电力系统的安全运行受到威胁，严重时甚至使整个系统崩溃，造成更大损失。

5.4.1 自动低频减载

当系统发生事故而导致严重功率缺额时，频率急剧下降。当频率下降到某一定值时，自动低频减载装置启动，自动切除相应数量的非重要用户负荷，使系统频率恢复至某一允许值(49.5～50 Hz)，有功功率重新达到平衡，以确保电力系统安全运行，防止事故的扩大。

自动低频减载装置是防止电力系统发生频率崩溃的系统性事故的保护装置，它安装在各个地区变电站中。为使系统频率恢复到可运行的水平，接至自动低频减载装置的用户总功率是按系统最严重事故情况下实际可能发生的最大有功功率缺额来考虑的。然而,系统的运行方式不同,事故的严重程度差别也很大,为尽可能少地切除负荷,自动低频减载装置在电力系统发生事故,系统频率下降过程中,按照频率的下降程度分级切除负荷,以适应不同功率缺额的需要。当频率下降到第一级启动频率时,自动低频减载装置切除在第一级上的用户负荷;若频率回升,下一级就不再动作;若频率继续下降,下面各级相继动作,直到系统频率恢复。

第一级启动频率选择得高,事故后能及早切除负荷,对延缓频率下降有利,但考虑到电力系统动用旋转备用容量所需的延时,避免因暂时性频率下降而不必要地切除负荷,因此第一级启动频率一般整定在48.5~49 Hz。最末一级的启动频率受电力系统允许的最低频率限制,一般不低于46~46.5 Hz。对于高温高压的火电厂,频率低于46~46.5 Hz时,厂用电已不能正常工作。在频率低于45 Hz时,系统电压水平受到严重影响,系统运行稳定性将遭到破坏,最终导致系统瓦解。

5.4.2 低频解列

当系统事故引起频率大幅度下降时,发电厂厂用电动机出力下降,锅炉给水泵等常用机械的出力相应减少,致使锅炉出力减少,发电厂输出功率下降,电力系统功率缺额更为严重,频率进一步下降,这种恶性循环将使发电厂运行遭受破坏。如能使厂用电系统供电频率维持在额定值附近运行,则可避免上述事故进一步恶化。因此,在发电厂中装设低频解列装置,当系统频率大幅度下降时,将厂用电系统与系统解列,由本厂某台或几台机组单独供电,不受系统低频率的影响,确保发电厂自身的安全运行,这样有助于系统频率的稳定。

在联合电力系统运行中,各区域电力系统之间经联络线路相连。若某区域电力系统由于事故发生了严重的功率缺额,引起整个系统频率下降,系统开始联合调频。由于联络线路的输送功率存在极限值,其他区域电力系统的支援有限,这时如果频率下降严重,必将威胁整个电力系统的安全运行。为了控制事故范围,将事故区域电力系统解列。

5.4.3 水轮发电机组低频自启动

电力系统运行时,出于对运行的经济性考虑,机组的旋转备用容量不是很大。当系统发生事故引起功率缺额导致频率下降时,通过迅速启动备用机组并入系统运行,保证系统运行的可靠性。水轮发电机组启动快,常作为系统事故备用机组,当系统频率低于某一定值时,通过装设在机组上的低频自启动装置,迅速启动机组投入电力系统运行,以恢复系统频率。

水轮发电机组的低频自启动包括以下各项内容:①使运行机组带满负荷;②使调相机组转发电运行并带满负荷;③启动备用机组并使之带满负荷;④使停机过程或发电转调相过程的机组转为开机并带满负荷等。

低频自启动的方式可分为一次启动和分阶段启动两种。采用一次启动时,若系统频率下降至低频启动的整定频率,则电站低频启动的各项内容均同时投入控制。分阶段启动,则首先使运行机组带满负荷,调相机组转发电运行,最后启动备用机组。分阶段启动方式又分为按时间分阶段及按频率分阶段两种。前者是系统频率达到低频启动值后按不同的延时使低频启动分阶段投入;后者是按不同频率整定值进行分阶段启动。备用机组启动后,一般应采用自同期方式与系统并列。机组不具备或不允许自同期并列时,在某些情况下,可考虑采用自动准同期并列。

水电站在电力系统中频率不正常降低时,是否采用低频自启动、采用低频自启动的内容以及启动方式的确定,应根据电力系统对电站的要求而定,取决于电站在电力系统中的地位及电站机组的自动控制情况。对于有远距离输电线路的大型水电站,还应考虑输电线路输送功率极限的限制条件。

对于在系统中占比重很小的中小型电站,其机组的功率变化不足以使电力系统频率产生超出允许范围的波动,并对系统有功潮流无多大影响,为了简化接线,建议采用一次低频自启动,并且不必考虑频率恢复时自动复归低频启动的问题。

如果电站容量在系统中占有一定比重,机组功率变化幅度较大时可能使系统频率发生较大波动,但不会影响系统中主输电线路的稳定运行,则可以考虑按频率分阶段低频自启动,并应设置频率恢复后自动复归低频启动的接线。一般来说,应尽可能不采用按时间延时分阶段启动的低频自启动。

若电站机组有功功率变化对系统频率影响很大,并可能影响系统主输电线路的稳定性,则建议不采用继电器形式的低频自启动方式,而由电站的全站有功控制装置(如机组自动开停及有功成组调节装置等)来解决系统频率不正常下降时电站的有功调节问题。

第6章 水轮发电机组及辅助设备自动控制

水轮发电机组自动化是为了满足水电站安全发电、保证电能质量和经济运行,同时以减少运行人员和改善劳动条件为原则,在水轮发电机组自动化运行经验的基础上,根据科学进步,新技术、新产品的产生和发展需要建立的。

6.1 水轮发电机组自动化概述

水轮发电机组的自动控制设计中考虑了机组不同型式和结构、调速器型式、自动化元件配置、配套附属设备和运行方式等因素。水电站自动化一般包括水工闸门的自动化、水轮发电机组及其辅助设备的自动化、电气设备的自动化。

6.1.1 水轮发电机组自动化

6.1.1.1 水轮发电机组自动控制基本要求

(1)以一个指令完成机组的开机或停机。

(2)根据系统要求,以一个指令完成发电转调相或进行相反操作。

(3)开机过程中,应能进行相反的操作。

(4)发生机组内部事故应动作事故停机或同时关闭进水阀(或快速闸门),发生外部事故可动作空载运行或事故停机。

(5)事故停机引出继电器自保持回路应由手动解除。

(6)水电站的发电机层应设紧急停机按钮或事故停机按钮。

水轮发电机组的下列部位应装设温度监视装置:推力轴承和导轴承的轴瓦和油,空气冷却器的进风和出风,发电机定子线圈及铁芯。

6.1.1.2 水轮发电机组轴承润滑油系统自动控制要求

(1)采用内循环冷却的机组,冷却水应在开机的同时获得,冷却水中断时应立即投入备用水源。

(2)外循环冷却的机组,必须在开机前获得润滑油;润滑油中断时,应自动投入备用油源。

(3)弹性金属塑料瓦的轴承润滑油系统，当其油槽油位降低时可发出信号。

(4)采用水润滑的导轴承，应在给出开机指令的同时投入润滑水，当确认有水后，才允许启动机组；应保证润滑水的连续性，当润滑水中断时，应立即投入备用水源，润滑水管上应装设反映供水状态的示流信号装置。

(5)水轮发电机组应在开机同时打开冷却水电磁液压阀或启动冷却水泵组，机组冷却水管总管的排水侧应装设反映供水状态的示流信号装置。

油系统的下列装置应装设油位信号器：调速器和进水阀压油装置的油罐，推力轴承和导轴承的油槽，重力油箱和漏油箱。

6.1.1.3 水轮发电机组的制动装置自动控制要求

(1)发电机组应装设机械制动装置，亦可同时装设电气制动装置。

(2)在停机过程中，当机组转速下降到35%额定转速以下时应投入机械制动装置，机组停止转动后解除制动。贯流式机组停机后，若无停机锁锭装置，不宜解除制动。

(3)机组采用电气制动装置时，可在机组转速下降到60%额定转速左右时投入电气制动，待机组转速继续下降到10%额定转速以下时投入机械制动装置，机组停转后解除制动。

(4)推力轴承采用弹性金属塑料瓦的机组，机械制动装置投入的转速允许低于20%额定转速。

(5)对于冲击式机组，当转速下降到70%额定转速左右时，投入反喷嘴制动装置，机组停止转动后解除制动。

(6)在停机过程中，当导水叶剪断销剪断时，制动后不应解除制动。

(7)对于具有高压油减载装置的机组，停机过程中机组转速下降到90%额定转速时，投入高压油减载装置，机械制动装置投入的转速可降低到10%额定转速。

6.1.1.4 水轮发电机组应装设的水力机械保护

水力机械保护按事故和故障性质不同，可分为以下三类：

(1)作用于紧急停机的保护。

①机组过速；

②事故停机过程中导水叶剪断销剪断。

水力机械事故应先动作关闭导水叶，在导水叶关至“空载”位置时跳开发电机断路器，并执行正常停机程序。

(2)作用于事故停机的保护。

①轴承温度过高；
②水轮机导轴承润滑水中断；
③重力油箱油位过低；
④油压装置油压过低。
(3)作用于预告信号的保护。
①轴承温度升高；
②空气冷却器温度升高；
③轴承油槽油位不正常；
④机组冷却水中断；
⑤油压装置油压降低；
⑥导水叶剪断销剪断；
⑦集油槽油位不正常；
⑧漏油箱油位过高；
⑨重力油箱油位降低；
⑩水轮机顶盖水位过高；
⑪开停机未完成；
⑫备用冷却水、润滑水投入；
⑬水力机械操作回路电源消失。

6.1.2 水电站辅助设备自动化

6.1.2.1 进水阀自动控制要求

(1)进水阀(蝶阀、球阀、闸阀)自动控制应能按一个控制指令完成开阀、关阀的自动控制。开启时应按先平压、后开启的控制程序进行。

(2)进水阀的自动控制应作为机组开机、停机控制的一个程序，由正常开停机控制指令联动完成。紧急事故关阀指令应能直接动作关阀。

(3)水电站的快速闸门应在中控室或主机室设置紧急关闭闸门的控制按钮。

6.1.2.2 油压装置自动控制要求

(1)调速器的油压装置油压应保持在规定的工作压力范围内。压力油泵电动机应根据工作压力实现自动控制。

(2)辅助设备控制接线中的切换开关宜设有手动、自动、备用和断开四个位置；采用自动转换工作制时宜设手动、自动、断开三个位置。

6.1.2.3 空气压缩装置自动控制要求

(1)贮气罐或供气管道压力应保持在规定的工作压力范围内,空压机应根据工作压力实现自动控制。空压机出气管温度过高时应动作停泵并发出信号。

(2)空压机采用水冷却时,应先自动检查,有水时才开机;停机时切除冷却水。空压机一般以空载启动,经延时关闭空载启动阀后,再向贮气罐内充气。

6.1.2.4 技术供水系统及集水井排水系统自动控制要求

(1)采用单元技术供水的发电机组,全厂设有一台公用的备用供水泵组。当总技术供水管水压下降时自动启动备用供水泵并自保持,同时发出信号。采用集中技术供水的发电机组,工作水泵宜与各台机组的开机联动。

(2)渗漏排水泵组控制接线的切换开关宜设有手动、自动、备用和断开四个位置,并宜按自动轮换工作制的方式工作。

(3)全厂集水井应装设水位信号器,水位升高时,启动工作排水泵。当水位过高时应自动启动备用排水泵组并发出信号。

水电站辅助设备互为备用的电动机宜采用自动轮换工作制。当辅助设备采用可编程控制器控制时,可编程控制器可采用分散设置。无人值班(少人值守)的水电站可编程控制器宜集中设置。

6.2 水轮发电机组自动化元件

水轮发电机组的自动化元件分为信号元件和执行元件两大类。信号元件主要有转速信号器、温度信号器、压力信号器、液流信号器、液位信号器、剪断销信号器等,执行元件主要有电磁阀、液压操作阀等。

6.2.1 信号元件

6.2.1.1 转速信号器

转速信号器用于检测机组的转速。机组转速是反映机组运行工况的一个主要技术指标,根据机组不同的转速值,转速信号器可以发出不同的命令和信号,以对机组进行保护和自动操作。转速信号器有机械型、电磁型、数字式等。下面简要介绍数字式转速信号器。

AXP 型数字式转速信号器是一种新型的转速信号器,利用 MCS－51 单片微型计算机的优点,具有精度高、功能强、信号准确、抗干扰强、操作方便等特点。AXP 型数字式转速信号器集频率表、转速表、转速继电器、转速测控仪表于一体，能够记忆并保存当前机组转速的最大值，给机组过速事故分析带来方便。

AXP 型数字式转速信号器的原理框图如图 6-1 所示，通过测周期进行测频。单片微型计算机的主频为 6 MHz，被测得的机组转速信号经过限幅、放大、整形为标准的矩形方波，送入单片机进行周期计算，经计算后换算成频率值、转速的百分比值、最大转速值等，供显示和记忆。

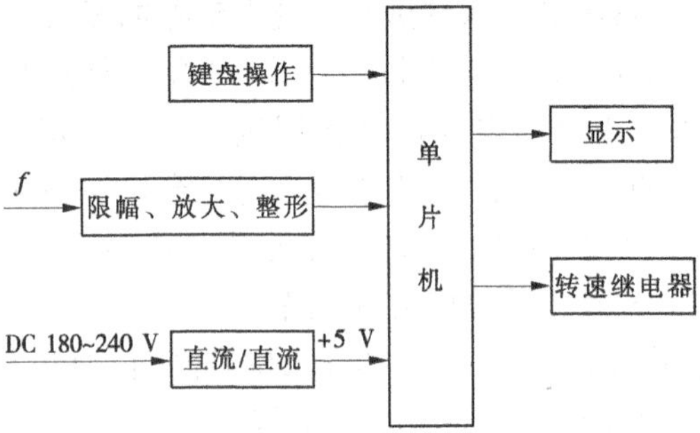

图 6-1　AXP 型数字式转速信号器的原理框图

AXP 型数字式转速信号器前面板示意及背面接线如图 6-2 所示。前面板上有 4 位数码显示屏，用于显示频率值、转速的百分比值或机组最大转速值等。有功能指示灯，用于指示 4 位数码显示的内容是频率、转速的百分比或转速最大值。有 8 个继电器输出指示灯，当机组转速达到某设定的转速时，相应的指示灯亮，同时继电器动作，并发出信号。1#灯亮表示机组转速小于 2% 额定转速，2#灯亮表示机组转速小于 35% 额定转速，3#灯亮表示机组转速小于 60% 额定转速，4#灯亮表示机组转速小于 80% 额定转速，5#灯亮表示机组转速小 85% 额定转速，6#灯亮表示机组转速小于 95% 额定转速，7#灯亮表示机组转速小于 115% 额定转速，8#灯亮表示机组转速小于 140% 额定转速。“显示转换”键用于转换数码显示的内容。“调显”键用于把机组最大转速值在数码显示屏中显示出来。“复位”键用于清除显示屏内容，使转速信号器恢复正常工作。

转速信号器背面接线的“COM”端为 8 个转速信号继电器输出触点的公共端。当转速信号继电器的触点控制电压大于 DC 110 V 感性负载时，应在感性负载的两端并一个续流二极管 VD，如图 6-3 所示，用于转速信号继电器触点的灭磁。

6.2.1.2　温度信号器

在机组及其辅助设备中，各发热部件和各摩擦表面的工作温度均有一定

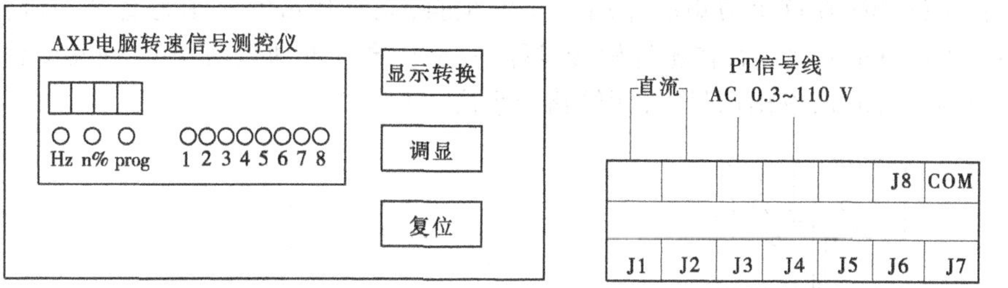

(a)前面板示意　　(b)背面接线

图 6-2　AXP 型数字式转速信号器前面板示意及背面接线

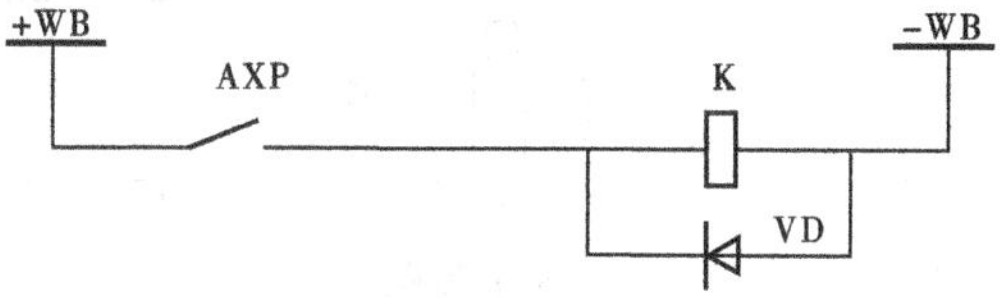

图 6-3　续流二极管

限制。如果温度超过这个限度,则可能引起这些部件或摩擦表面烧毁,因此必须对发热部件和摩擦表面的工作温度进行监视。一般采用温度信号器监视水轮机导轴承、发电机推力轴承和上下导轴承的轴瓦温度,发电机线圈和空气冷却器的进出口风温等。当工作温度升高至允许上限值时,发出故障信号;温度继续上升至危险的过高值时,发出水力机械事故信号,并作用于事故停机。

目前,水电厂一般采用数字式温度信号器,如数字式 TDS－2000 温度信号器。

6.2.1.3　压力信号器

压力信号器用于监视油、气、水系统的压力。在机组制动系统、压力油槽、技术供水及气系统上,均装有压力信号器,以实现对压力值的自动控制和监视。

水电厂常用的压力信号器有电接点压力表、YTK－01 型。

6.2.1.4　液流信号器

液流信号器用来对管道内的流体流通情况进行自动控制。当管道内流量很小或中断时,可自动发出信号,投入备用水源或作用于停机。主要用于水电站技术供水管路中,反映管路中技术供水的情况。

SLX 系列液流信号器为双向液流信号器,采用靶式结构,如图 6-4(a)、(b)所示,其测量元件是一长方形的平板靶,靶置于管路中央,并与水流方向垂直。当管路中有正常水流流过时,流体的流动对靶产生一作用力,此力与靶杆旋转中心形成一力矩,当管路中的水流大于液流信号器所整定的动作流量时，靶杆和靶在这个力矩的作用下发生倾斜，克服弹簧的作用力直至极限位置，如图6-4(c)所示，在靶杆旋转过程中，带动推杆推动微动开关，使其动作，动合触点闭合，发出信号，表明管路中水流正常。

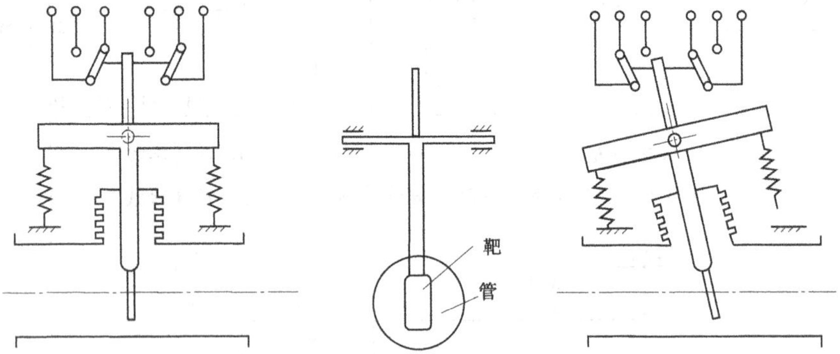

图6-4　液流信号器

当管路中的水流逐渐减小，水流在靶杆上的作用力逐渐减小，水流的作用力矩也逐渐减小，靶杆在弹簧力的作用下，使推杆逐渐离开微动开关。当管路中的水流小于液流信号器所整定的动作流量时，微动开关动断触点闭合、动合触点断开，表明管路中水流低于规定值，向控制系统发出报警信号。

如果管路中的水流方向改变，靶连同靶杆被推向相反的方向，使液流信号器另一边的微动开关动作。液流信号器双向工作时与单向工作时的动作原理相似。

6.2.1.5　液位信号器

液位信号器用于监视水轮发电机组各轴承的油位，并可用于对机组顶盖漏水、集水井排水等水位进行自动控制。当监视处的液位过高或过低时，其触点动作，向控制系统发出报警信号。目前广泛采用浮子式和电极式液位信号器。

ZWX－150轴承油位信号器主要由外管、磁性浮球、湿簧继电器、出线板等组成，如图6-5所示。

轴承油位信号器的磁性浮球在浮力的作用下，随轴承油位的变化而升降，当浮球靠近所整定的湿簧触点时，在磁力的作用下，湿簧触点接通，发出油位过高或过低信号。运行人员可以透过玻璃直接观测轴承的油位。

在轴承油位信号器的浮球中的磁钢内设有一个屏蔽罩，使浮球达到湿簧触点时,只能让湿簧触点接通一次,以保证动作准确可靠。

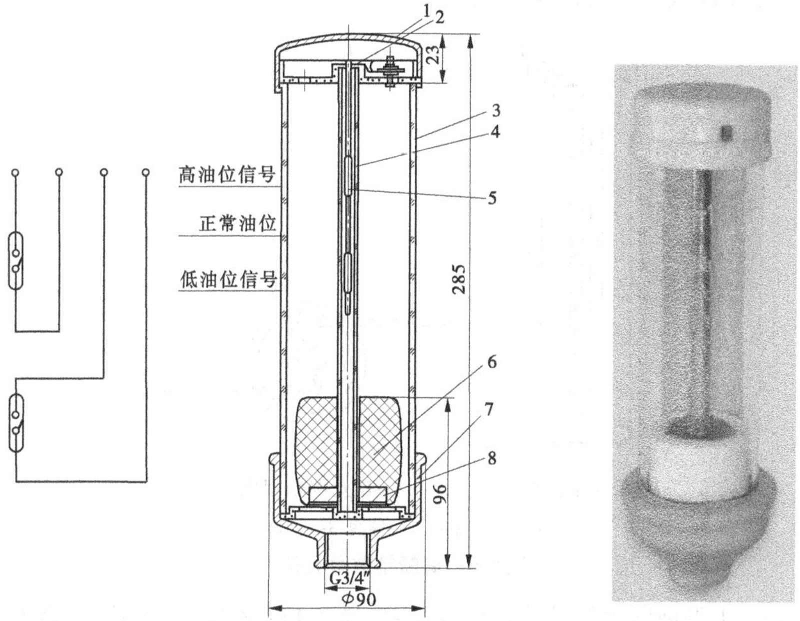

(a)湿簧触点引出　　(b)结构　(单位:mm)　　(c)实物

1—盖;2—出线板;3—外管;4—玻璃管;5—湿簧继电器;6—浮球;7—支座;8—磁环

图 6-5　ZWX-150 轴承油位信号器

轴承油位信号器为立式安装,在出线孔处不能堵死,使信号器玻璃管内外的气压相等,磁性浮球可以随油位自由上下浮动。油位信号器与机组轴承油箱相连的管路应尽量伸入油箱中间的位置,使信号器玻璃管中的油面较稳定。

ZWX-150 轴承油位信号器触点使用电压为 DC 220 V 和 DC 110 V,触点容量小于 10 W,最高油位和最低油位各提供一对动合触点。ZWX-150 轴承油位信号器的测量范围可在 150 mm 内调整。

6.2.1.6　剪断销信号器

剪断销信号器由剪断销信号元件和剪断销信号装置组成,反映水轮机导叶剪断销剪断信号。一般装设在剪断销的轴孔内,每一个剪断销轴孔内装设一件。在正常停机过程中,若某个导叶被卡住,剪断销被剪断,则发出报警信号;在机组事故停机过程中发生剪断销被剪断,则作用于紧急事故停机并关闭机前主阀或快速闸门。

JX 和 BJX 剪断销信号元件为动断式信号元件,如图 6-6 所示。当导叶剪断销信号元件没有被剪断时，剪断销信号元件的两个端子之间接通；当导叶剪断销信号元件被剪断时，剪断销信号元件的两个端子之间断开。

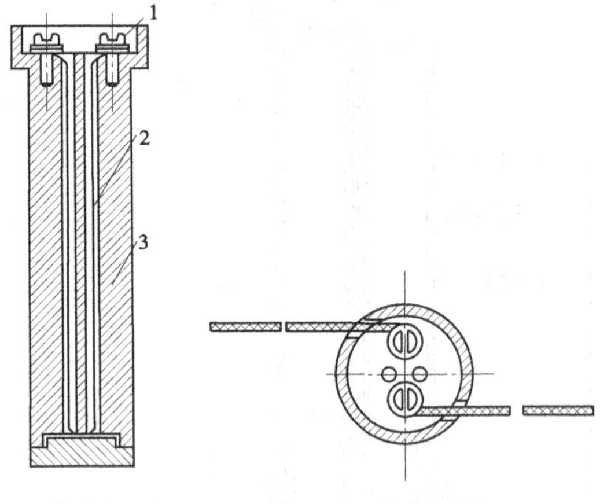

(a)元件主视图　　(b)元件俯视图

1—接线螺钉；2—导线；3—销体

图 6-6　剪断销信号元件

ZJX－1 型剪断销信号装置由变压器、整流桥、继电器、电阻、电容等元件组成，如图 6-7 所示。所有元件均装入嵌入式 DZ－200 系列中间继电器的壳体内。

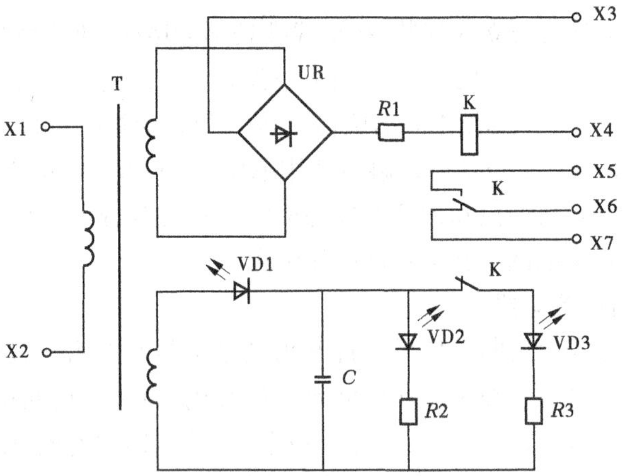

图 6-7　ZJX－1 型剪断销信号装置

在剪断销信号装置的端子 X1、X2 上接入 AC 220 V 电源，将所有剪断销信号元件串接，再将两端接入剪断销信号装置的端子 X3、X4 上。

当剪断销信号装置接通电源后，其电源指示灯 VD2 亮。若所有的剪断销信号元件没有被剪断，继电器 K 处于动作状态，端子 X5、X6 闭合，端子 X6、X7 断开；若有一个剪断销信号元件被剪断，则继电器 K 的回路被切断，继电器 K 复归，端子 X5、X6 断开，端子 X6、X7 闭合，剪断销剪断指示灯 VD3 亮。

6.2.2 执行元件

为了达到自动控制的目的，在油、水、气的管道上必须装设电磁操作或液压操作的自动阀门，统称为执行元件。

6.2.2.1 **电磁阀**

电磁阀是水轮发电机组自动化系统中的重要元件之一，通过电磁阀将电气信号转换为机械动作，是一种液压中间放大的变换元件，用于控制油、气、水管道的通断，其结构一般均由电磁操作部分和阀体构成。

下面简述 DPW－8(10)－63(B)型电磁配压阀、DP2 型弱电小功率电磁配压阀和 DYW－15－63B 型电液动配压阀的工作原理。

1. DPW－8(10)－63(B)型电磁配压阀

DPW－8(10)－63(B)型电磁配压阀是一种带有辅助触头的二位四通电磁换向阀，可以用于电站的各种液压控制系统中，为二位式执行机构换向配油，如液压阀、调速器油缸等。该阀主要由配压阀阀体、配压阀阀芯、电磁铁和辅助触头装置等四部分组成。阀体水平卧放，阀体左右两端装有电磁铁，阀体上部装有柱塞和行程开关触头装置。

DPW－8(10)－63(B)型电磁配压阀的电气原理图如图 6-8 所示，阀上共有四个外接油口，标记为 P 的油口外接压力油源，标记为 O 的油口外接回油管路，标记为 A、B 的两个油口分别接液压执行元件的两个工作油腔。柱塞体的两个腔分别与 A、B 接通。

当电磁配压阀处于图 6-8 所示的位置时，若右侧电磁铁通电，电磁铁铁芯被吸合，推动阀芯移向左端，使压力油口 P 与油口 A 接通，油口 B 与回油口 O 接通。同时，柱塞体左侧油腔进入压力油，柱塞体释放左端行程开关，使其触点闭合，为电磁配压阀的反方向动作做好准备。若左侧电磁铁通电，电磁铁铁芯被吸合，推动阀芯移向右端，使压力油口 P 与油口 B 接通，油口 A 与回油口 O 接通。同时，柱塞体右侧油腔进入压力油，柱塞体左侧油腔排油，将柱塞体推向左端，柱塞体推动左端行程开关，切断左侧电磁铁电源，柱塞体释放右端行程开关，使其触点闭合，为电磁配压阀的反方向动作做好准备。

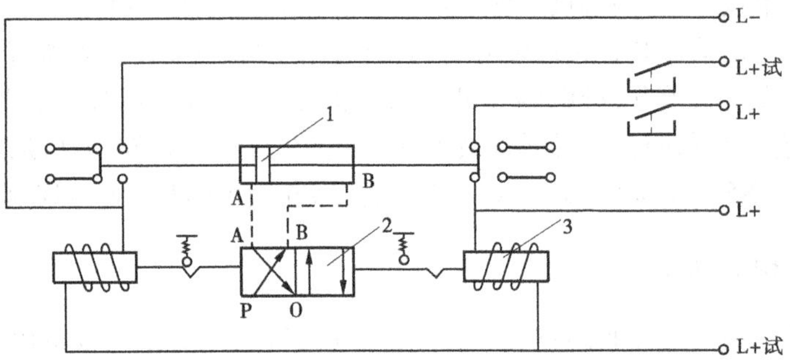

1—柱塞;2—阀芯;3—电磁铁

图 6-8　DPW－8(10)－63(B)型电磁配压阀的电气原理图

2. DP2 型弱电小功率电磁配压阀

该阀由于采用主管道液压进行一次液压放大,并采用横轴、四通滑阀结构以及小钢珠锁扣措施,因此具有启动功率小、结构紧凑、体积小巧、加工方便、造价低等优点,并克服了立轴电磁配压阀容易发卡、动作不够可靠等缺点。

DP2 型电磁配压阀的油路和电气原理如图 6-9 所示。主阀为一油压驱动的二位四通阀,油路 O 孔与回油管通,压力油由 P 孔进入,根据主阀位置的不同,可与 A 孔或 B 孔相通。主阀右端供给常压,主阀左端受辅助阀控制,辅助阀由左右两个电磁铁驱动。当电磁铁线圈 W1 通电时,辅助阀向左移,主阀左端与压力油相通,因左端活塞受压面积与右端活塞受压面积之比为 2∶1,故当左端接通压力油时,就把主活塞推向右端,使 P 孔与 B 孔通,A 孔与 O 孔回油通;当电磁铁线圈 W2 通电时,则辅助阀向右移,进行相反切换。电磁铁线圈都是短时通电的,由 FK 自动切断操作回路。

DP2 型电磁配压阀除远方操作外,也可手动操作,只要手动按电磁铁的衔铁顶杆,推动辅助阀的小活塞改变位置,即可达到手动切换的目的。

3. DYW－15－63B 型电液动配压阀

DYW－15－63B 型电液动配压阀也是一种带有辅助触头的二位四通电磁换向阀,比一般电磁配压阀多一级液压放大,因而可以控制较大流量的压力油。它应用于电站的各种液压控制系统中,为二位式执行机构换向配油,如液压阀、主阀油缸等,其结构如图 6-10 所示。

该阀主要由主配压阀阀体、主配压阀阀芯、先导阀阀体、先导阀阀芯、电磁铁和辅助触头装置等六部分组成。主配压阀阀体水平放置,其上部放置先导阀阀体,先导阀左右两端装设电磁铁,先导阀阀体上部装有柱塞体和行程开关

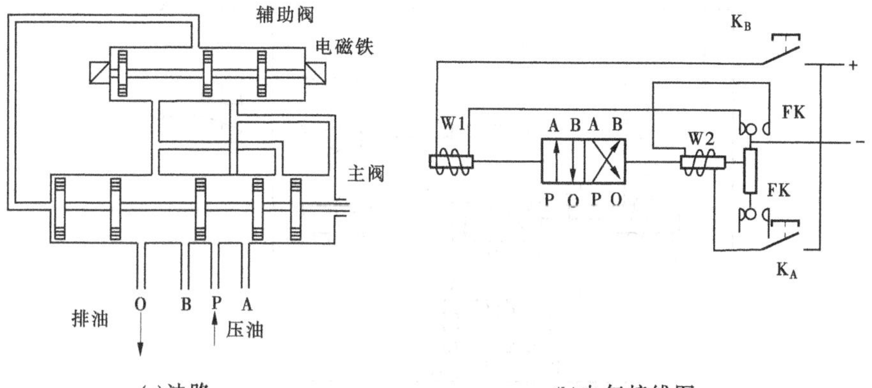

图 6-9 DP2 型电磁配压阀油路和电气原理图

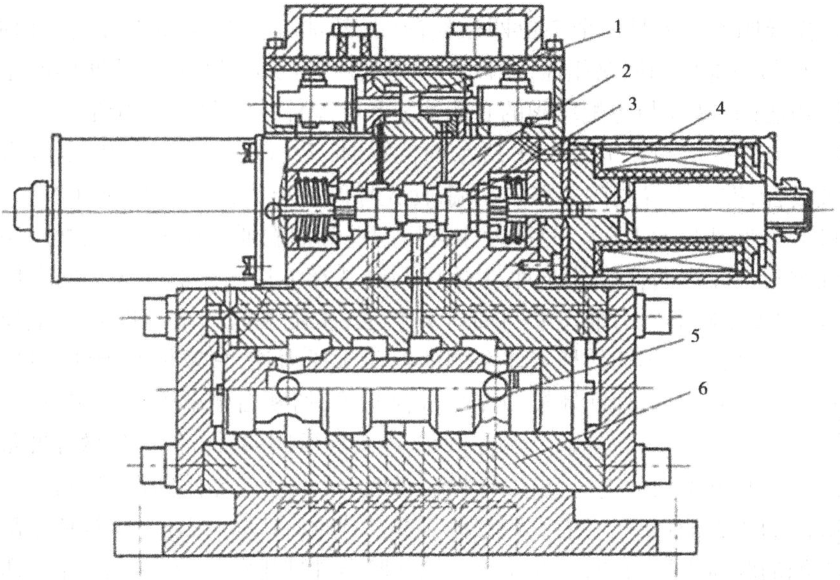

1—柱塞;2—先导阀阀体;3—先导阀阀芯;4—电磁铁;5—主配压阀阀芯;6—主配压阀阀体

图 6-10 DYW－15－63B 型电液动配压阀结构图

触头装置。

DYW－15－63B 型电液动配压阀电气原理图如图 6-11 所示。该阀共有四个外接油口,标记为 P 的油口外接压力油源,标记为 O 的油口外接回油管路,标记为 A、B 的两个油口分别接液压执行元件的两个工作油腔。

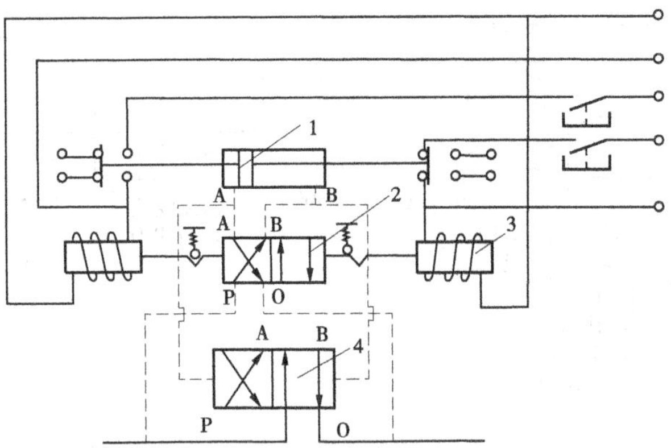

1—柱塞;2—先导阀;3—电磁铁;4—主配压阀

图 6-11　DYW－15－63B 型电液动配压阀电气原理图

先导阀实际上是一个二位四通换向阀,其油口 P 与外部压力油源相通,油口 O 与外部排油回路相通,油口 A 与主配压阀的左侧油腔和柱塞体的左侧油腔相通,油口 B 与主配压阀的右侧油腔和柱塞体的右侧油腔相通。

当电磁配压阀处于图 6-11 所示的位置时,若右侧电磁铁通电,电磁铁铁芯被吸合,推动先导阀阀芯移向左端,使先导阀的压力油口 P 与油口 A 接通,油口 B 与回油口 O 接通。这样使主配压阀左侧油腔通入压力油,主配压阀右侧油腔与外部排油管接通排油,主配压阀阀芯在油压压差的作用下向右侧移动,使主配压阀的压力油口 P 与油口 B 接通,主配压阀的排油口 O 与油口 A 接通。同时,先导阀还使柱塞体左侧油腔通入压力油,柱塞体右侧油腔排油,将柱塞体推向右端,柱塞体推动右端行程开关,切断右侧电磁铁电源,柱塞体释放左端行程开关,使其触点闭合,为电液动配压阀的反方向动作做好准备。

当左侧电磁铁通电时,电磁铁铁芯被吸合,推动先导阀阀芯移向右端,使先导阀的压力油口 P 与油口 B 接通,油口 A 与回油口 O 接通。这样使主配压阀右侧油腔通入压力油,主配压阀左侧油腔与外部排油管接通排油,主配压阀阀芯在油压压差的作用下向左侧移动,还使柱塞体右侧油腔通入压力油,柱塞体左侧油腔排油,将柱塞体推向左端,柱塞体推动左端行程开关,切断左侧电磁铁电源,柱塞体释放右端行程开关,使其触点闭合,为电液动配压阀的反方向动作做好准备。

6.2.2.2　液压操作阀

液压操作阀是一种用油压操作启闭的截止阀,用于油、气、水管路上,以实现对管路内流体的通与断进行远距离控制。使用时一般与电磁配压阀组合在一起，并需具备220 V(或110 V)直流电源及一定的压力油源。

1. SF型液压操作阀

SF型液压操作阀一般与DP型电磁配压阀组合使用，应用于压力小于1 000 kPa的水或气管道上，最大操作油压为2 500 kPa。图6-12所示为其结构和液压操作机构两部分，这两部分用活塞杆8连接。中间部分为油与水的密封，采用垫料压盖方式。由密封处渗漏的油和水，通过泄油管和泄水管排出。

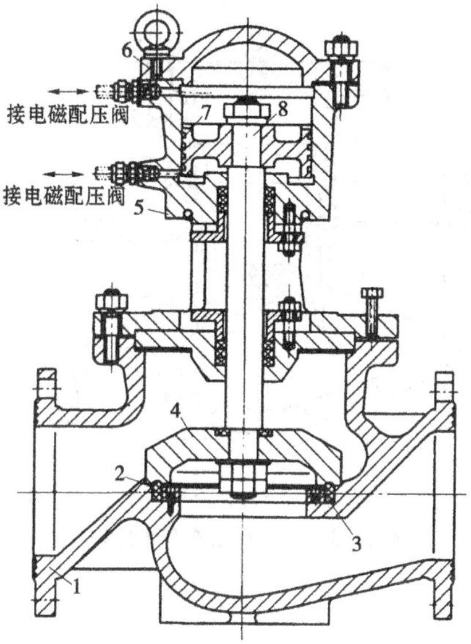

1—壳体；2—密封环；3—压环；4—阀盘；5—活塞缸；6—盖；7—活塞；8—活塞杆

图6-12 SF型液压操作阀结构

活塞缸左侧的上下两油管与DP型电磁配压阀的两油管相连。当压力油经配压阀进入活塞缸的上腔时，下腔排油，其活塞7下移，通过活塞杆8使阀盘4紧压在橡皮密封环上，即将水或气管道关闭。相反，如果活塞缸5下腔通压力油，上腔排油，活塞7与阀盘4同时上移，将管道开启。上述电磁配压阀由于是立式结构，故不可避免地要有一套结构复杂的锁扣机构，因而降低了工作的可靠性。近年来，采用卧式阀芯结构，摒弃了传统的锁扣机构，从而提高了动作的可靠性，并可减少电磁吸力。

2. YF型油阀

YF型油阀是受配压阀压力油控制而启闭的截止阀，有YF－50、YF－80、

YF－100、YF－150 四种规格，主要用于压力油管道需要远距离控制油路通断的地方。

YF 型油阀与电磁配压阀组合使用，其动作过程如下：当油阀活塞 3 上面的空腔与压力油源接通时，活塞 3 即被压力油推动下移至其下端位置，阀门关闭，油路被截断。如果使活塞 3 上面的空腔与排油相通，则活塞 3 被油管内的压力油上推至上部位置，阀门打开，管道内油路畅通，如图 6-13 所示。

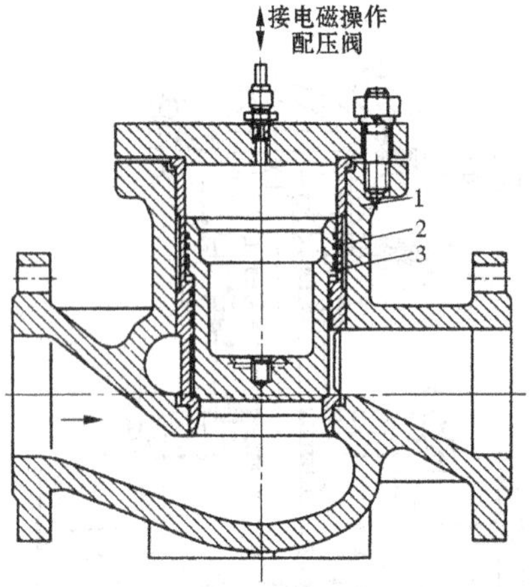

1—阀体；2—衬套；3—活塞

图 6-13　YF 型油阀结构图

6.3　蝶阀的自动控制

水轮发电机组的主阀装设在水轮机蜗壳进口前的进水钢管上，当机组检修或机组出现飞逸事故、事故停机过程中剪断销剪断时，用以切断进入水轮机的水流，以加速机组的停机过程。

主阀自动控制应能按一个控制指令完成开阀、关阀的自动控制。开启时应按先平压、后开启的控制程序进行。主阀的自动控制应作为机组开机、停机控制的一个程序，由正常开机、停机控制指令联动完成。紧急事故关阀指令应能直接动作关阀。

机组的主阀一般为蝶阀和球阀，以蝶阀为多。在中小型水电站中，蝶阀的操作系统有液压操作和电动操作两种，液压操作系统较复杂，球阀操作系统以液压操作为主。蝶阀只能用来切断水流，只有全开或全关两种状态，不能用来调节流量。蝶阀的自动控制属于二位控制,多采用终端开关作为位置信号和控制信号,控制系统并不复杂,操作过程也较简单。

6.3.1 液压蝶阀自动控制

图 6-14 为普遍采用的蝶阀自动控制液压机械系统图。主要元件有电磁配压阀 1YDV ~ 2YDV、电磁空气阀 YAV、差动配压阀 DMV、四通滑阀 SV、油阀 OV、压力信号器 1SP ~ 2SP 和压力表等。所有这些元件(除油阀外)都集中装在蝶阀控制柜内,控制柜与蝶阀接力器、旁通阀和锁锭之间用管道连接。图 6-15为蝶阀自动控制电气接线图,它是按照蝶阀的结构特点和二位控制的要求,并根据其液压机械系统和规定的操作程序设计的。

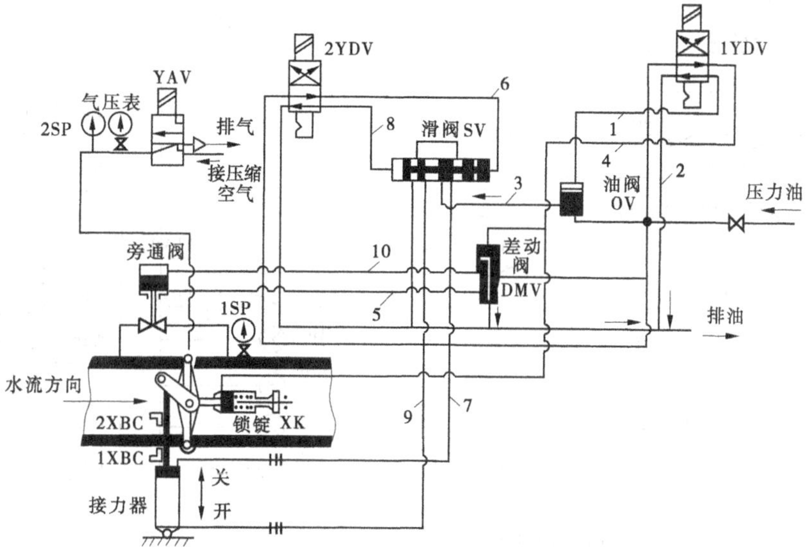

图 6-14 蝶阀自动控制液压机械系统图

6.3.1.1 蝶阀开启自动控制

蝶阀开启应满足下列条件:①水轮机导叶处于全关位置,主令开关接点 XGO8 闭合;②蝶阀在全关位置,其端接点位置重复继电器的接点 1K2 闭合;③机组无事故,停机继电器 1KSTP 未动作;④蝶阀关闭继电器 KBC 未动作。

当具备上述条件时,即可发蝶阀开启命令。此命令可由开机继电器 2KST8 发出,也可由机旁操作控制开关 1SA 发出,还可在现场操作启动按钮 1SB。开阀令发出后,蝶阀开启继电器 KBO 动作,并由 KBO1 闭合而自保持。

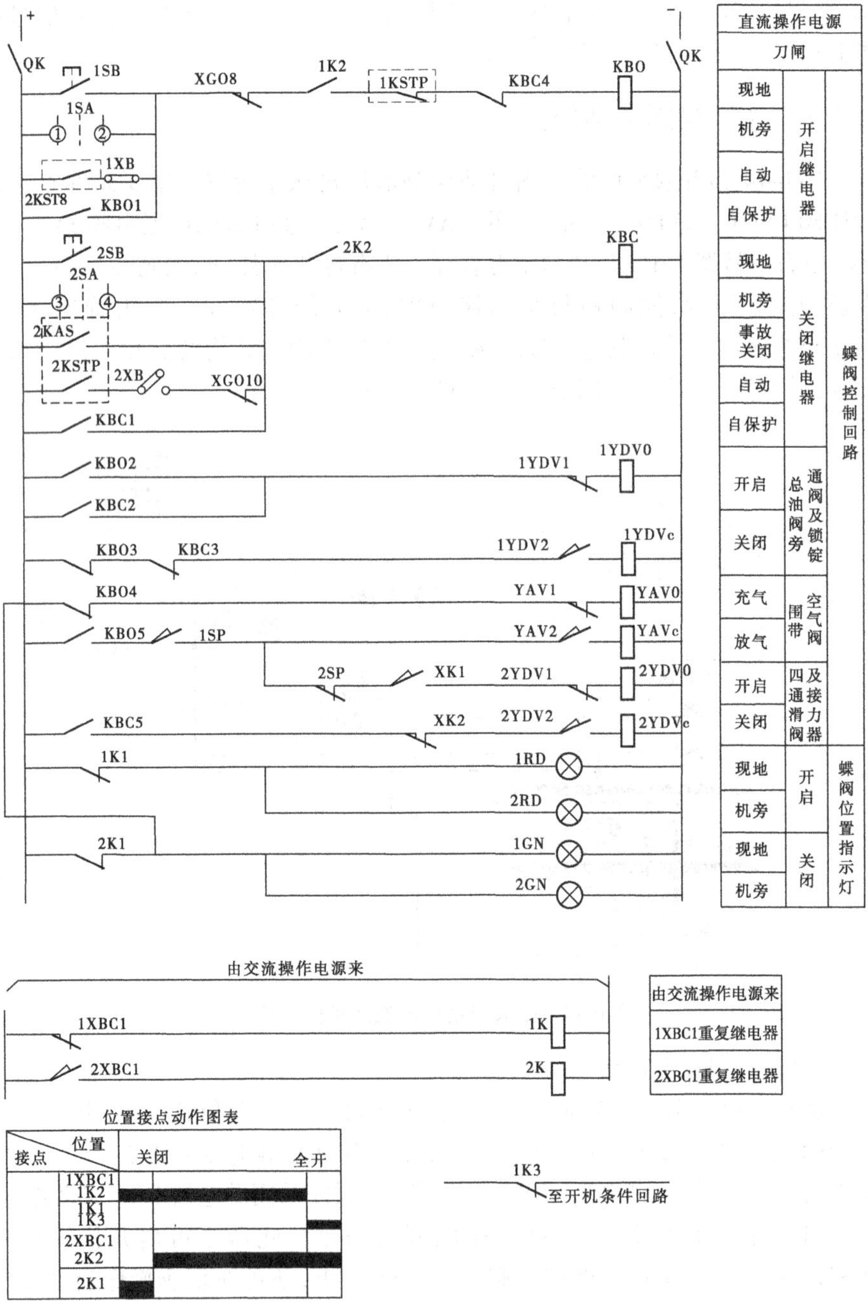

图 6-15　蝶阀自动控制电气接线图

KBO2 闭合使电磁配压阀 1YDV0 动作,切换油路,管道 4 与压力油相通,管道 1 则与排油相通,压力油经 1YDV 和管道 4 进入锁锭 XK,将锁锭拔出;同时,压力油进入差动配压阀 DMV 的上腔,将其差动活塞压至下端位置,使管道 5 与压力油相通,管道 10 与排油相通,从而打开旁通阀对蜗壳进行充水;油阀 OV 在下部油压的作用下开启,压力油进入四通滑阀 SV,为操作蝶阀接力器做好准备。KBO5 闭合后,若旁通阀已对蜗壳充满水,使蝶阀前后的水压基本平衡,压力信号器 1SP 动作,电磁空气阀 YAV 复归,空气围带排气。当围带排气后,监视围带气压的压力信号器 2SP 返回,使电磁配压阀 2YDV 吸上,切换油路。这样压力油经管道 6 进入到四通滑阀 SV 的右端,而其左端经管道 8 与排油相通,使其活塞被推至左端,切换油路。此时,压力油从管道 7 进入接力器的上腔,而其下腔经管道 9 与排油相通,接力器活塞下移,将蝶阀开至全开。当蝶阀开至全开位置时,其终端开关接点 1XBC1 动作,蝶阀全开位置指示灯 1RD、2RD 亮。同时,1XBC 打开使 1K 失磁,其触点 1K2 断开,KBO 复归;KBO3 闭合,电磁配压阀 1YDVc 动作,切换油路,使锁锭 XK 在本身弹簧力作用下投入;旁通阀则因差动配压阀 DMV 的活塞上移而被压力油推向关闭,油阀 OV 也在压差作用下关闭,开阀过程结束。

6.3.1.2 蝶阀关闭自动控制

蝶阀关闭命令由停机继电器 2KSTP 发出,也可由手动操作控制开关 1SA 或关闭按钮 2SB 发出。当机组发生事故,调速系统又失灵时,还可由紧急事故保护引出继电器 2KAS 发出。关阀令发出后,关阀继电器 KBC 动作,并由 KBC1 闭合而自保持。KBC2 闭合使电磁配压阀 1YDV 动作,切换油路。在压力油作用下锁锭拔出,旁通阀打开,油阀 OV 也打开,这个操作过程与开阀操作相同。KBC5 闭合后,随着锁锭拔出,XK2 闭合,使电磁配压阀 2YDV 复归,切换油路。此后,在压力油的作用下,四通滑阀 SV 移向右端,压力油进入接力器下腔,使其活塞上移至蝶阀全关。当蝶阀关至全关位置时,其终端开关接点 2XBC1 断开,2K 失磁,蝶阀全关位置指示灯 1GN、2GN 亮。同时,2K2 和 KBO4 闭合使电磁空气阀 YAV 吸上,对空气围带进行充气,并使关阀继电器 KBC 复归,KBC3 闭合使电磁配压阀 1YDV 复归,锁锭 XK 投入,并关闭旁通阀和切断总油源。这样,整个关阀操作完成。

蝶阀的操作过程可以用程序框图清晰地表示,图 6-16 为蝶阀开启操作程序框图,图 6-17 为蝶阀关闭操作程序框图。

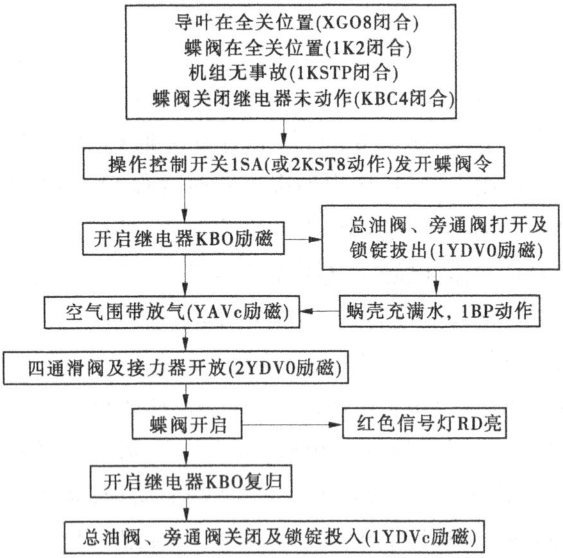

图 6-16　蝶阀开启操作程序框图

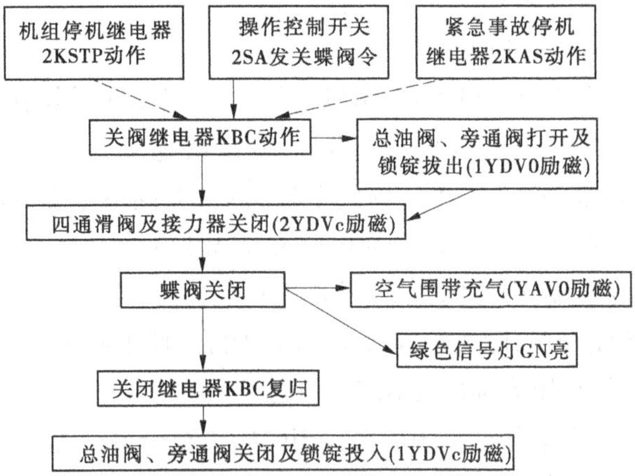

图 6-17　蝶阀关闭操作程序框图

6.3.2　电动蝶阀自动控制

电动蝶阀的自动控制系统在小型水电站中应用也较广泛，其电气接线如图 6-18 所示。

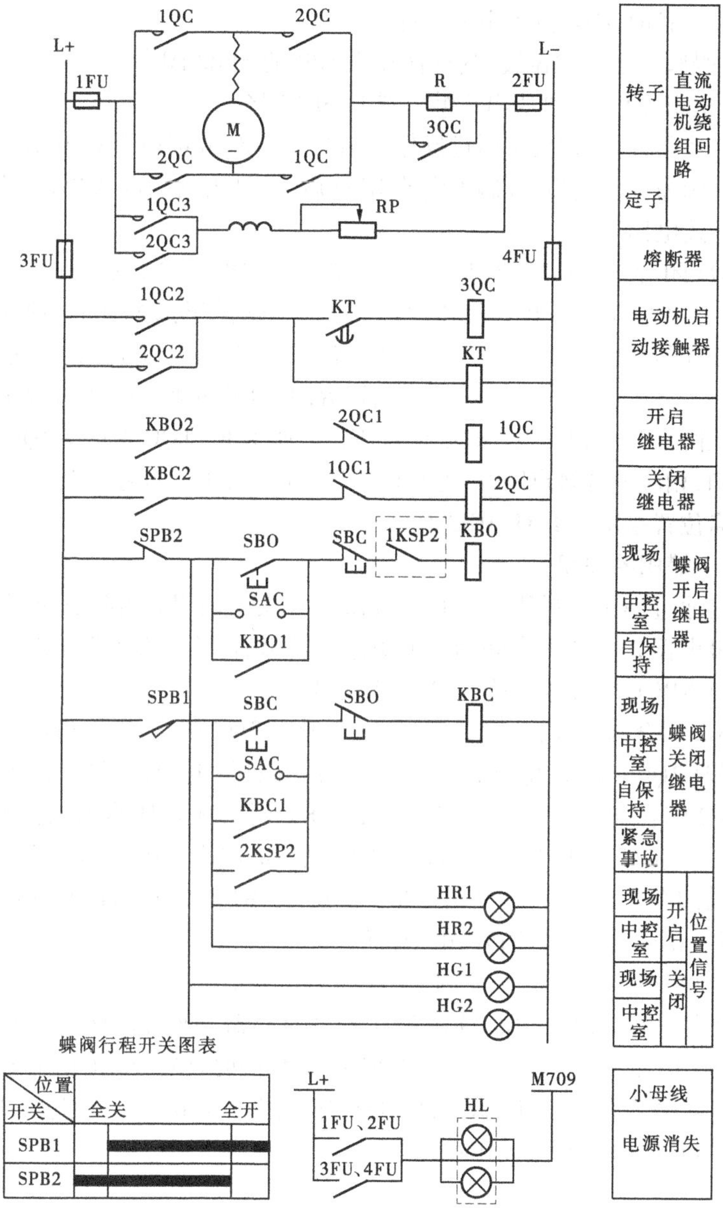

图 6-18　电动蝶阀自动控制电气接线图

6.3.2.1 **蝶阀的开启**

蝶阀开启前,必须具备下列条件:

(1)蝶阀处于全关位置,其行程开关 SPB 的 SPB2 闭合。

(2)机组无事故,事故出口继电器 1KSP2 闭合。

当上述条件具备时,可通过操作控制开关 SAC 或按钮 SBO 发出蝶阀开启命令。开阀命令发出后,开阀继电器 KBO 启动,且由其触点 KBO1 自保持,并作用于下述电路。

KBO2 闭合,磁力启动器 1QC 通电,主触头 1QC 闭合,电动机的转子绕组励磁;同时 1QC3 闭合,电动机 M 的定子绕组励磁,使电动机正转,逐渐开启蝶阀。1QC2 闭合,时间继电器 KT 启动,待 KT 延时触点闭合时,磁力启动器 3QC 励磁,主触头 3QC 闭合,短接电阻器 R,电动机加速正转,直至全开。

当蝶阀全开后,其行程开关 SPB2 断开,使 KBO、1QC、KT 及 3QC 相继断电而复归,相应的各触点断开,电动机停转。同时,由于行程开关 SPB1 闭合,蝶阀开启位置指示灯 HR1、HR2 亮。

6.3.2.2 **蝶阀的关闭**

直接通过操作控制开关 SAC 或按钮 SBC 发出蝶阀关闭命令,或由紧急事故引出继电器 2KSP2 闭合联动。关闭命令发出后,关阀继电器 KBC 励磁,且由其触点 KBC1 自保持,并作用于下述电路。

KBC2 闭合,磁力启动器 2QC 励磁,主触头 2QC 闭合,电动机的转子绕组励磁;同时 2QC3 闭合,电动机的定子绕组励磁,使电动机反转,逐渐关闭蝶阀。2QC2 闭合,时间继电器 KT 启动,待 KT 延时触点闭合时,磁力启动器 3QC 励磁,主触头 3QC 闭合,短接电阻 R,电动机加速反转,直至全关。

当蝶阀全关后,其行程开关 SPB1 断开,使 KBC、2QC、KT 及 3QC 相继断电而复归,相应的各触点断开,电动机停机。

在该电气接线中,还考虑了以下保护和信号监视:

(1)常闭触点 2QC1 和 1QC1 接在磁力启动器 1QC 和 2QC 的回路中,起互相闭锁作用,以防止磁力启动器 1QC 和 2QC 同时励磁,其触头将电源短路。

(2)电源消失时,1FU、2FU 或 3FU、4FU 因熔件熔断而使触点 1FU、2FU 或 3FU、4FU 闭合,光字牌 HL 亮。

6.4 辅助设备的液位控制系统

水电站的油、气、水系统中,如技术供水、集水井排水、转轮室、油压装置油槽和轴承油槽等,都需要维持其液位在一定范围内。蓄水池水位降到降低水位时,工作水泵向蓄水池供水,若降低到过低水位,则应启动备用水泵一起向蓄水池供水,当水位达到正常水位时,工作水泵和备用水泵应停机。同理,集水井水位涨到升高水位时,启动工作水泵排水,若涨到过高位置水位,启动备用水泵一起排水,当水位降到正常水位时,工作水泵和备用水泵停机。机组由发电转为调相运行时,转轮室水位在上限水位以上,需开启给气阀向转轮室充压缩空气进行压水,直至水位压到转轮室以下位置(下限水位)时,关闭给气阀停止给气。压油槽油位过高时,要开启充气阀,直到油位回到正常油位时关阀停止充气。当轴承油槽的油位过高或过低时都会报警,提醒运行人员进行干预。

6.4.1 蓄水池供水装置的自动控制

水电站技术供水系统,除蓄水池供水方式外,还有自流供水和水泵直接供水方式。自流供水和水泵直接供水的自动系统属于机组自动控制系统。

蓄水池供水装置控制的自动化要求如下所述:

(1)自动启动和停止工作水泵和备用水泵,维持蓄水池水位在规定的范围内。

(2)当蓄水池水位降到降低水位时,自动启动工作水泵;当工作水泵故障或供水量过大,蓄水池水位降到过低水位时,应启动备用水泵,同时还应发出信号。

(3)当蓄水池水位达到正常水位时,无论工作水泵还是备用水泵都应自动停止运行。

蓄水池供水装置的机械系统如图 6-19 所示,有两台离心式水泵,正常时一台工作,一台备用,可以切换,互为备用。水泵从压力钢管(水头过高或过低时则从尾水管)取水,用水泵将水送到高出厂房 15 ~ 20 m 的蓄水池中,通过供水总管引到主厂房,供给机组技术用水。

蓄水池供水装置自动控制电气接线图如图 6-20 所示,水泵的启动与停机可以自动、备用和手动,都由切换开关 1SH、2SH 切换。浮子式液位信号器 SL 为自动控制的信号元件,磁力启动器 1QC、2QC 为自动控制的执行元件,中间继电器 1KM ~ 3KM 用于增加接点容量和数量。

(1)自动操作。将切换开关 1SH 切至自动位置,当蓄水池水位降到降低

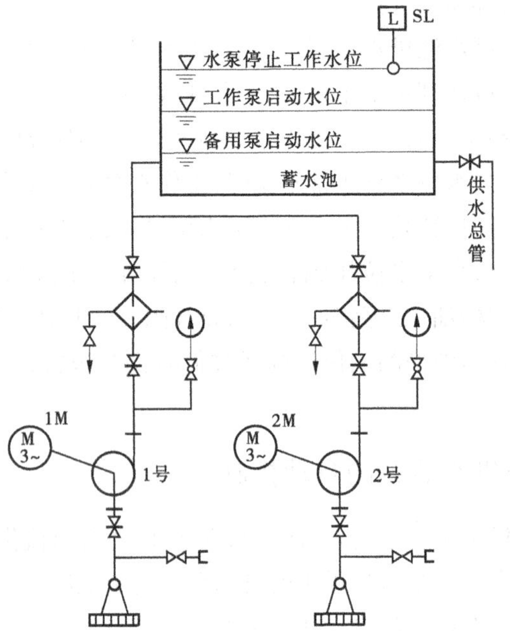

图 6-19　蓄水池供水装置机械系统图

水位时,SL1 触点闭合,1KM 通电,触点 1KM1 闭合,接通 1QC,1 号电动机启动抽水,同时又通过 1QC 常开触点实现自保持。当蓄水池水位升到正常水位时,SL3 触点闭合,3KM 得电,触点 3KM1 断开,使 1QC 断电,1 号电动机停机,从而使蓄水池的水位维持在规定的范围内。

(2)备用投入。将切换开关 2SH 切至备用位置,当工作水泵发生故障或供水量过大,蓄水池的水位降到过低水位时,SL2 触点闭合,2KM 得电,触点 2KM2 闭合,使 2QC 带电,2 号电动机启动抽水并发出报警信号(光字牌 HL 亮),同时通过 2QC 常开触点自保持。当蓄水池水位升到正常水位时,浮子信号器触点 SL3 闭合,3KM 得电,触点 3KM1、3KM2 断开,1QC、2QC 断电,1 号、2 号电动机停机。

(3)手动操作。将切换开关 1SH 或 2SH 切换至手动位置,直接启动 1 号电动机或 2 号电动机抽水;若将 1SH 或 2SH 切换到断开位置,电动机停机,此时的蓄水池水位不受液位信号器自动监视,而是由运行人员监视。

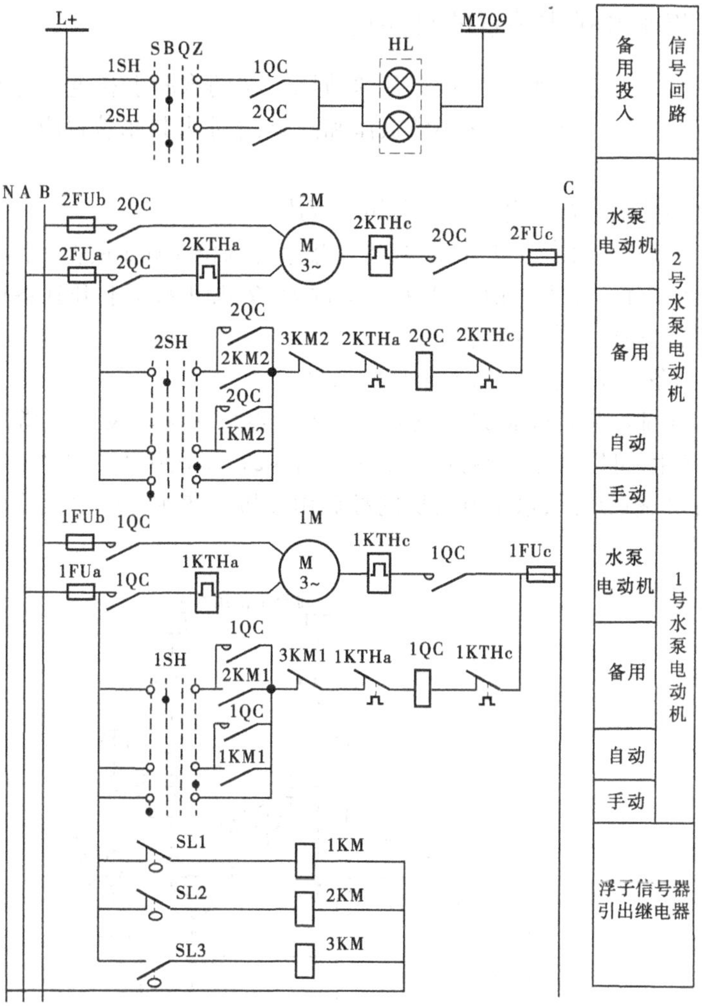

蓄水池供水装置浮子信号器动作图

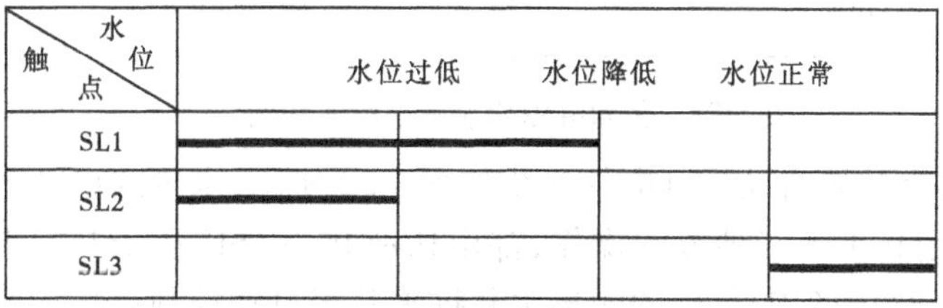

图 6-20　蓄水池供水装置自动控制电气接线图

6.4.2 集水井排水装置的自动化

水电站的集水井排水装置，是用来排除厂房的渗漏水和生产污水的。为了保证运行安全，使整个厂房不致被淹和潮湿，集水井排水装置应实行自动控制。

集水井排水装置的自动化要求如下所述：

(1)自动启动和停止工作水泵，维持集水井水位在规定的范围之内。

(2)当工作水泵发生故障或来水量过大，集水井水位上升到备用水泵启动水位时，自动投入备用水泵。

(3)当备用水泵投入时，发出报警信号。

集水井排水装置通常设置两台水泵（离心泵或深水泵），正常时一台工作，一台备用，可以互相切换，互为备用。图6-21为采用离心式水泵的集水井排水装置机械系统图，水泵电动机的控制由设置在集水井的电极式水位信号器来实现。

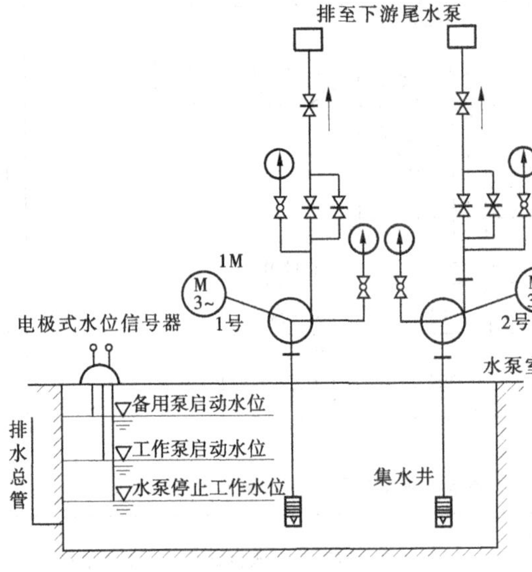

图6-21 集水井排水装置机械系统图

集水井排水装置自动控制电气接线如图6-22所示，水泵的启动与停机可以用自动、备用和手动三种方式操作，都由切换开关1SH和2SH切换。以1号为工作泵，2号为备用泵，来说明集水井排水装置自动控制过程。若需要改变水泵工作的方式，只要将切换开关转到相应的位置就可以实现。

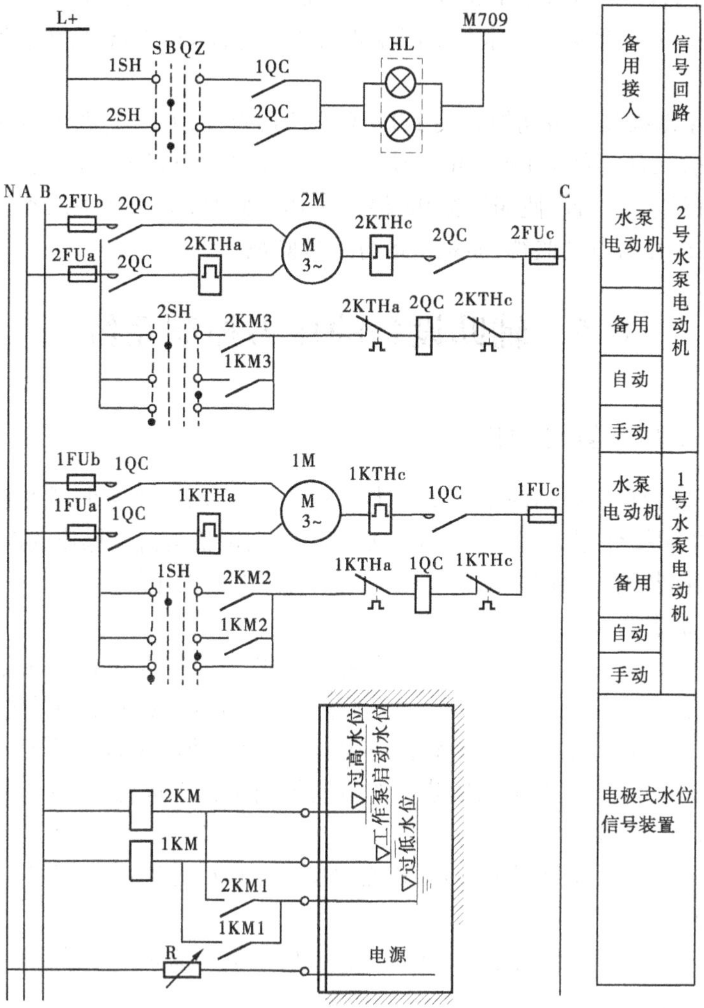

图6-22　集水井排水装置自动控制电气接线图

(1)自动操作。将切换开关1SH至自动位置,当集水井水位上升至工作泵启动水位时,中间继电器1KM启动,其触点1KM1闭合并自保持、1KM2闭合,1QC励磁,1号水泵电动机1M启动。当集水井水位下降至水泵停止水位时,1KM失磁,1KM2断开,1QC失磁,电动机1M停止运转。当水位再次上升时,又重复上述操作过程,自动维持集水井的水位在规定的范围内。

(2)备用投入。将切换开关2SH至备用位置,当工作水泵故障或集水井水量过大,使集水井水位涨至备用泵启动水位时,中间继电器2KM启动,其触点 2KM1 闭合并自保持,2KM3 闭合,2QC 励磁,2 号水泵电动机 2M 投入,并发出报警信号。当集水井水位下降至正常水位时,1KM、2KM 失磁,使 1M、2M 停止运转。

(3)手动操作。将切换开关 1SH 或 2SH 切至手动位置,即可直接使 1QC 或 2QC 励磁,从而使 1M 或 2M 启动排水;当水位下降到正常水位时,再将切换开关切至停止位置,使 M1 或 M2 停止工作。此时,集水井中的水位变化不是靠水位信号器自动监视,而是由运行人员监视。

6.5 辅助设备的压力控制系统

6.5.1 油压装置自动化

油压装置在水电站内是重要的水力机械辅助设备,由它制成并储存高压油,以供机组操作用。高压油是机组启动、停机、调整负荷等操作的能源,有时在水轮机前装设的蝶阀或球阀也通常是采用压力油操作的。

油压装置自动化,应满足下列要求:

(1)机组在正常运行或在事故情况下,均能保证有足够的压力油供操作机组及主阀用。特别是在厂用电消失的情况下,应有一定的能源储备。

(2)无论机组是在运行状态还是在停机状态,油压装置都应经常处于准备工作状态。也就是要求油压装置的自动控制是独立进行的,即由压油槽中的油压来自动控制。

(3)在机组操作过程中,油压装置的投入应自动地进行,不需要值班运行人员参与。

(4)油压装置应设有备用的油泵电动机,当工作油泵发生故障时,备用油泵应能自动投入。

(5)当油压装置发生故障而油压下降至事故低油压时,应作用于停机。

图 6-23 为 YS 型油压装置的机械液压系统图。在集油槽上装设了两台油泵电动机 1M、2M,一台工作,一台备用,采用定期交替互为备用的运行方式。在油泵的排油管上装有切换阀,它们根据机械原理自动切换油路,并起安全保护作用。在集油槽上还装有浮子信号器 SL,用来监视集油槽的油位。在压油槽上装有压力信号器 1SP ~ 4SP,用来监视油槽的油压,并自动控制油泵电动机的启动和停止。

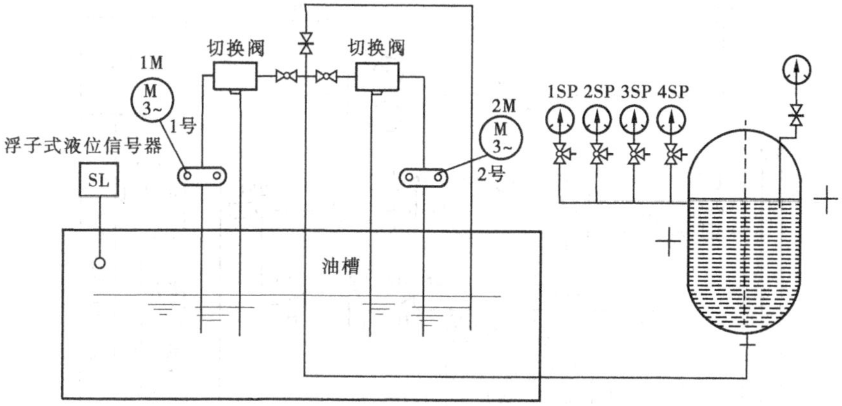

图 6-23　YS 型油压装置的机械液压系统图

图 6-24 为油压装置自动控制电气接线图。油压装置电动机可以自动操作,也可手动操作,而自动操作又可分为连续运行、断续运行和备用三种状态。所有操作都是借压力信号器 1SP～4SP 和切换开关 1SH、2SH,以及磁力启动器 1QC、2QC 来实现的。

6.5.1.1　油压装置的操作

以 1M 为工作油泵电动机,2M 为备用油泵电动机,来说明油压装置的操作过程。

(1)连续运行。将切换开关 1SH 切至自动位置,连接片 1XB 接上,即具备了连续运行的条件。当机组启动时,由于调速器的电磁双滑动阀 ESS 动作,其触点 ESS1 闭合,磁力启动器 1QC 励磁,其辅助常开触点 1QC 闭合,油泵电动机 1M 启动,向压油槽打油。

当压油槽的油压达到工作压力上限时,切换阀抬起,油泵吸起的油经过抬起的切换阀排向集油槽,使油泵电动机空载运转。因机组操作或漏油使压油槽油压降低到切换阀的额定压力时,切换阀落下,电动机动作情况同前,如此循环,自动维持压油槽的油压在工作压力上限。

当机组停机后,由于 ESS 断开,油泵电动机退出连续运行方式。

(2)断续运行。将连接片 1XB 断开,切换开关 2SH 切至自动位置。当压油槽油压下降至工作油压下限时,压力信号器 4SP 启动,其触点 4SP 闭合,重复继电器 2KM 启动,2KM1 触点闭合,使 1QC 励磁,其常开触点 1QC 闭合并保持,油泵电动机投入运转,油泵向压油槽打油,直至恢复工作压力上限,2SP 闭合,1KM 启动,1KM1 断开,油泵电动机才停止工作。

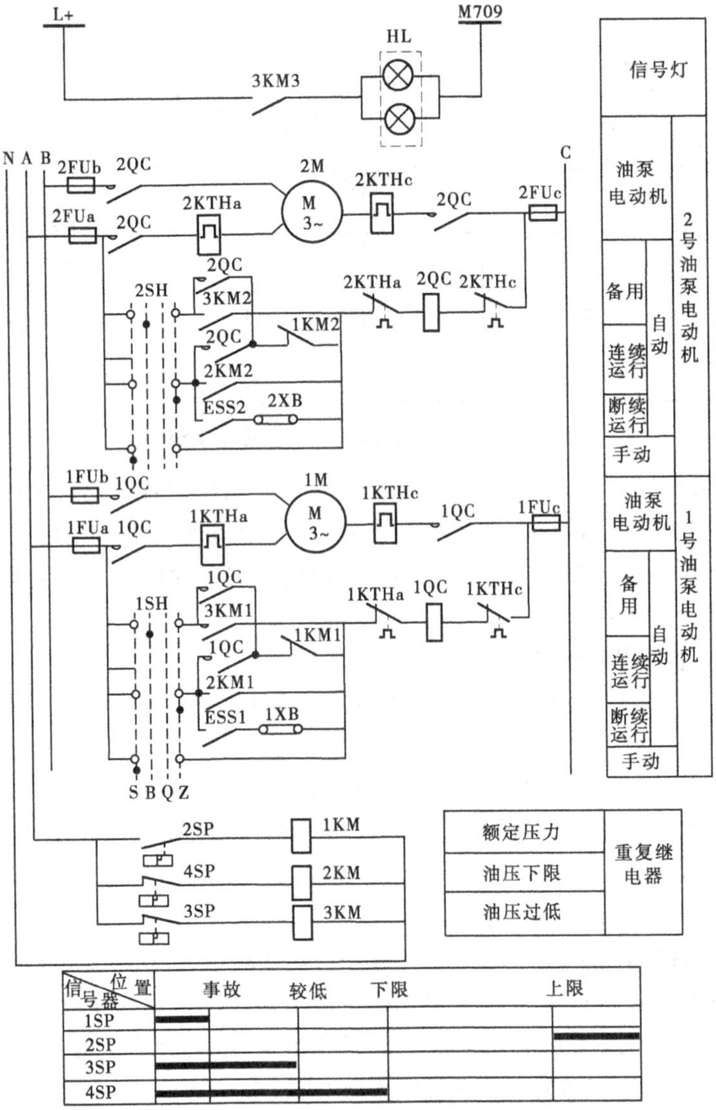

图6-24 油压装置自动控制电气接线图

当油压再次下降到下限值时,4SP 再次闭合,重新启动油泵。这就实现了油泵电动机断续运行的自动控制。

(3)备用投入。备用油泵应在下列情况下投入运行:当工作油泵电动机操作回路或电动机本身发生故障时,当工作油泵或切换阀发生故障时,当机组甩负荷或管路严重漏油使压油槽油压降低到低于工作油压下限时。在第一、二种情况下，应将故障部分从操作系统中切除并将其启动回路闭锁。第三种情况下，备用油泵投入与主油泵并列运行。备用油泵电动机 2M 是依靠 3SP 触点闭合，将 3KM 启动，3KM2 闭合使 2QC 励磁。2M 启动(2SH 处于备用位置)。其动作过程与断续运行的自动控制相似。备用投入时，发出报警信号。

(4)手动操作。压油槽的油压由运行人员监视，当发现油压降到下限值时，运行人员将切换开关 1SH 或 2SH 处于手动位置，使 1QC 或 2QC 励磁，油泵电动机启动，向压油槽打油。当油压达到工作油压上限值时，再将 1SH 或 2SH 处于停止位置，油泵电动机停止工作。

6.5.1.2 油压装置的自动补气

油压装置在一般情况下都需要补气。为提高水电站的自动化程度可以采用油压装置自动补气。自动补气装置由油位信号器 1PS1、1PS2、2PS1 和压力信号器 1SP、2SP 构成，如图 6-25 所示。当压力油槽油位上升至上限时，油位信号器触点 1PS1 闭合，上限油位继电器 1KM 启动，1KM2 触点闭合；如果油压低于额定值，则 1SP 闭合，补气电磁阀开启线圈 YEVo 励磁，打开补气阀向压油槽补气。如果油压上升至额定值以上，2SP 闭合或油位降至下限，2PS1

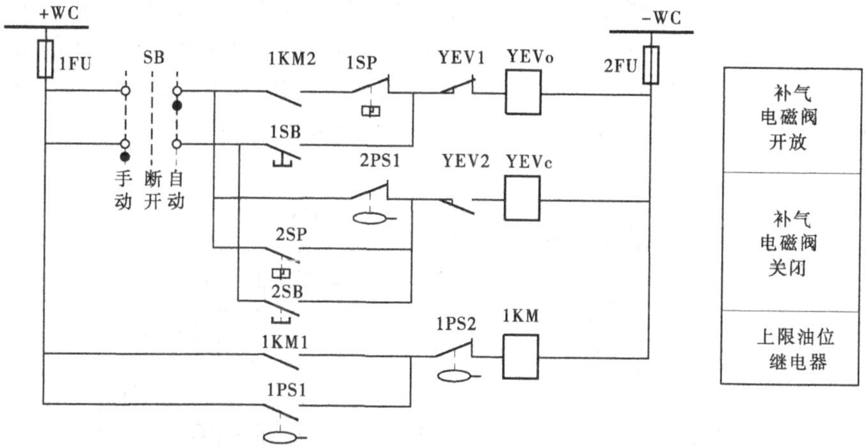

压力信号器图表

信号器＼压力	额定压力P_N	
1SP	——	
2SP		——
	P_N-1.5 kg/cm³	P_N+1.5 kg/cm³

液位信号器图表

信号器＼油位	下限油位		上限油位
1PS1			——
1PS2	——	——	
2PS1	——		

图 6-25　油压装置自动补气控制接线图

闭合,则补气电磁阀关闭线圈 YEVc 励磁,关闭补气阀,这样压力油槽可保持在额定油压,直到油位恢复到 30% ~35% 的压油槽体积时停止。

6.5.2 空气压缩装置储气罐气压的自动控制

空气压缩装置根据用气设备气压的高低分为低压空气压缩装置和高压空气压缩装置。低压空气压缩装置供调相压水及机组制动用气,高压空气压缩装置供调速器及主阀用气,高压空气压缩装置与低压空气压缩装置气压自动控制相类似,下面以低压空气压缩装置为例进行介绍。

空气压缩装置的自动化,必须实现下列操作:

(1)自动向储气筒充气,维持储气筒的气压在规定的工作压力范围内。

(2)在空气压缩机(简称空压机)启动或停机过程中,自动关闭或打开空气压缩机的无负荷启动阀。对于水冷式空压机,还需供给和停止冷却水。

(3)当储气筒的气压降低至工作压力下限时,备用压气机自动投入,并发出报警信号。

图 6-26 为水电站常用的低压空气压缩装置机械系统图。设置两台水冷式空气压缩机,正常情况下一台工作,一台备用。两只储气筒用于调相压水和其他技术用气,另一只储气筒用于供给机组制动用气,以保证制动气源的可靠性。为了实现自动控制,装设了四个压力信号器 1SP ~4SP,1YVV、2YVV 为无载启动电磁阀,1YVD、2YVD 电磁阀作为冷却水开启、关闭的电磁阀。

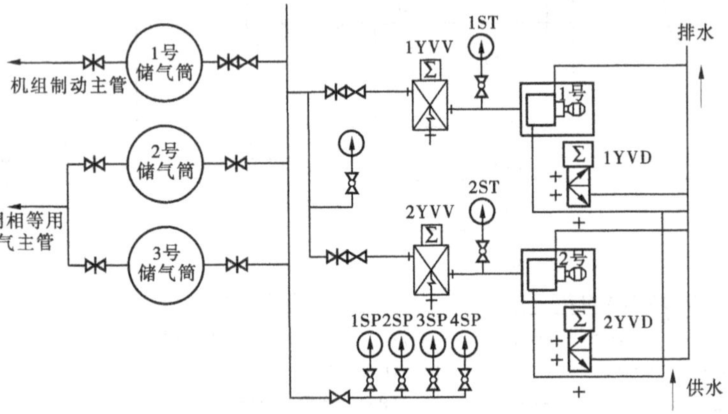

图 6-26 低压空气压缩装置机械系统图

图 6-27 为低压空气压缩装置自动控制电气接线图,是根据自动化要求和机械系统图设计的。从图中可知,所有操作都是借助于压力信号器 1SP ~

4SP、中间继电器1KM、2KM和切换开关1SH、2SH，以及磁力启动器1QC、2QC来实现的，可以自动、备用和手动操作。

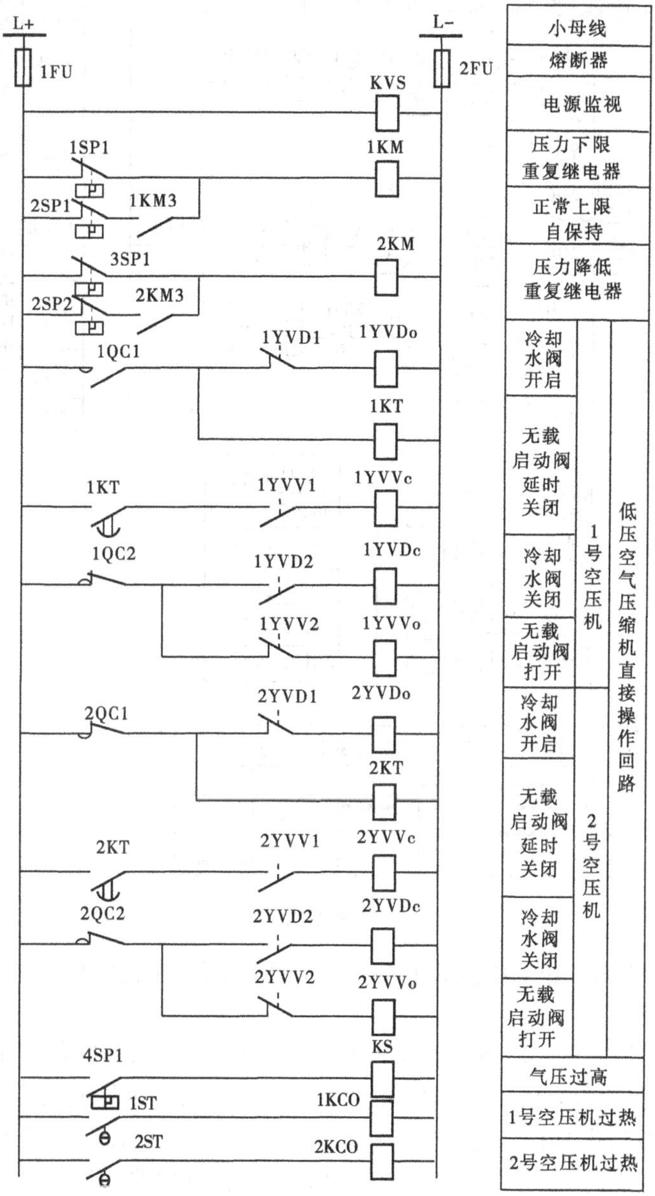

图6-27 低压空气压缩装置自动控制接线图

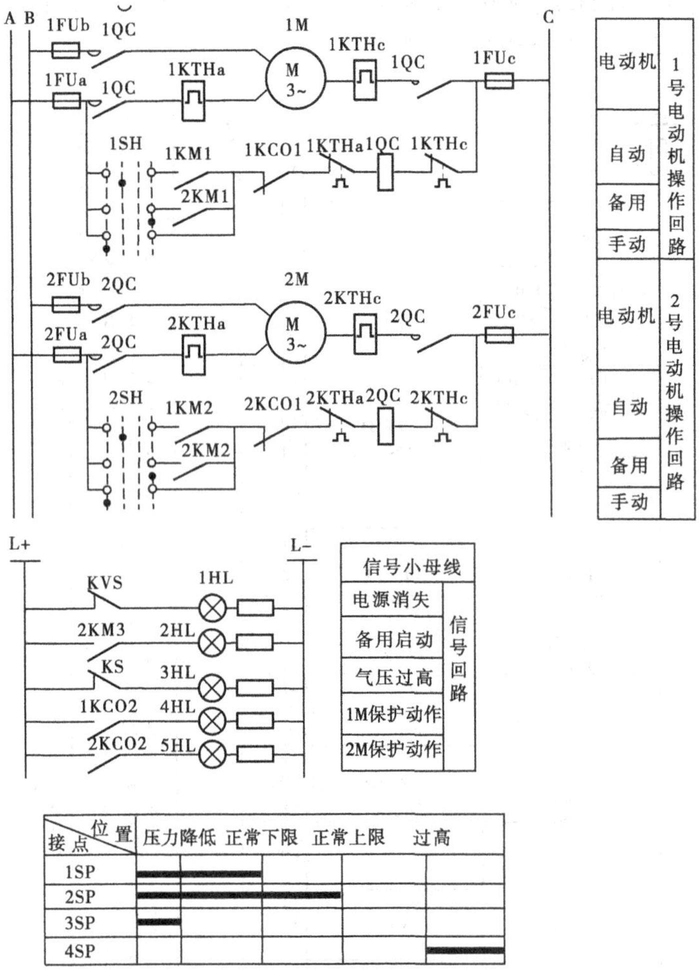

续图 6-27

现以 1M 为工作空压机的电动机、2M 为备用空压机的电动机为例，说明其操作过程。

(1) 自动操作。将 1SH 切至自动位置。当储气筒气压降低到工作空压机启动压力值时，压力信号器 1SP 动作，1SP1 触点闭合，重复继电器 1KM 启动，其触点 1KM3 闭合并自保持，1KM1 触点闭合使磁力启动器 1QC 励磁，其触点闭合，工作空压机的电动机 1M 启动。1QC1 闭合，1YVDo 励磁，打开冷却水电磁阀，同时 1KT 启动，其触点 1KT 延时闭合，使无载启动阀关闭线圈 1YVVc 励磁，1YVV 关闭，空压机向储气筒供气。当储气筒气压上升到额定值时，压力信号器2SP动作,2SP1断开,1KM失磁,1KM1触点断开,1QC失磁,1M停止工作。1QC2闭合,使无载启动阀开启线圈1YVVo励磁,打开1YVV,为下次启动创造条件,并排除汽水分离器中的凝结水。同时1YVDc励磁,冷却水电磁阀关闭。

(2)备用投入。当储气筒气压降低至备用空压机启动压力时,由于3SP1闭合使2KM启动,2KM2触点闭合,备用空压机的电动机2M启动。其启动和停止的控制过程与上述相似。

(3)手动操作。采用手动操作时,空压机的启动与停止不是由压力信号器控制,而是由运行人员根据压力表的指示,人工进行操作。当储气筒气压降低至空压机启动压力值时,运行人员手动将切换开关1SH或2SH至手动位置,使1QC或2QC励磁,启动1M或2M,其动作过程与自动操作相同。

在自动控制系统中,还考虑了各种保护和信号监视,包括:

(1)当备用空压机投入时,光字牌2HL信号灯亮。

(2)当空压机排气管温度及油温过高时,由温度信号器1ST或2ST接通保护回路,保护出口继电器1KCO或2KCO励磁,其触点1KCO1或2KCO1断开,1M或2M停机,同时使1KCO2或2KCO2闭合,光字牌4HL或5HL亮。

(3)当储气筒压力过高时,4SP动作使信号继电器KS励磁,其触点KS闭合,光字牌3HL亮。

(4)当电源消失时,操作电源监视继电器KVS动作,使其触点闭合,光字牌1HL亮。

水电厂内高压压缩空气系统的自动控制与低压压缩空气系统相似。

6.6　机组自动程序控制原理

各种水力机组的自动控制程序虽可能有许多差别,但其控制过程大体上是相同的。

6.6.1　机组启动操作程序

机组开机操作程序框图如图6-28所示。机组处于启动准备状态时,应具备下列条件:

(1)机组无事故,其事故引出继电器未动作,其动断触点闭合。

(2)机组制动系统无压力,监视其压力的压力信号器的动断触点闭合。

(3)接力器锁锭拔出,其动断辅助触点闭合。

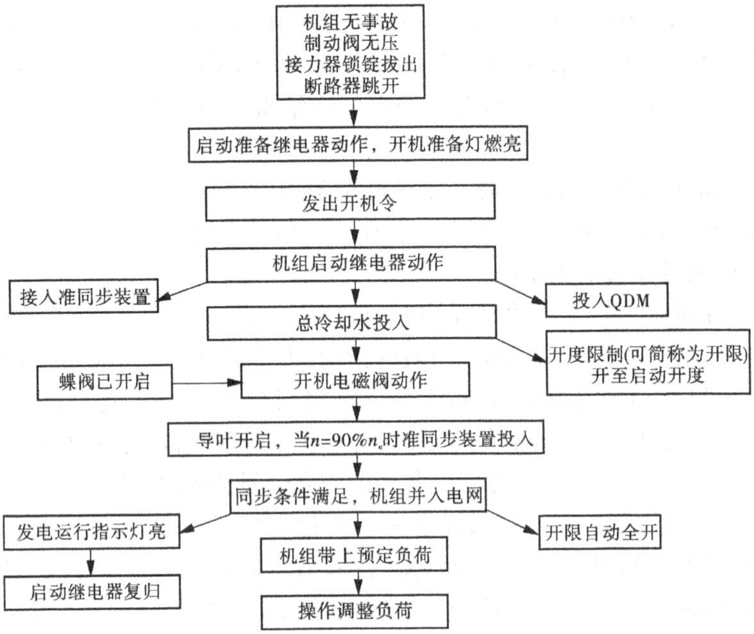

图 6-28　机组开机操作程序框图

(4)发电机断路器处于分闸位置,其辅助触点引出继电器未动作,其动断触点闭合。

上述条件具备时,机组启动准备继电器励磁,并通过其触点点亮开机准备灯。此时发出开机命令,机组启动继电器启动并自保持,同时作用于下列各处:

(1)开启冷却水电磁配压阀,向各轴承冷却器和发电机空气冷却器供水。

(2)投入发电机灭磁开关 QDM。

(3)接入准同步装置的调整回路,为投入自动准同步装置做好准备。

(4)接通开限机构的开启回路,为机组准同步并列后自动打开开限机构做好准备。

(5)接通转速调整机构增速回路,为机组同步并网后带上预定负荷做好准备。

(6)启动开、停机过程监视继电器,当机组在整定时间内未完成开机过程时,发出开机未完成的故障信号。

冷却水投入后,示流信号器动作,其动合触点闭合,将开限机构打开至空载开度位置;同时使调速器开机电磁阀励磁,机组随即按调速器启动装置的控制特性启动。

当机组转速达到额定转速的90%时,自动投入准同步装置,条件满足后发电机以准同步方式并入系统。并列后,通过断路器位置重复继电器作用于下列各处:开限机构自动从空载转至全开;转速调整机构正转带上一定负荷;发电运行继电器励磁,发电运行指示灯亮。

机组开机成功后,机组启动继电器复归,为下次开机创造条件。机组启动过程至此即告结束。

有功功率的调节,可借助于远方控制开关进行,使机组带上给定的负荷。

6.6.2 机组停机操作程序

机组停机包括正常停机和事故停机。其操作程序框图如图6-29所示。

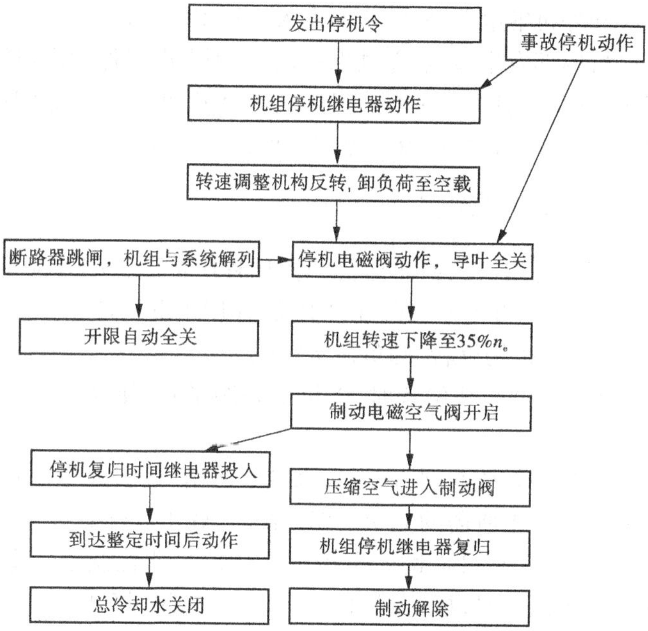

图6-29 机组停机操作程序框图

正常停机时,操作发出停机命令,机组停机继电器励磁,并由其动合触点闭合而自保持。然后按预先规定顺序完成全部停机操作,其操作程序如下:

(1)启动开停机过程监视继电器,监视停机过程。

(2)转速调整机构反转,卸负荷至空载。

(3)当导叶关至空载位置时,发电机断路器跳闸,机组与系统解列。

(4)导叶关闭至空载位置，待机组与系统解列后，导叶继续关至全关位置；同时使开限自动全关。

(5)机组转速下降到35% n_e 时，转速信号器动作，使制动系统电磁空气阀励磁而打开，压缩空气进入制动闸对机组进行制动，同时监视制动时间。

(6)延时 2 min 后，停机继电器复归，制动电磁空气阀励磁，压缩空气自风闸排出解除制动，监视停机过程和制动的时间继电器相继复归，停机过程即告结束。此时机组重新处于准备开机状态，启动准备继电器励磁，开机准备灯点亮，为下一次启动创造了必要的条件。

在机组运行过程中，如果调速器系统和控制保护系统中的机械设备或电气元件发生事故，则机组事故引出继电器将动作迫使机组事故停机。

事故停机与正常停机的不同之处在于，前者不等负荷减到零，同时使调速器停机电磁阀和停机继电器动作，从而大大缩短了停机过程。

如果发电机内部发生事故，差动保护动作，则发电机保护出口继电器既使机组事故引出继电器动作，又使发电机断路器 QF 和灭磁开关 QDM 跳开，以达到发电机和水轮机连锁保护及避免发生重大事故的目的。

6.6.3 发电转调相操作程序

机组由发电运行切换到调相运行的操作程序框图如图 6-30 所示。发出调相命令后，调相启动继电器励磁并自保持，作用于下列各处：

(1)使转速调整机构反转，卸负荷至空载。

(2)当导水叶关至空载位置时，停机电磁阀励磁，使导叶全关，同时使开限机构反转自动全关。

由于机组仍然与系统并列，且冷却水继续供给，机组即作调相运行，然后通过调节励磁即可发出所需的无功功率。此时，调相运行指示灯亮。

在调相运行过程中，可借助于电极式水位信号器控制给气电磁空气阀。当转轮室水位在上限值时，接通调相给气电磁空气阀，打开调相给气阀，使压缩空气进入转轮室。将水位压低至规定下限值时，关闭调相给气阀，压缩空气即停止进入转轮室。此后，如果由于压缩空气的漏损和逸出使转轮室水位又上升到上限值，则重复上述操作过程。

为了避免调相给气阀频繁启动，在给气管路上并联一条小支管，由调相补气电磁空气阀控制。在机组作调相运行期间，调相补气阀始终开启，以弥补压缩空气的漏损和逸出。

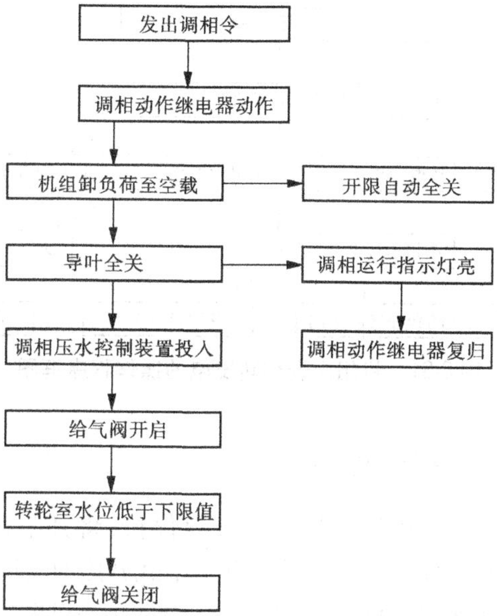

图 6-30 机组由发电转调相的操作程序框图

6.6.4 调相转发电操作程序

机组由调相转发电的操作程序框图如图 6-31 所示。机组在调相运行时，操作发出开机命令，使开机继电器励磁并自保持，同时作用于下列各处：

(1)使开限机构正转，开至空载开度，之后待导叶打开，开限机构则自动打到全开。

(2)调速器的开机电磁阀励磁，重新打开导叶。

(3)转速调整机构正转，机组自动带上一定负荷。

机组即转为发电方式运行，并点亮发电运行指示灯、关闭调相给气阀和补气阀。

6.6.5 停机转调相操作程序

当机组处于开机准备状态时，发出调相命令，则调相启动继电器励磁并自保持，同时开机继电器也启动并自保持。机组并网和开机继电器复归后，立即使停机电磁阀励磁，并将开限机构全关，将导叶重新关闭，使机组转入调相运行。此时，调相运行继电器励磁，其接点点亮调相运行指示灯，并使调相启动继电器复归。调相压水给气的自动控制过程与发电转调相的控制过程相同。

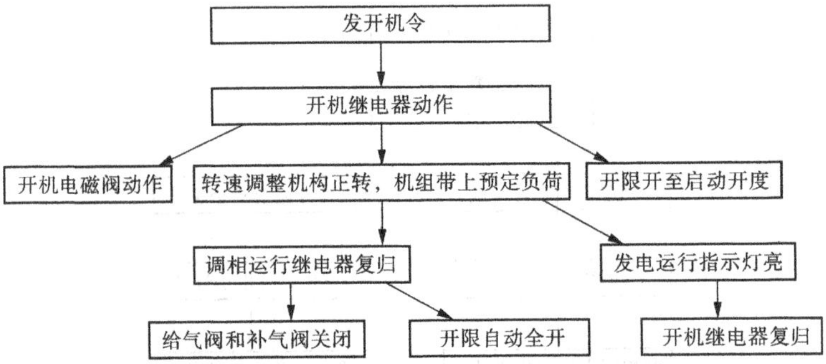

图 6-31　机组由调相转发电的操作程序框图

6.6.6　调相转停机操作程序

发出停机命令,使停机继电器励磁并自保持,将开限机构打开至空载开度,使机组转为发电运行工况。当导叶开至空载开度时,使调相运行继电器复归,发电机断路器跳闸,开限机构立即全关,同时使停机电磁阀励磁,将导叶全关,机组转速随即下降。以下动作过程与发电转停机过程相同。调相转停机操作时之所以要先打开导叶,是为了使转轮室充满水,使转轮在水中旋转(比在空气中旋转时转速下降得快),以缩短停机时间。

第7章 水电厂计算机监测与控制

7.1 概 述

7.1.1 水电厂计算机监控系统的发展过程

随着计算机技术的发展,水电厂监控的方式也发生了变化,计算机系统在水电厂监控系统中的作用及其与常规设备的关系也发生了变化,其发展过程大致如下。

7.1.1.1 以常规控制装置为主、计算机为辅的监控方式 CASC

早期因计算机价格高,而人们对它的可靠性没有足够的信任,因此水电厂的直接控制功能仍由常规控制装置来实现,计算机只起监视、记录、打印、经济运行计算、运行指导等作用。采用此方式时,对计算机可靠性的要求不是很高,即使计算机发生局部故障,水电厂仍能继续正常运行,只是性能有所降低。

这种控制方式的缺点是:功能和性能都比较低,并对整个水电厂自动化水平的提高有一定的限制,新建水电厂目前已很少采用。

对于已运行的水电厂,特别是中小型水电站,在常规监控系统的基础上加一些专用功能的全厂自动化装置,如自动巡回检测和数据采集装置、按水流或负荷调节经济运行装置等,也可取得良好的技术经济效益,投资也不大,对运行管理水平要求又不高,这种 CASC 方式还是可以采用的。

7.1.1.2 计算机与常规控制装置双重监控方式 CCSC

随着计算机系统可靠性的提高、价格的降低、技术人员对计算机实现监控的信任度的提高,让计算机直接参与控制已被人们所接受,但对它还是不够放心,所以出现了计算机与常规控制装置双重监控的方式。水电厂要设置两套完整的控制系统,一套是由常规控制装置构成的系统,一套是由计算机构成的系统,两者之间基本上是独立的。两套系统之间可以切换,互为备用,保证其能可靠工作。采用这种方式还基于以下原因:

(1)对于大型水电厂,由于其运行可靠性要求高,对计算机系统的可靠性仍有较大的顾虑,总觉得计算机系统没有常规系统可靠,要设一套常规系统作后备。

(2)原来的水电厂运行值班人员习惯于常规设备的操作,不熟悉计算机系统的操作,要有一个适应期。

(3)计算机系统检修时,常规系统可以投入运行,不影响电厂的正常发电。

(4)如果水电厂已有常规系统,加装计算机监控系统不影响电厂的正常运行。这一点对已运行水电厂的改造是有现实意义的。

采用这种方式的缺点是:由于需要设置两套完整的控制系统,投资比较大;由于两套系统并存,相互之间要切换,二次接线复杂,可靠性反而有所降低。目前新建水电厂已很少采用这种控制方式。

7.1.1.3 以计算机为基础的监控方式 CBSC

随着计算机系统可靠性的进一步提高、价格的进一步下降,出现了以计算机为基础的监控方式。采用此方式时,常规控制部分可以大大简化,平时全部采用计算机控制。因此,对计算机系统的可靠性要求就比较高,这可以采用冗余技术来解决,保证当某一单元或某局部环节发生故障时整个系统和电厂运行还能继续进行。采用此种方式时,中控室仅设置计算机监控系统的值班员控制台,模拟屏已成为辅助监控手段,可以简化甚至取消。

这种控制方式是目前水电厂较普遍采用的计算机控制方式。

7.1.1.4 取消常规设备的全计算机控制方式

随着计算机技术的进一步发展和水电厂计算机监控系统运行经验的积累,出现了以计算机为唯一监控设备的全计算机控制方式,实际上它是 CBSC 方式的延伸。此时,取消了中控室常规的集中控制设备,机旁也取消了自动操作盘。中控室有时还保留模拟显示屏,但其信息取自于计算机系统,不考虑在机组控制单元发生故障时进行机旁的自动操作。此时,对计算机系统的可靠性提出了更高的要求,冗余度也要进一步提高。

这种方式投资比较大,应用前景良好,已逐渐成为主要的水电厂计算机控制方式。

7.1.2 水电厂计算机监控系统及组成

7.1.2.1 水电厂计算机监控系统

计算机监控系统就是利用计算机(工业控制机或 PLC 等)来实现生产过程自动控制的系统。

1. 计算机监控系统的工作原理

典型的计算机监控系统原理如图 7-1 所示。在计算机监控系统中,由于控制计算机的输入和输出是数字信号,因此需要 A/D(模数)转换器和 D/A(数模)转换器。从本质上看,计算机监控系统的工作原理可归纳为以下 3 个:

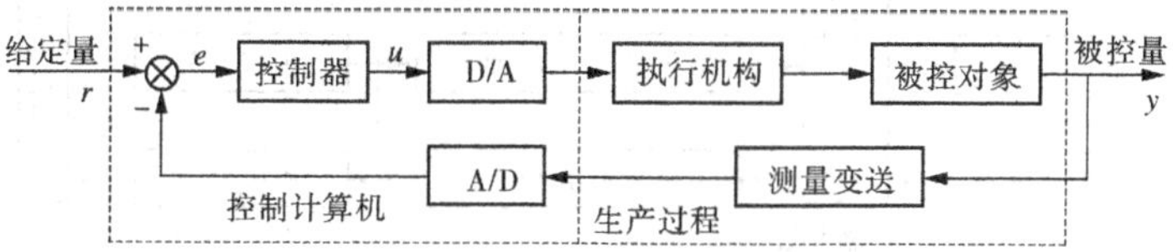

图 7-1　计算机监控系统原理

(1)实时数据采集。对来自于测量变送装置的被控量的瞬时值进行检测和输入。

(2)实时控制决策。对采集到的被控量进行分析和处理,并按已定的控制规律,决定要采取的控制行为。

(3)实时控制输出。根据控制决策,适时地对执行机构发出控制信号,完成控制任务。

上述过程不断重复,使整个系统按照一定的品质指标进行工作,并对被控量和设备本身的异常现象及时作出处理。

2. 在线方式和离线方式

在计算机监控系统中,生产过程和计算机直接连接并受计算机控制的方式,称为在线方式或联机方式;生产过程不和计算机相连且不受计算机控制,而是靠人进行联系并作相应操作的方式,称为离线方式或脱机方式。

3. 实时的含义

所谓实时,是指信号的输入、计算和输出都要在一定的时间范围内完成,即计算机对输入信息,以足够快的速度进行控制,超出了这个时间,就失去了控制的时机,控制也就失去了意义。实时的概念不能脱离具体过程,一个在线的系统不一定是一个实时系统,但一个实时控制系统必定是在线系统。

7.1.2.2　水电厂计算机监控系统的组成

计算机监控系统由工业控制装置和生产过程两大部分组成。工业控制装置是指按生产过程控制的特点和要求而设计的计算机,它包括硬件和软件两部分。生产过程包括被控对象、测量变送装置、执行机构、电气开关等装置。图 7-2 给出了计算机监控系统的组成框图。图中的控制装置可由工业控制机或 PLC 等构成，而生产过程中的测量变送装置、执行机构、电气开关都有各种类型的标准产品，在设计计算机监控系统时，根据需要合理地选型即可。

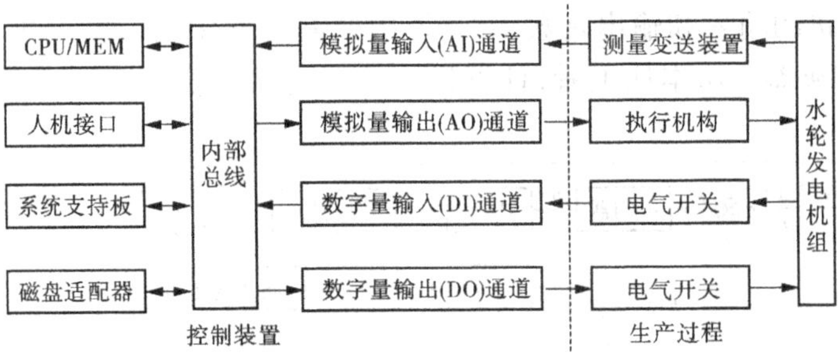

图 7-2　计算机监控系统的组成框图

7.1.3　水电厂计算机监控系统的功能

水电厂计算机监控系统需要实现的功能与水电厂的装机容量、机组台数、在电力系统中的重要性及承担任务的复杂性（如发电、航运、防洪、灌溉等）等因素有关，具体需要的功能可根据上述因素来确定。

7.1.3.1　数据采集和处理

水电厂各运行设备的参数需要经常进行巡回检测，检查它们是否异常（越限），并对数据库不断进行更新。这些参数通常按照被测量性质的不同分为模拟量、开关量、脉冲量、数码量、相关量、计算量等，其采集及处理方法各有特点。

1. 模拟量

模拟量是指电气模拟量、非电气模拟量和温度量等实测量。电气模拟量（常简称为电量）指电压、电流及功率等实测值。非电气模拟量（常简称为非电量）主要指转速、位移、压力、流量、水位、油位以及振动、摆度等。温度量属于非电气模拟量的一种，通过采集热电阻的变化来计算温度，虽然其变化速度一般较缓慢，但仍然是很重要的被测量，因此将其单列出来，称之为温度量。这些模拟量的处理主要包括信号抗干扰、数字滤波、误差补偿、数据有效性合理性判断、标度变换、梯度计算、越复限判断及越限报警、传感器失真和断线检测等，最后经格式化处理后形成实时数据并存入实时数据库。经处理后的模拟量可输出至模拟量表计，例如电厂模拟屏及其他盘柜上的电流、电压表计等。

通常对交流信号直接采集而得电气模拟量，即对直接引入 TV、TA 的信号，通过采集电压、电流值及电压、电流之间的相位，经过计算求出所需的各种电气量，如电压、电流、有功功率、无功功率、功率因数、频率及电能等，并通过通信接口实现其数据传送。交流采样的优点是省去了常规的变送器，简化了系统设计，减少了现场接线和设备的占地面积，降低了系统成本，并提高了测量精度，已得到了广泛的应用。目前专用交流量采集装置功能已较完善，很多产品集采样、显示、波形记录、智能分析和报警于一体，实现了数字化、智能化、网络化。就其结构而言，有设计成通用仪表机箱、专用机箱或计算机系统内的专用交流量采集模块等多种方式，可满足不同应用场合的各种要求。

2. 开关量

开关量即现场开关的位置信号，经变换后可转换为0、1型的数字信号。开关量包括中断型开关量和非中断型开关量两种。电厂的事故信号、断路器分合及重要继电保护的动作信号等作为中断型开关量输入。计算机监控系统以中断方式迅速响应这些信号，并自动进入中断处理程序来进行处理并报警。所谓中断方式输入，即采用无源接点输入、中断方式接收的方法引入事故信号。一旦这些信号发生变化，必须立即进行采集处理，并对断路器的位置信号、继电保护和安全自动装置的动作进行顺序记录，便于事后对事故进行分析。除中断型开关信号外的其他开关量，包括各类故障信号、断路器及隔离开关的位置信号、机组设备运行状态信号（停机、发电、调相等）、手动自动方式选择信号等均作为非中断型开关量输入，这些信号的采集通常采用扫查的方式。这类开关量信号处理的主要内容包括光电隔离、接点防抖动处理、硬件及软件滤波、数据有效性合理性判断等，最后经格式化处理后存入实时数据库。

开关量输出主要用来进行控制调节，通常是用接点的方式进行控制，用脉宽的方式进行调节。计算机在输出这些信号前进行校验，同时对输出继电器采取防误措施，使控制调节命令能正确执行。为保证信号的电气独立性及准确性，开关量输出信号也常经过光电隔离、接点防抖动处理等。

3. 脉冲量和数码量

脉冲量主要指有功及无功电能量，由于它采用脉冲累加的方式进行测量，因此称之为脉冲量。脉冲量的输入为无源接点或有源电脉冲，采用即时采集即时累加的方式。对脉冲量的采集处理包括接点防抖动处理、脉冲累计值的保持和清零、数据有效性判断、检错纠错等，经格式化处理后存入实时数据库。

数码量指的是独立微机检测装置的数字信号输出，如水位测量装置的数字量输出等，可直接将现地数码量，采用通信的方式送入监控系统。对其处理方法主要有光电隔离、数字滤波、检错处理、码制变换等，最后经格式化处理后存入实时数据库。

4. 相关量、计算量

相关量是用来进行数据合理性、合法性检验的工具，一般通过计算而得。它可以是开关量输入信号(包括中断型和非中断型)的“非”信号，并与原始信号始终保持这种关系，如果这种相反的“非”关系被破坏，则说明数据有错。

计算量是指非实测量。这些量是根据工程的需要通过计算后产生的，因此称为计算量，如各种累加值，全厂总功率，每班、每日累计发电量，发电机与输电线路的日、月、年发电量和输电量累加值，主变压器和厂用电量累加以及效率计算、特征值计算等。此外，在顺控流程中使用的部分量也是计算量，它有别于一般的实测开关量和模拟量，能使顺控流程保持较好的唯一性、易识别性等。

7.1.3.2 设备的操作监视和控制

对水电厂主要机电设备和油、气、水等辅助系统的各种设备进行操作监视和控制，主要包括机组工况的转换(如开机、停机、发电转调相、调相转发电等)、机组的同步并列、断路器和隔离开关的分合、机组辅助设备的操作、机组有功功率和无功功率的调整、变压器分接头有载调节等。

1. 开停机过程监视

开停机指令发出后，计算机监控系统自动显示相应的机组开停机画面。一般开停机画面显示的内容有机组接线图，开停机顺控流程，机组主要参数，P、Q、I、V 棒图，异常事件列表等。开停机过程的流程图实时显示开停机过程中每一步骤的执行情况，提示在开停机过程受阻时的受阻部位及其原因，进行分步执行或闭环控制等。

此外，设备操作还可采用典型操作票和智能操作票等方式。典型操作票即将各种典型的操作全部列出操作票，以备调用。智能操作票则是根据当时的实际情况列出相应的操作票，供操作员参考使用。

2. 设备操作监视

当要进行倒闸操作时，计算机监控系统能根据全厂当前的运行状态及隔离开关闭锁条件，判断该设备在当前是否允许操作，并自动执行该项操作。如果操作是不允许的，则提示其原因并尽可能地提出相应的处理办法。

3. 厂用电操作监视

当要进行厂用电系统操作时，监控系统根据当前厂用电的运行状态、设定的厂用电运行方式以及倒闸操作限制条件等，判断该厂用电断路器或隔离开关在当前是否允许操作，并自动进行操作，或给出相应的提示由人工进行操作。如操作允许则提示操作的先后顺序,否则提示其原因等。

4. 辅助设备控制及操作统计

水电厂的辅助设备一般采用两种方式控制:直接控制和干预控制。前者指电站的辅助设备直接由计算机监控系统进行控制,这主要适用于重要设备或大型设备。而一般情况下则是采用干预控制的方式,即正常情况下,由辅助设备的控制系统自主闭环进行控制,计算机监控系统不加干预,仅在特殊情况下,才由计算机监控系统或人为进行干预,并由计算机监控系统进行操作统计。这些统计结果可用来分析设备运行的状况。

5. 紧急控制和恢复控制

机组发生事故和故障时应能自动跳闸和紧急停机。电力系统发生故障或失去大量负荷(如频率过低或过高)时,能迅速采取校正措施和提高稳定措施,如增加机组出力,投入备用机组,或将机组转入调相运行,切除机组等,使电力系统能及时回到安全状态。当系统稳定后,进行恢复控制,使电厂恢复到事故前的运行工况。

以上操作和控制还涉及控制权限的问题。设备的操作权一般分为远方、中控室及现地三级。远方操作命令来自于上级调度,根据电厂的实际情况而定,中控室操作属于电厂一级控制,而现地控制则在机旁完成。控制权可以切换,一般在中控室设置。但现地控制具有优先权,便于设备的检修和调试,当处于远方控制时,一旦发生事故或由于其他原因需人为干预,控制权自动地切换到电厂端,便于事故的及时处理。控制权的设定包括两方面的内容:其一是操作员控制台允许操作的设定,通常计算机监控系统设置 2 ~ 3 台控制台,但某一段时间对于某台设备只允许一个控制台能操作,以免操作出错或命令冲突,即只有一个控制台为操作台,其余均为监视台,当操作完毕或操作员离开时,可将另一控制台设置成操作台;其二是操作员权限的设定,即根据系统管理员、维护人员、运行人员的责任,对监控系统的掌握及熟练程度等分别给予一定的权限,以确保电厂设备及计算机监控系统的安全。

7.1.3.3 设备运行安全监视

电厂运行安全方面的监视涉及正常工况、异常工况、紧急状况的监视,监视的内容包括越、复限,故障及事故,异常趋势等。计算机监控系统为运行值班人员、运行主任、总工及厂长对全厂各主、辅助设备的运行状态进行实时监视提供手段和工具。由于各级监视人员的职责不同,其监视的内容也各不相同。监控系统可以按照预先设定的职责设定监视的级别及范围,并随时对监视内容的设定进行更改。

(1)越、复限监视。越、复限监视主要是对异常情况进行监视,如过电压、过电流、温度异常升高等。监视的参数通常包括电量、非电量、温度量等。对这些参数设置允许运行的范围,如高限、高高限或低限、低低限等。一般情况下当参数超出高限或低限时,发报警信号,而当出现超越高高限或低低限时,则动作于跳开关或停机。在出现参数越、复限后要进行的处理包括越限报警,越、复限时的自动显示、记录和打印,对于重要参数及数据还将进行越限后至复限前的数据存储及召唤显示,启动相关量分析功能进行故障原因提示等。

(2)事故顺序判别。当断路器异常跳闸、重合闸动作等情况出现时,监控系统将立即以中断方式响应并及时记录事故名称和发生时间,记录相关设备的动作情况,自动推出相关画面,必要时进行打印,进行事故原因分析,提示处理方法。计算机监控系统能将发生的事故及相应设备的动作情况按其发生的先后顺序记录下来,记录的分辨率根据电厂要求一般为1~5 ms。

(3)事故追忆和故障录波。发生事故时,对一些与事故有关的参数的历史值和事故期间的采样值进行显示和打印,参数主要有重要线路的电压、电流、频率和机组的电压、电流等。

(4)故障状态显示。计算机监控系统定时扫查各故障状态信号,一旦发现状态变化,将及时记录故障名称及其发生时间,随之在画面上显示并发出音响报警。计算机监控系统对故障状态信号的查询周期一般不超过2 s。

(5)趋势分析。对发电机定子温度、轴承温度、主变压器油温等进行趋势记录和分析。正常情况下,这些量变化的速率应在一个给定的范围内。当趋势变化速率超过限值时发出报警信号。这实际上是一种预警信号,便于及时采取措施预防烧瓦等事故的发生。

7.1.3.4 自动发电控制AGC

水电厂自动发电控制的任务是在满足各项限制条件的前提下,以迅速、经济的方式控制整个水电厂的有功功率来满足电力系统的需要。其主要内容如下:

(1)根据给定的水电厂需发功率,同时考虑调频和备用容量的需要,计算当前水头下水电厂的最佳运行机组台数和组合。

(2)根据水电厂供电的可靠性、机组设备的实际安全和经济状况确定应运行哪台机组。

(3)对并列运行机组间实现负荷的经济分配。

(4)校核各项限制条件,如机组空蚀振动区、下游最小流量、下游水位变化等,不满足时进行各种修正。

7.1.3.5 **自动电压控制 AVC**

自动电压控制是在满足水电厂和机组各种安全约束条件下，比较高压母线电压的实测值和设定值，根据不同运行工况对全厂的机组做出实时决策（改变励磁），或改变联络变压器分接头有载调节位置，以维持高压母线电压稳定在设定值附近，并合理分配厂内各机组的无功功率，尽量减少水电厂的功率消耗。

7.1.3.6 **运行日志及报表**

当水电厂采用计算机监控之后，从运行管理上并不要求每天都打印或填报运行日志或各种报表，但生成这些日志和报表还是必要的，以备日后需要时打印或在屏幕上调阅。

(1)运行日志。水电厂的运行日志用来记录每台机组当日运行参数，如发电机机端电压、定子电流、有功功率、无功功率、发电量、耗水量及效率等，此外还有并列输电线路的相关参数等。当前运行日志通常存于计算机硬盘或光盘中，不需要每天打印。

(2)操作记录。对水电厂中主辅设备的操作和自动操作进行记录，包括开(停)机操作记录、断路器和隔离开关的分合记录、油水气系统电动机的启停记录、各种闸门的启闭记录等。

(3)其他记录。除操作记录外还有事故记录、故障记录、报警记录、保护动作记录、自诊断记录等，并由此汇总一览表，以便对比分析。

(4)设定值或参数修改记录。水电厂中的各种参数，除主辅设备的参数外，还包括监控的参数、保护定值设定等，如有修改或变更，应记录下修改的时间和修改的内容，并存入数据库以备随时查询。

7.1.3.7 **事件统计**

从运行情况评价及“无人值班”(少人值守)验收的要求来看，电厂各种事件的统计记录是非常重要的一个评价依据，如开停机成功率的统计、无事故安全运行天数的统计(常称安全记录)、一年中发电或检修天数的统计等。

(1)开停机成功率的统计。一次成功的开机指的是在完全没有人为因素的干预下，计算机监控系统接到开机令后，在规定时间内能自动开机并接入电网发电的过程。有的电厂在统计成功率时，将由于主辅设备原因而造成开机不成功的事件排除，因而开机成功率实际上变为监控系统的开机成功率，但这并未反映电厂实际开机操作的水平。

(2)事故或故障统计。事故或故障统计也是评价电厂运行水平的一个依据，记录统计的内容包括事故或故障的对象和性质、事故发生的时间、恢复的时间、一年(或月)中发生事故的次数等。

(3)参数越、复限统计。参数越、复限统计的内容主要包括参数的名称、越限的时刻和数值、复限的时刻及越限持续的时间长短以及在一段时间内越限出现的次数等。

(4)设备投退统计。这里包括设备与功能的投退统计,如发电机的投退时刻及运行或退出的累计时间统计,AGC 的投退时刻及运行或退出的累计时间统计等,由此可计算设备的投入率及累计运行时间。

7.1.3.8 数据通信

水电厂计算机监控系统内部各设备之间都存在数据通信的问题,其通信的方式和速率与监控系统的结构模式有关,反之,通信方式和设备的选择又直接影响监控系统的性能指标,甚至影响到监控系统是否能正常工作。由于通信技术的快速发展,合理选择通信方式是监控系统选型或设计的重要内容之一。

监控系统应能与调度、水情测报系统、溢洪闸门控制系统、大坝安全监测系统、航运管理系统、厂内技术管理系统等实现通信。

监控系统内部通信包括水电厂级与现地控制单元级之间及现地控制单元与调速器、励磁调节器、同步并列装置之间的通信。

7.1.3.9 人机界面

人机界面通常用 CRT 显示器或 LED 显示器来实现,主要用于人机会话,操作员、程序员发令,CRT 屏幕对各种命令进行应答。虽在实现水电厂“无人值班”(少人值守)后现场没有人员操作,但采用人机界面来查询现场状况,进行故障诊断、设备检修后的功能测试以及人员的培训仿真等还是十分必要的,对于未实现“无人值班”(少人值守)的水电厂则显得更为重要。除上述各种功能外还要进行频繁的日常操作。

屏幕显示画面的主要种类有电厂主接线,机组操作画面,线路操作画面,油、水、气系统图,厂房剖面图,各种显示表格等,采用的显示方式有单线图、棒图、曲线图、格状图及各种图元图标等。

人机界面是运行人员对全厂生产过程进行安全监控,维修人员对监控系统进行管理、维修、开发的必需手段,应包括以下内容:

(1)系统控制权的设置和切换。

(2)机组及重要设备的状态设置。

(3)测点和设备的投运。

(4)参数整定值和限值的修改。

(5)电厂运行方式的设置和切换。

(6)各种画面的调用。

(7)各类打印和报表。

(8)操作票显示和在线修改。

(9)机组启停和工况转换操作。

(10)断路器及隔离开关的分合操作。

(11)机组有功功率和无功功率的调整。

(12)AGC 和 AVC 功能设置和参数设定。

(13)故障和事件报警处理。

7.1.3.10 自诊断和远方诊断

监控系统诊断功能主要包括自诊断和远方诊断两部分。监控系统应具备完善的自诊断能力,能够及时发现自身故障,并指出故障部位,还应具备自恢复功能,即当监控系统出现程序死锁或失控时,能自动恢复到原来正常运行状态。

远方诊断依赖于网络技术的发展,可以远方进行诊断,这对于水电厂计算机监控系统是很有实际意义的。要求水电厂维修人员的知识面覆盖主机、辅机、通信、其他厂用设备以及监控等多个方面,是不切实际的,再加上分析、检测工具不是很完备,要完全自行诊断有一定困难,而生产厂家人员专业专注,设备、工具齐全,进行远方诊断有一定优势。从实际情况看,远方诊断能发挥很好的技术支撑作用,但同时也需考虑通信或网络的安全问题。

7.1.3.11 多媒体功能

多媒体技术在水电厂监控系统中的应用是多媒体应用技术的一个突破,在应用方式、应用风格、涉及的技术上均有突破,且与多媒体在出版、音像等领域的应用有很大的差别,可以说开辟了一个崭新的应用领域:将多媒体技术与工业电视结合,实现视频监视;将多媒体技术与报警结合,实现语音报警及远方电话查询;将多媒体技术与动画技术结合,实现屏幕显示的动画功能;将多媒体技术与常规的人机界面结合,实现屏幕显示的实景化等。

7.1.3.12 仿真培训

正常情况下,水电厂均由计算机监控系统进行监控,运行人员不需要进行任何操作,久而久之,他们对操作变得生疏,如监控系统发生故障,往往不知所措,因此需要定期对运行人员进行仿真培训。

仿真培训功能是在不涉及水电厂生产设备的情况下,对水电厂运行和检修人员进行基本知识技能、模拟操作和事故处理等方面的培训,以提高水电厂人员的素质，保证水电厂安全运行。

7.1.3.13 事故的自动处理

事故的自动处理是一项难度极大，目前尚处于研究探讨阶段，但潜在意义极大的功能。

水电厂发生事故后往往需要在极短时间（几秒或几十秒）内对事故情况作出正确判断，及时采取有效措施，防止事故扩大，并转入安全工况运行。目前，这些均由运行人员进行人工处理。人的反应能力有一定的局限性，不可能在这么短的时间内掌握并处理大量信息，并对事故情况作出正确的判断，更谈不上采取及时有效的处理对策了。而事故处理的好坏在很大程度上又取决于运行人员的经验和临场处置的能力。特别在发生重大事故时，运行人员处于高度紧张的状态下，很容易发生操作失误，导致事故的进一步扩大，造成更为严重的后果。许多事例说明了这一问题的严重性。即使不发生失误，运行人员采取的各项措施不一定都是最合适的。因此，需要建立一套科学的自动处理事故的方法，能以科学规则和准则为基础，自动寻找最佳的处置策略，以期达到最佳的效果。

计算机的人工智能专家系统正是解决这类问题的良好帮手，可以迅速地对收集到的每一个报警信息，根据其对事故的重要性和紧急程度进行相关处理和排除，把一些无关紧要的信息屏蔽掉，再对剩下的信息进行综合分析。根据存在计算机内的操作规程、事故处理规程、过去处理事故的经验和实例以及一些准则，推出相应的事故处理对策。

7.1.4 水电厂计算机监控系统的主要性能指标

水电厂计算机监控系统的性能要求主要包括系统先进性、实时性（响应时间）、可靠性、可维护性、实用性、安全性、可扩充性等方面。

7.1.4.1 实时性（响应时间）

水电厂计算机监控系统要对水电厂的生产过程进行实时的监视和控制，因此要求有足够快的响应速度，也就是要有好的实时性。设备发生异常时，要很快地检测出来；发生事故时，要能快速记录下各项事件的先后顺序；运行操作人员从控制台发出命令后，应能快速得到响应和执行；实现自动发电控制和自动电压控制时，计算机需进行大量计算，希望能很快得到计算结果，实现控制。其主要内容如下：

（1）主控级的响应能力应该满足系统数据采集、人机通信、控制功能和系统通信的时间要求。

(2)现地控制单元的响应能力应该满足对生产过程的数据采集和控制命令执行的时间要求。

(3)主控级计算机的计算能力和控制的响应时间应满足机组控制的实时要求。

(4)电站计算机监控系统要采用同步时钟校正实时时钟。

7.1.4.2 可靠性、可利用率

可靠性对电力系统来说是至关重要的。采用计算机监控后,对计算机监控系统提出了很高的可靠性要求。表明系统可靠性的指标有事故平均间隔时间(MTBF)和平均停运时间(MDT),常见的还有平均检修时间(MTTR),通常用小时(h)计。

主控计算机(含磁盘)的 MTBF 应大于 8 000 h,现地控制单元的 MTBF 应大于 16 000 h。MTTR 由制造单位提供,当不包括管理时间和运送时间时,一般可取 0.5 ~1 h。

在实际应用中,需遵守以下一般性准则:

(1)单一控制元件(部分)的故障不应导致运行人员遭受伤害或设备严重损坏。

(2)单一控制元件(部分)的故障不应使电厂的满出力严重下降。

(3)当部分设备的功能丧失时,系统应防止发电能力的全部丧失。也就是说,要将事故限制在一定范围内。

(4)不应有不能进行检查、维护或更换的控制元件。

与可靠性紧密相关的是可利用率(A),即表征控制系统在任何需要时间内能够工作的指标。希望可利用率尽量接近 100%,它与 MTBF 和 MDT 的关系如下:$A = MTBF/(MTBF + MDT)$。

可利用率是计算机控制系统的一个重要指标,为了提高整个系统的可利用率,不仅要求组成系统的各组件有很高的内在利用率,而且要求一旦发生故障能迅速进行检修或更换。监控系统在电厂验收时的可利用率指标分为 99.9%、99.7% 和 99.5% 三档。

为提高系统的可靠性、可利用率,可以采取以下措施:①增加冗余度;②改善环境条件;③抗电气干扰;④减少元件数量;⑤设置自诊断,及时找出故障点;⑥在设计时要特别注意增加系统结构的可靠性。

7.1.4.3 可维修性

系统中的故障要便于发现,有故障的模块要便于更换。为了便于维护,通常要求控制系统由种类不是很多的硬件组成,这样可以减少备件的储备数量。

设计上应要求能在不间断控制系统运行的情况下更换有故障的模块。

7.1.4.4 系统安全性

在考虑系统安全性时应遵循以下原则：

(1)正常情况下水电厂计算机监控系统的主控级计算机、现地控制单元LCU均能实现对主要设备的控制和操作，并保证操作的安全和设备运行的安全。

(2)计算机系统故障时，上一级的故障不应影响下一级的控制和操作功能及安全，即主控级故障时，不应影响现地控制单元级的功能。

(3)当现地控制单元级发生故障，甚至整个监控系统同时故障时，监控系统不具备正常的控制和操作功能，但仍应有适当措施来保证主要设备的安全，或者将它们转换到安全状态。

系统的安全包括操作安全、通信安全和软件、硬件安全。

保证操作安全性的措施有：

(1)对系统每一功能和操作提供检查和校核，发现有误时能报警、撤销。

(2)当操作有误时，能自动或手动地被禁止并报警。

(3)对任何自动或手动操作可作提示指导或存储记录。

(4)在人机通信中设操作员控制权口令，其级数应不小于4级。

(5)按控制级实现操作闭锁，其优先权顺序为，现地控制单元级最高，主控级第二。

保证通信安全性的措施有：

(1)系统设计应保证信息传送中的错误不会导致系统关键性故障。

(2)主控级与单元控制级的通信包括控制信息时，应该对响应有效信息或未响应有效信息作明确肯定的指示。当通信失败时，应考虑2~5次重复通信并发出报警。

(3)通道设备上应提供适当的检查手段，以证实通道正常。

保证硬件、软件安全的措施有：

(1)应有电源故障保护和自动重新启动功能。

(2)能预置初始状态和重新预置。

(3)有自检能力，检出故障时能自动报警。

(4)设备故障能自动切除或切换到备用设备上，并能报警。

(5)软件具有无扰动自恢复能力。

(6)软件系统应有防止计算机常规病毒侵入的能力。

(7)任何硬件和软件的故障都不应危及设备的完善和人身的安全。

(8)系统中任何地方单个元件的故障不应造成生产设备误动或拒动。

7.1.4.5 可扩性

水电厂的设备配置与自然条件有很大的关系。由于自然条件不同,设备的配置就有很大的差别,这要求控制系统的设计能适应这种较大的差别。另外,水电厂要实现的控制功能和控制系统的规模也可能随时间而变化。起初一般要求实现的控制功能不多,后来要求增加,就要求控制系统能适应这种扩充的要求。有的水电厂运行一段时间后,要求扩充容量,增加机组,也就要求控制系统能方便地加以扩充。为实现这种可适应性(可扩性),模块化和采用总线结构都是有效的措施。不仅硬件可以模块化,软件也可以模块化。每个模块具有简单的功能,复杂的功能可以依靠若干个模块的组合来完成。实现模块化后,可进行批量生产,制造质量可提高,从而使可靠性得到提高。软件模块化可以大大减少开发软件所需的工时。采用总线制,便于系统的扩展,当需要增加模块时,只需在总线上插入必要的插件即可,不必重新接线,接口可大大简化。

为了便于扩展,系统设计时要留有一定的裕度,电厂控制级计算机的存储容量应有40%以上的裕度,通道的利用率宜小于50%,接口应有一定的空位。

另外,主控级计算机CPU和现地控制单元CPU的负载率,在正常情况下应小于40%,重载情况下不超过50%。

7.1.4.6 简单性和经济性

在能完成要实现功能的前提下,系统应力求简单。系统越简单,可靠性越高,价格也越便宜。一个控制系统要有生命力,一定要在经济上是合理的,没有必要追求最先进、最复杂的计算机和其他控制设备。

7.1.4.7 使用寿命

监控系统的使用寿命可以有两种不同的含义:一种是物理上的使用寿命,即不能再继续使用了,这种使用寿命比较长;另一种是道义上的使用寿命,系统运行一段时间后,虽能继续使用,但性能已经下降,或者已经不适合新的要求,也就是说技术上比较陈旧,再使用下去已经不合算了。此外,还有一种可能,运行若干年后,由于技术上落后,制造单位不再生产这方面的备件,而原有备件用完了,控制系统也就不能再运行了,不得不更换新的系统。

设计计算机监控系统时,必须考虑到所采用的系统要有一定的先进性。

7.2 水电厂数据采集和处理

7.2.1 数据分类

在水电厂计算机监控系统中，数据采集主要是实现生产过程以及与过程有关的环境监视和控制信号的采集、处理和传输。其主要数据包括以下几种：

（1）模拟输入量，指将现场的电量和非电量直接或经过变换后输入到计算机系统接口设备的模拟量。适合水电厂计算机监控系统的模拟输入量，参数范围包括 0～5 V（DC）、0～10 V（DC）、0～20 mA、±5 V（DC）、±10 V（DC）、±20 mA、4～20 mA 等几种。

（2）模拟输出量，指通过计算机接口设备输出的模拟量。水电厂中经常采用的输出标准为 4～20 mA 或 0～10 V（DC）。

（3）数字输入状态量，指生产过程的状态或位置信号输入到计算机系统接口设备的数字量（开关量），此类数字输入量一般使用二进制的一位“0”或“1”来表示两种状态。

（4）数字输入脉冲量，指生产过程中经计算机过程通道的脉冲信息输入，由计算机系统进行脉冲累加的一位数字量，但其处理和传输属模拟量类型。

（5）数字输入 BCD 码，指将其他设备输出的数字型 BCD 码量输入到计算机系统接口设备。一个 BCD 码输入量一般要占用 16 位数字量输入通道。

（6）数字输入事件顺序记录 SOE 量，指将数字输入状态量定义成事件信息量。要求计算机系统接口设备记录输入量的状态变化及其变化发生的精确时间，一般应能满足 1～5 ms 分辨率要求。

（7）数字输出量，指经计算机系统接口设备输出的监视或控制的数字量。一般数字输出量要经过光电隔离。

（8）外部数据报文，指将生产过程或外部系统的数据信息以异步或同步报文形成通过串行接口与计算机系统交换的数据。

7.2.2 水电厂信息源及其特性

7.2.2.1 水电厂信息源

水电厂信息源可按设备分布位置、设备对象或控制系统结构划分。按设备对象划分，比较方便和普遍，可归纳为以下种类：

（1）发电机的信息：定子绕组及铁芯温度、推力轴承和导轴承温度、轴承油温、空气冷却器进出口的水流和空气温度、轴承油位、轴振动、推力轴承高压油系统、机组消防系统、机组制动系统、冷却系统及继电保护系统等信息。

(2)发电机励磁设备的信息:励磁主回路测量、励磁设备监视及保护等信息。

(3)发电机机端和中性点设备的信息:机组电气测量和机组运行监视信息。

(4)变压器的信息:主变压器电气测量、绕组温度、油温、冷却系统、抽头位置及中性点接地等信息。

(5)机组/变压器、断路器和开关的信息:主断路器位置、隔离开关位置、接地开关位置、GIS 气压监视、断路器操作设备监视、隔离开关操作设备监视等信息。

(6)水轮机的信息:导轴承温度、导轴承油温、导轴承油位、轴密封水流、轴冷却水流、轴空气围带气压、轴振动、轴承油混水、导叶剪断销、导叶/喷嘴位置、锁锭位置、桨叶位置、蜗壳水压、尾水管压力、尾水管水位、水轮机润滑系统等信息。

(7)调速器的信息:机组转速信号、过速保护、机组蠕动、机组转速测量、开度限制位置、导叶开度、开/停电磁阀位置、功率设定反馈、压油罐油压、压油罐油位、调速器运行方式、调速器设备监视等信息。

(8)引水系统设备的信息:进水口闸门位置、进水阀位置、压力管道压力、平压阀门位置、尾水门位置、上下游水位、引水管流量、引水系统控制设备控制信息等信息。

(9)厂用交/直流电源设备的信息:高压厂用变压器电气测量和监视、高压厂用断路器位置、高压厂用母线测量和监视、高压厂用电源备自投监视、低压厂用电源备自投监视、厂用直流系统监视等信息。

(10)全厂公用设备的信息:高压空压机系统监视、低压空压机系统监视、渗漏排水系统监视、检修排水系统监视、技术供水系统监视等信息。

(11)开关站设备的信息:输电线路和母线电气测量、断路器位置、隔离开关位置、接地开关位置、GIS 气压监视、断路器操作设备监视、隔离开关操作设备监视、开关站继电保护系统等信息。

(12)外部系统的信息:消防系统监视、上下游水文参数、泄洪设备状态及泄洪流量、上级调度系统的调度计划等信息。

(13)计算机监控系统提供的输出信息:主要是过程设备需要的控制信息。

7.2.2.2 水电厂信息数据特征及分类

水电厂信息源包含大量信息，根据其特征可作以下分类。

模拟输入量可分成电气模拟量和非电气模拟量两大类。电气模拟输入量包括电流、电压、功率、频率的变换量，这类模拟量主要特征是变化快，对其测量应具有较快的响应速度。在运行管理中电气模拟量是直接的目标值，要求监测响应快，测量值准确，记录项详细。非电气模拟输入量包括温度、压力、流量、液位、振动、位移、气隙等，这类非电气模拟量可经变换器转换成电气模拟量。这些非电气模拟量在水电厂生产过程中大多变化较为缓慢，大部分是作为运行设备的状况监视，一般在运行监视中按变化范围设定报警限值。这样，对它们的测量响应大多不要求很快，测量精度也不必太高，记录项可详可简。

数字输入量按水电厂应用需求及其信息特征可分为数字状态点类型、数字报警点类型、事件顺序记录 SOE 点类型、脉冲累加点类型和 BCD 码类型等五种类型。前三种类型共同点是数字量均为设备的状态量，不同点是在对信息和记录的处理要求上具有差别。其中，数字状态点为操作记录类型；数字报警点为故障报警记录类型，除状态变化记录外，还应有音响报警；SOE 点为事件顺序记录类型，除状态变化记录外，还应包含分辨率项目和事故音响报警；脉冲累加点类型记录一位数字脉冲，按定时或请求方式冻结累加量并产生报文数据信息；BCD 码类型取并行二进制数字量，为取值完整、准确，应按并行方式采集。

7.2.2.3 水电厂信息点数

水电厂信息点数随水电厂的具体情况而变化。机组台数越多，机组容量越大，输电线路回数越多，电压等级越高，其监测的信息数据就越多。

7.2.2.4 水电厂信息数据流

水电厂计算机监控系统已广泛采用分层分布式结构，实现了数据库分布和功能分布，数据采集也相应地按分布结构进行处理。首先是对过程控制信息就地采集处理，供现地控制使用。而主控层即电厂控制层则从现地控制层中采集或调用数据，并按分层分布数据库复制传送。

7.2.3 水电厂数据采集和处理要求

7.2.3.1 数据采集要求

水电厂数据采集是计算机监控系统最基本的功能，从中可以获取大量的过程信息。数据采集功能的强弱会直接影响整个系统的品质。为实现计算机监控任务，水电厂数据采集应该满足下列几个方面的要求。

1. 实时性

(1)对电量采集实时性的要求。一般情况下,电量有效值的采样周期不应大于1 s,最好能提高到0.2 s,这更有利于提高系统的实时性。为了保证能准确采集电量瞬时值或波形,采样周期一般应小于2 ms。

(2)对非电量采集实时性的要求。对那些需要作出快速反应的非电量,如轴承温度、轴振动、轴摆度、发电机气隙和流量等的采样周期应不大于1 s。其他大多数非电量的采样周期可在1~20 s内选择。

(3)对数字量采集实时性的要求。数字状态点、数字报警点、脉冲累加点和BCD码的采样周期一般要求不大于1 s,尽可能提高一些,这将有利于提高系统实时性。

对于SOE点的采集应有快速的响应,宜采用中断方式。

2. 可靠性

在生产过程中采集的数据往往会附带各种干扰信号,这不仅会使采集数据失真,严重时可能损坏系统,因此要求对过程通道、数字接口和接地设备等硬件系统采取有效的保护措施,可靠地防止干扰,同时在软件上还要分别采取防错纠错的手段。下面是《水力发电厂计算机监控系统设计规范》(DL/T 5065—2009)中规定的相应最低限度值。

1)模拟输入通道的抗干扰水平应达到的限度

(1)共模电压大于200 V DC或AC峰值。

(2)共模干扰抑制比(CMRR)大于80 dB。

(3)常模干扰抑制比(NMRR)大于60 dB。

(4)抗静电干扰(ESD)大于2 kV。

2)数字输入通道的抗干扰水平应达到的限度

(1)浪涌抑制能力(SMC)大于1 kV。

(2)抗静电干扰大于2 kV。

(3)防止输入接点抖动应采用硬件和软件滤波,防抖时间约为25 ms。

(4)防止硬件设备受电磁干扰的影响。

3. 准确性

在数据采集过程中,对模拟量数据而言,准确性就是测量精度,它是两个方面的综合值。一方面是A/D转换的精度,其中包含环境温度变化的影响;另一方面是模拟量变换器的精度。其综合精度应满足生产过程监控的准确性要求。

对于数字量,数据准确性要求除状态输入变化稳定可靠外,对数字SOE

点还需要有状态变化的精确时间标记，其基准时钟应满足记录精度要求。

4. 简易性

数据采集随数据类型、数据量的不同使其复杂程度有所不同，因此数据采集设备的软件和硬件的配置，应具有简易性，其中包括模块类型或容量增减方便，维护测试容易。

5. 灵活性

随着水电厂运行和管理模式的改变，对监控系统数据采集功能和性能可能会有不同的要求或有修改变化的要求，如改变采样周期、改变采样方式、改变报警级别、改变限制值、改变死区值等，数据采集系统应能灵活设置以满足上述变化要求。

7.2.3.2 数据处理要求

为满足对水电厂生产过程监控的要求，从对过程接口设备的操纵到采集数据的传输或数据存储，都必须将采集的数据进行相应的处理。

1. 数字输入状态量的处理

一个数字输入状态量的数据处理一般应包括下列内容：

(1)地址/标记名处理。

(2)扫查允许/禁止处理。

(3)状态变位处理。

(4)输入抖动处理。

(5)报警处理。

(6)数据质量码处理。

2. 模拟输入量的处理

一个模拟输入量的数据处理一般应包括下列内容：

(1)地址/标记名处理。

(2)扫查速率处理。根据模拟输入量的类型和数量可以考虑选取不同的扫查速率。

(3)扫查允许/禁止处理。根据被测模拟输入量或输入通道的正常/异常状况，应能对其实现扫查允许/禁止处理。

(4)工程量变换处理。当模拟输入量变换成二进制码后，还须按实际工程量进行变换计算。

(5)测量零值处理。当模拟输入量为零值，其输入变送器或 A/D 转换模块的精度使测量值不为零时，经数据处理后测量值应为零。

(6)测量死区处理。在数据采集中被测量变化小到可以忽略时，往往采取设置测量死区，将被测量在测量死区范围内的变化视为无变化。

（7）测量上、下限值处理。测量上、下限值通常有二级，即上限、下限和上上限、下下限。当被测量超过限值时，应该进行报警。

（8）测量合理限值处理。测量合理限值一般取传感器上、下限值。当传感器或通道故障，被测量超过合理限值时，该点应禁止扫查。

（9）测量上、下限值死区处理。当被测量超过限值后，若其仍在限值上下很小范围内变化，将会造成频繁报警。设置测量上、下限值死区，使被测量只有返回到限值死区以外时才能退出报警状态。

（10）越限及梯度越限报警处理。根据被测量各类越限报警的重要程度，设定不同的报警级别，以及建立报警时间标记。

3. SOE 输入量的处理

一个 SOE 输入量的数据处理一般包括下列内容：

（1）地址/标记名处理。

（2）扫查速率/中断处理。

（3）扫查允许/禁止处理。

（4）防接点抖动处理。

（5）状态变位处理。

（6）时间标记处理。

（7）报警处理。

4. 数字脉冲输入量的处理

一个数字脉冲输入量的数据处理除包括数字状态输入量的处理功能外，还要求有脉冲计数冻结处理和脉冲计数溢出处理。

5. 趋势记录处理

对模拟输入量的变化趋势进行处理有利于对运行设备的监控和维护管理，如对轴承温度、轴承油温、定子绕组温度、变压器油温、轴承油位、油罐油位等的变化趋势，可以按不同的时间间隔（采样时间）绘成趋势曲线。一般采用短趋势记录较多，如取 5 s、15 s、60 s 为间隔时间，可做成 1 h、8 h 或 24 h 的记录。此外，也可设置长趋势记录，按 1 h 或 1 d 为间隔时间，可做成 1 月或 1 年的记录。趋势记录的采样值可以取即时值、平均值等，对一个趋势记录还可以考虑做最大值、最小值或最大变化率的处理。

6. 追忆记录处理

追忆记录是对某些模拟输入量进行短时段的密集记录，它采用先进先出的记录方式，一旦遇到事故发生就将此记录保存下来。一个完整的追忆记录一般可以分为两个时段，即事故前时段和事故后时段。按照需要，这两个时段长短和采样间隔时间可以不同。一般追忆记录采样速率为 1 次/s，记录时间长度不小于 180 s，事故前 60 s，事故后 120 s。

7. 历史数据处理

水电厂的生产管理需要对实时数据进行统计分析，也就是要对实时数据做集中和计算处理。建立的历史数据可按以下分类定义：

(1) 趋势类。包含采样速率、每个记录最大采样点数、趋势记录数。

(2) 累加类。包含保持周期、每个记录最多点数、累加记录数。

(3) 平均值类。包含保持周期、每个记录最多点数、平均值记录数。

(4) 最大/最小值类。包含保持周期、每个记录最多点数、最大/最小记录数。

7.2.4 标度变换

生产过程中存在的各种各样的物理量，如温度、压力、液位、流量、电流及电压等，有着不同的数值和量纲。所有这些待测参数经过变送器转换成 A/D 转换器所能接收的信号，其范围一般为 0 ~ 5 V 的电量，再由 A/D 转换器转换成数字量，对应 12 位数字量范围为 0 ~ 0FFFH，而这个十六进制数范围相当于十进制数 0 ~ 4 095。可见，在计算机中，生产过程中的参数都转换成一个相同的二进制数位范围中的数值存放在计算机中，有如图 7-3 所示的变换关系。

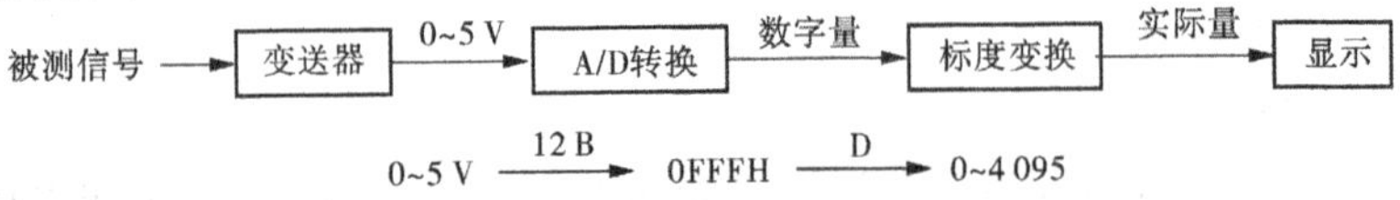

图 7-3 信号变化示意图

为了进行显示、记录、打印及报警，提供运行人员监视和控制需要，必须把这些存放的二进制数字量转换成对应不同量纲的物理量数值，所进行的这种转换称为标度变换。

最基本的标度变换可分为以下两类。

7.2.4.1 线性参数的标度变换

对于线性仪表（如传感和变送器件），由图 7-3 所示关系存在以下等式：

$$\frac{A_x - A_0}{A_m - A_0} = \frac{N_x - N_0}{N_m - N_0} \tag{7-1}$$

式中 A_0——一次测量仪表的下限；

A_m——一次测量仪表的上限；

A_x——实际测量值；

N_0——仪表下限所对应的数字量；

N_m——仪表上限所对应的数字量；

N_x——测量值所对应的数字量。

A_0、A_m、N_0、N_m 对于某一待测参数来说，其值是常数。当 A_0 和 N_0 设定为0时，数字量 N_x 转换为对应实际物理参数 A_x，此时式(7-1)可写成：

$$A_x = \frac{A_m}{N_m} N_x \tag{7-2}$$

式(7-2)为线性转换关系条件下的标度算式，当具体参数的一次仪表量程已知时，A_m/N_m 为一常数，称为标度系数。

7.2.4.2 非线性参数标度变换

当测量传感器件或变送器件的输出与被测量是非线性关系时，则其标度变换算式应根据具体问题具体分析得到，首先是求出它所对应标度变换的基本算式，然后进行设计。例如，水轮机的过流量用蜗壳断面测流法来测取时，若已知蜗壳测流系数 K，可按式(7-3)计算水轮机流量 Q。

$$Q = K\sqrt{\Delta P} \tag{7-3}$$

式中 ΔP——断面测点压差。

当计算机测得断面压差 ΔP 的数字量为 N_x，考虑下限值 $Q_0=0$ 及 $N_0=0$ 时，则流量的标度变换式为

$$Q_x = \frac{Q_m}{\sqrt{N_m}}\sqrt{N_x} \tag{7-4}$$

式中 Q_m——对应压差上限 ΔP_m 的流量上限。

7.3 计算机监控系统内部通信与软件结构

水电站监控系统各设备之间的信息交换即通信，是保证监控系统协调运行的重要方面。一般认为，计算机系统已经从以 PC 机为基础的时代跨入了以网络为基础的时代。当今计算机监控系统与网络技术已融为一体。不少计算机生产厂商都把网络软件作为基本操作系统的一部分，与计算机系统一并提供给用户。

7.3.1 监控系统中的计算机网络

7.3.1.1 计算机网络的发展过程

计算机网络是计算机技术与通信技术相结合的产物，利用计算机网络不

但可以实现软硬件和数据资源的共享,执行分布式处理,还可以完成集散型实时控制,提高计算机的可靠性和可用性。到目前为止,已经先后出现了四代计算机网络。第一代计算机网络出现于20世纪60年代初,以多重线路控制器为基础,通过调制解调器和公用电话网,可以实现单个计算机与多个远程终端的连接,这种网络一般是以单个主机为中心的星型网,各个终端通过通信线路共享主机的软硬件资源,因此也称为面向终端的计算机通信网络;第二代计算机网络出现于60年代末,以分组交换网ARPA－NET为代表,建立在通信子网即分组交换网的基础上,主机和各个终端都处于网络的外围并共同构成资源子网,用户可以共享整个网络上的软硬件资源;第三代计算机网络出现于70年代后期,以ISO制定并提出开放系统互连基本参考模型OSI/RM为标志,它的最大特征是分层次的体系结构,目前世界上最大的网络因特网即属于这一代网络,需要说明的是,因特网并未采用OSI/RM体系结构,而是采用被称为TCP/IP协议的体系结构,但由于其在整体上还是采用分层次的体系结构,故仍可以归为第三代计算机网络;第四代计算机网络出现于90年代,以综合化和高速化为其最大特征,是目前最先进的一代网络,它采用异步转移模式ATM的新的快速分组交换方法,实现多种业务的综合,与70年代提出的窄带综合业务数字网(N－ISDN)相对照,这种新型网络也被称为宽带综合业务数字网(B－ISDN)。

7.3.1.2 计算机网络的分类

计算机网络可以从以下不同的角度进行分类:

(1)根据计算机网络的逻辑功能进行分类,可以分为资源子网和通信子网,前者用于提供软硬件和数据等共享资源,以及访问网络和处理数据的能力;后者用于完成数据的传输、交换和控制。两者的相互关系如图7-4所示。

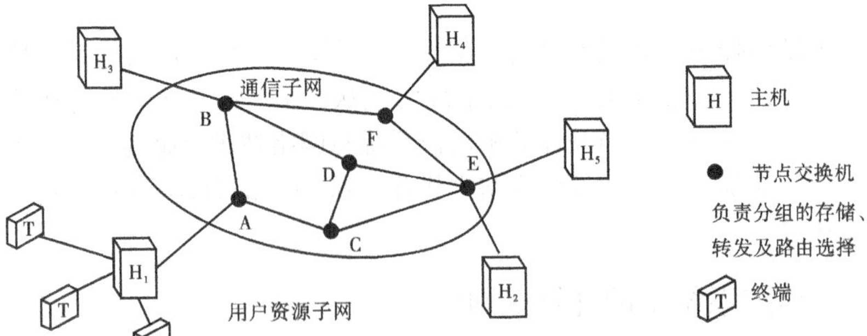

图7-4 资源子网和通信子网示意图

(2)根据网络的交换功能进行分类,可以分为四种类型,即电路交换、报文交换、分组交换和混合交换。从网络的通信协议进行分类,可以分为基于冲突的网络,如 CSMA 网;没有冲突的网络,如令牌环(Token ring)网和令牌传递总线(Token Passing Bus)网。

(3)根据网络的作用范围进行分类,可以分为广域网 WAN、局域网 LAN 及介于两者之间的城域网 MAN。

(4)根据网络的使用范围进行分类,可以分为公用网和专用网。

(5)根据网络的拓扑结构进行分类,可以分为总线型、环型、星型、树型和点到点互连型五种类型。下面分别介绍实际应用中最为广泛的前三种拓扑结构的网络。

1. 总线型(Bus Topology)

总线型拓扑结构如图 7-5 所示,所有节点都并行地连接到公共总线上,且所有节点都通过公共总线发送和接收信息,信息数据本身与节点是否接收无关,最终自然消失。由于总线是公用的,当同时有两个节点需要发送信息时,就会发生碰撞,所以总线网上各节点均设有检测碰撞的设备,以避免碰撞的发生,保证在任何时间只有一个节点发送信息。另外,由于公共总线是无源的,其传送的信号存在衰减,因此要对公共总线长度和节点数进行控制。

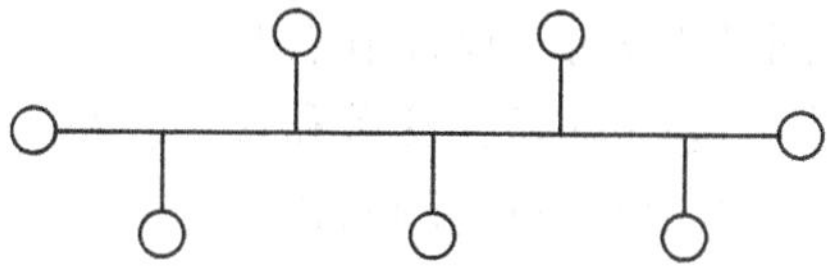

图 7-5 总线型拓扑结构示意图

总线型网络的优点是:结构简单,网上各节点地位平等,简化了各节点之间的连接;传输速率较高,基带传输可达 100 Mb/s,能满足实时响应要求;网络软件较简单,协议标准化程度较高,几乎各种型号的微机都可直接入网互联;能自动重构,当一个子站或总线耦合器发生故障时,网络中其他部分可以重构成一个新的整体;可扩性强,当用户需要扩充或更新某些设备时,只要增减相应的工作站和硬软件模块即可,不必变动整个系统,整个网络的工作也不必停止;系统设计和配置具有积木组合性,可以配置成各类型的系统,以适应各种要求和环境。

其缺点是:系统信息吞吐量不够大,会出现碰撞问题;实时性差;总线出现故障,则会造成整个网络不能工作。

2. 环型(Ring Topology)

环型拓扑结构如图7-6所示,所有节点都通过中继器连接到一个简单的闭合回路上,并通过该闭合回路发送和接收信息。信息的传送从发送节点出发,顺序经过闭合回路上的各个节点,最后回到发送节点。在环型网络中没有主从计算机之分,每台计算机均可作为主计算机向各计算机存取信息,这属于有源的点到点连接。令牌是计算机获得主动权的标志,令牌按次序逐个传递。

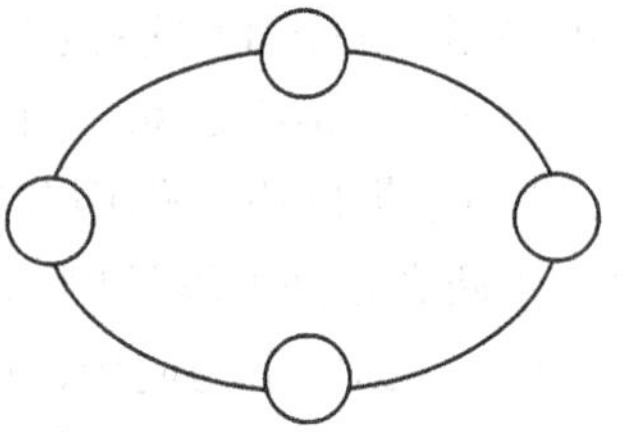

图7-6 环型拓扑结构示意图

环型网络的优点是:结构简单,容易控制,传输速率较高;数据吞吐能力较大,不会出现碰撞问题;采用环型回路,不会出现信息反射;信息流在网络中是沿固定方向流动的,简化了路径选择的控制。

环型网络的缺点是:由于中继器为有源装置,结构复杂;可靠性较差,单个节点或闭合回路出现故障,都会造成整个网络不能正常运作;可扩性弱,要增减网中子站时,必须拆开环路,停止工作,进行节点安装,各节点的地址和相应的传递软件均需变更。

3. 星型(Star Topology)

星型拓扑结构如图7-7所示,所有节点都仅与中心节点相连,并通过中心节点发送和接收信息,信息的传送集中由中心节点控制,该中心节点通常被称为集线器,接收来自各发送节点的信息并转发到相应的接收节点,因此存在瓶颈效应。

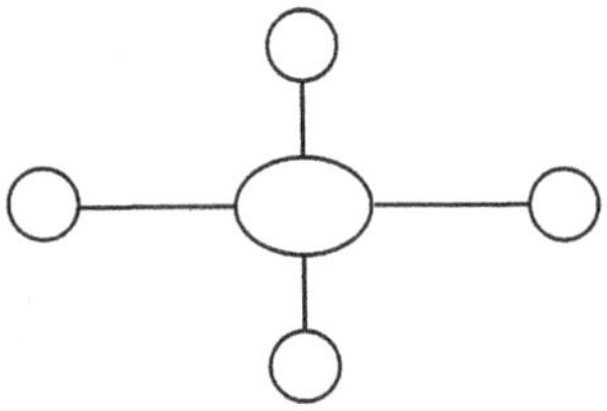

图7-7 星型拓扑结构示意图

星型网络的优点是:结构简单,容易实现,线路的传输效率高。

星型网络的缺点是:通信线路的利用率低,可靠性较差,一旦中心节点出现故障,就会导致整个网络崩溃;网络中各节点的信息都送至中央计算机,使其负担加重,通信速度慢,电缆投资也较大。当水电厂机组台数较多时,问题更为严重。对此可增设前置机,由前置机负责采集和处理各单元级送来的信息,而前置机与中央计算机和图形工作站等设备则可采用总线网络连接,这样可以缓解上述矛盾。

星型网络一般用于机组台数不多的水电厂。

上述三种类型的网络各有千秋,从可扩展性方面考虑,总线型网络最好,星型网络最差,环型网络居中;从实时性方面考虑,当网络负载率低时,总线型网络较好，当网络负载率高时，环型网络较好；从可靠性方面考虑，总线型网络最好，星型网络最差，环型网络居中。综合分析比较，总线型网络是较为理想的网络类型，在网络负载率低时，其优势尤其明显。

7.3.1.3　网络的传输介质

计算机网络的通信最终都需要以某种能量形式的编码数据通过传输介质实现传送，因此有必要了解常用的网络传输介质，即双绞线、同轴电缆和光纤。

1. 双绞线

双绞线是最普通的传输介质，一对双绞线是由包裹有绝缘材料的两根由高纯度的铜制成的导线有规则扭绞而成的，通常将若干对双绞线捆成电缆，在其外面加上护套，如图 7-8 所示。双绞线虽然制作简单，但可有效地限制两根导线中的任意一根发出电磁信号干扰另外一根，同时可以阻止其他导线中的电磁信号干扰这两根导线。若在双绞线的外面套上一个用金属丝编织而成的屏蔽层，则可以进一步地增强其抗外界干扰能力，称之为屏蔽双绞线，而未加屏蔽层的，称之为无屏蔽双绞线。双绞线的传输速率一般可达 1 Mb/s 左右，适合于低速传输的场合，且传输高频信号时损耗较大，但由于其成本低，也较可靠，因此仍被大量采用。

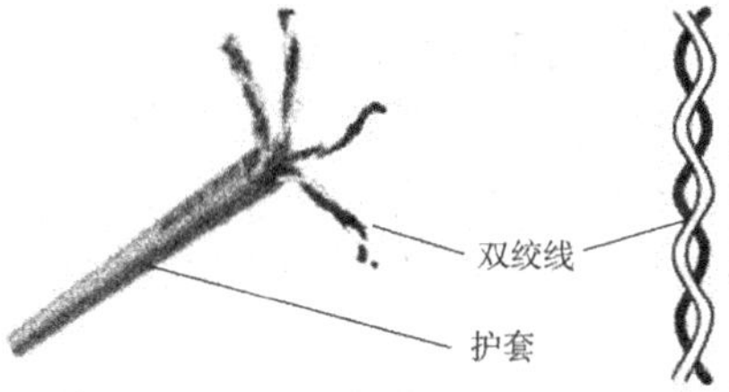

图 7-8　双绞线示意图

2. 同轴电缆

同轴电缆是另一种使用铜质导体的传输介质，由中心内导体、绝缘层、网状编织的外导体屏蔽层及保护塑料外套或钢带从里到外包裹而成，其剖面构成如图 7-9 所示。与双绞线相比，同轴电缆的传输通频带更高，传输损耗更小，机械强度更大，且抗外界干扰能力更强，适合于较高速率的信号传送，但因其结构更为复杂，所以成本较高。

通常按照特性阻抗值的不同，可以将同轴电缆分为 50 Ω 同轴电缆和 75 Ω同轴电缆两大类。

50 Ω 同轴电缆通常用于数据通信中，传送基带数字信号，也被称为基带同轴电缆。50 Ω 同轴电缆在传送基带数字信号时，通常采用曼切斯特（Man-

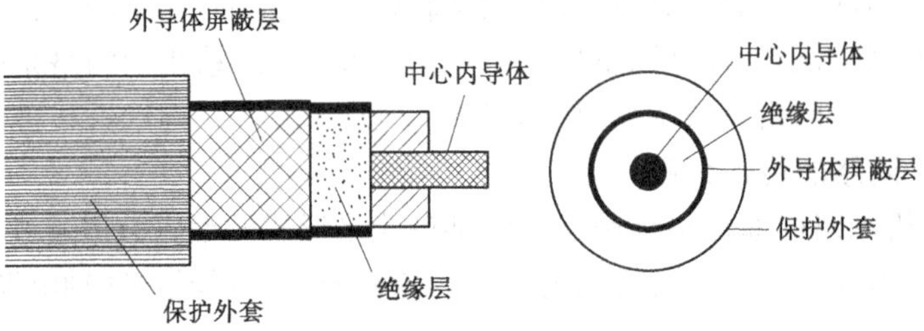

图 7-9　同轴电缆的剖面构成示意图

chester)编码或具有更好抗干扰性能的差分曼切斯特编码,一般传输速率越高,所能传输的距离越短,其在局域网中得到了广泛应用。

75 Ω 同轴电缆是公用天线电视系统 CATV 的标准传输电缆,通常用于模拟传输系统中,传送采用频分复用技术的宽带信号,也被称为宽带同轴电缆。75 Ω 同轴电缆虽为传送模拟信号而设计,但也可传送数字信号,这时需要在发送时将其转换为模拟信号,在接收后又将模拟信号转换为数字信号。

3. 光纤

光纤是基于光脉冲传送的新型传输介质,其剖面构成如图 7-10 所示,主要由折射率较高的纤芯和折射率较低的包层构成,因此光脉冲可以全反射的形式,几乎无损耗地在由高纯度石英玻璃拉制而成的纤芯中传播。由于光纤非常脆弱,通常将若干根光纤做成比较结实的光缆,一根光缆中包括一至数百根光纤,以满足工程施工的强度要求。图 7-11 为典型的四芯光缆剖面示意图。

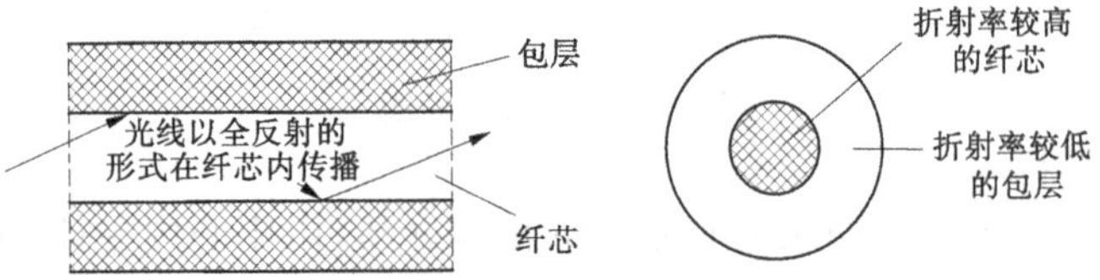

图 7-10　光纤的剖面构成示意图

光纤具有以下优点:传输频带宽,通信容量大;传输损耗小,中继距离长;体积小,质量轻;光纤通信既不会引起电磁干扰也不会受外界的电磁干扰,尤其适用于强电磁干扰的场合。但光纤存在安装和修复难度较大的缺点,而且价格较高。目前使用的光纤有单模光纤和多模光纤两大类。

7.3.1.4　局域网通信协议

国际标准化组织 ISO 制定的开放系统互连参考模型 OSI/RM、美国电气

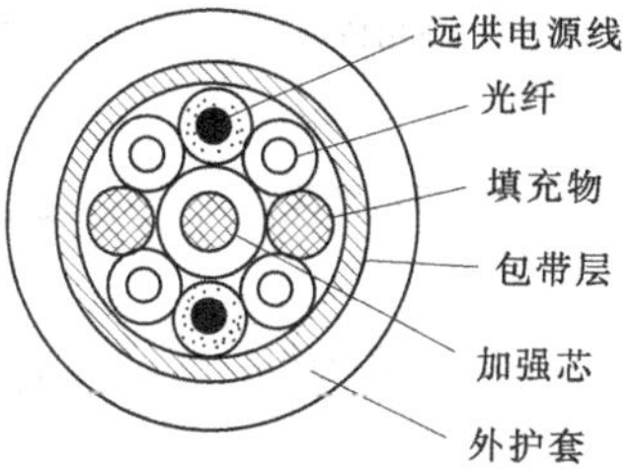

图7-11 典型四芯光缆剖面示意图

IEEE 制定的 IEEE802 局域网标准、TCP/IP 协议是当前最主要的网络通信协议标准。

1. OSI/RM 概述

OSI/RM 于 1981 年被提出，从逻辑上将网络的功能分为七层。最低层为物理层，向上依次为数据链路层、网络层、传输层、会话层、表示层，最高层为应用层，其体系结构如图 7-12 所示。每一层分别执行一个定义好的性质不同的功能，所有这些功能组合成整个标准化网络通信协议，而各层的通信协议实际上是在各对等层之间传递数据时的各项规定。这种分层模型的优点是：各层所完成的功能划分得很清楚，使分层设计得以简化；各层相当独立，使分层设计灵活方便。

各层的基本定义阐述如下：

(1)物理层。该层对应于基本网络硬件，定义了通信节点之间的电气连接和机械物理连接方面的细节。目前比较常见的物理层协议有美国电子协会(EIA)的 RS232C、RS422A、RS423A，国际电报电话委员会(CCITT)的 CCITTX. 21 及 CCITTX. 24 等。

(2)数据链路层。该层包括媒体存取控制 MAC 子层和逻辑链路控制 LLC 子层，规定了把数据组织成数据帧及在网络中传输数据帧的方式。目前比较常见的数据链路层协议有高级数据链路控制(规程)HDLC 和同步数据链路控制(规程)SDLC。

(3)网络层。该层控制网络中各节点之间的报文交换及路由选择，包括地址的分配和数据包的转发等。目前比较常见的网络层协议有 CCITTX. 25。

(4)传输层。该层提供传输层实体端点之间的可靠报文传送，是最关键的协议之一，传输层以上的各层均不再涉及信息传输的问题。

(5)会话层。该层在协同操作的情况下，建立、组织和协调两个相互通信的应用进程之间的交互。

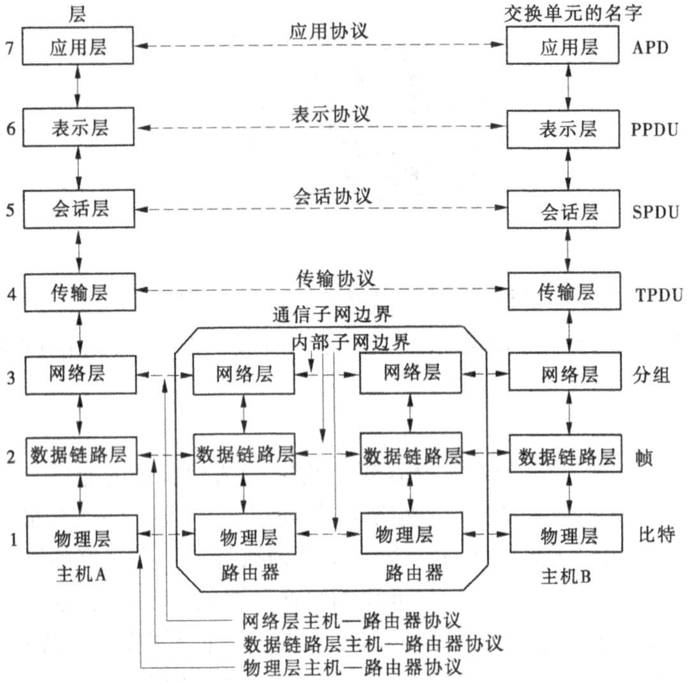

图 7-12　OSI/RM 体系结构示意图

(6)表示层。该层规定表示信息的方式,主要解决用户信息的语法表示问题。如协调各种不同的计算机、终端、数据库和语言在格式上的差异,执行数据,格式和代码的转换等。该层为应用层提供了必要的信息。

(7)应用层。该层是 OSI/RM 的最高层,直接面向用户,规定应用程序使用网络的方式,为用户提供应用进程和系统管理的功能,包括通信服务、文件传送服务和虚拟终端服务等。应用层是最复杂的一个层次,所包含的协议数量最多。

在 OSI/RM 体系结构中,两台计算机的应用程序之间是如何实现信息交流的？如图 7-13 所示,计算机 A 中的应用程序进程 AP_A 从发送端的第 7 层应用层向下依次传到第 1 层物理层,然后以比特流的形式通过网络的物理媒体传到第 1 个节点,从该节点的第 1 层上传到第 3 层(网络层),完成路由选择后,再下传到第 1 层,然后通过网络传到第 2 个节点,依此类推,最后传到接收端,从第 1 层上升到第 7 层后,到达计算机 B 的应用程序进程 AP_B。其中,通过物理媒体传输的比特流实际上由多重数据组合而成,如图 7-14 所示,在计算机 A 的应用程序进程 AP_A 将其需要传输的 AP 数据从发送端的第 7 层向下依次传到第 1 层的过程中，首先是 AP_A 将 AP 数据交给第 7 层作为第 7 层的数据单元，第 7 层的数据单元加上若干比特的第 7 层控制信息交给第 6 层作为第 6 层的数据单元，依此类推，每一层都接收上一层的数据单元及上一层的控制信息作为本层的数据单元，然后加上本层的控制信息，传递给下一层作为下一层的数据单元。直到第 2 层，该层的控制信息被分成两部分并分别加到本层数据单元的首部和尾部，而第 1 层最底层由于传送的是二进制比特流信号，所以不再加上控制信息。

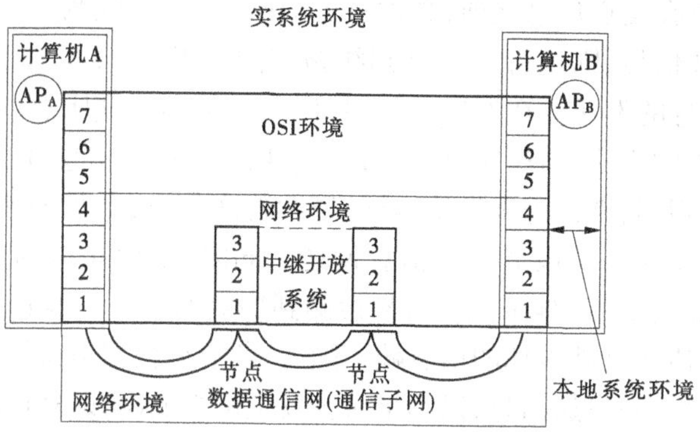

图 7-13　应用程序间数据流向示意图

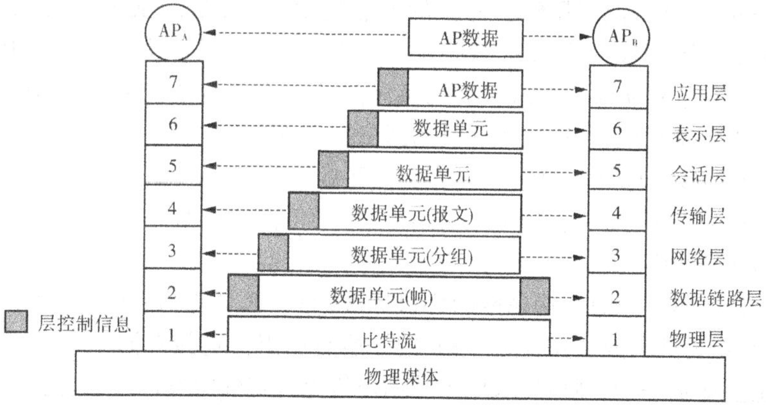

图 7-14　应用程序间数据流的组成示意图

当比特流通过网络的物理媒体传送到接收端时，还需要从接收端的第 1 层向上依次传到第 7 层，与刚才讨论的下传过程相反，在上传过程中，每一层都根据接收到来自下一层的信息，并根据其中包含的控制信息进行必要的操作，然后将控制信息去除，把余下的数据单元上交给上一层，直到第 7 层（最高层)，最后由第7层把应用程序进程AP_A发送的AP数据交给应用程序进程AP_B，从而完成两台计算机的应用程序进程之间的数据交换。

2. IEEE802局域网标准

1) IEEE802.3标准

IEEE802.3标准的核心是被称为CSMA/CD的网络存取控制方法，即带碰撞检测的载波/侦听多路送取方法，是自由竞争式网络存取控制方式的一种。当采用CSMA/CD方法时，网络上的各个节点以自由竞争的方式抢占总线。某个节点在发送信息之前，必须首先侦听总线，以检测线路是否空闲，如果检测到载波信号，则进行等待直到线路空闲再发送，如果未检测到载波信号，则进行信息的发送。在发送过程中，该节点仍继续侦听总线，即采用一边发送一边接收的方法，通过比较接收到的信息与发送的信息，确定是否发生碰撞，如果两者相同，则认为未发生碰撞，继续传送信息，如果两者不相同，则认为发生碰撞，立即停止该节点的信息发送。同时，发生碰撞的各节点都发出"冲突强化"信号，使其他节点更容易检测到冲突的发生并停止各自的信息发送，避免继续传送已被破坏的信息帧。随后，各节点根据退避算法退避一个随机等待时间再重新发送信息，以尽量减少发生碰撞的次数，从而提高总线的利用率。采用的退避算法有二进制指数法和顺序退避法。

CSMA/CD方法采用经过考验的成熟技术，可靠性高，便于扩充，适合总线型网络使用，但由于网络中的差错和一般干扰很容易被认为是碰撞，因此该方法不适合于对实时性要求较高的场合，但是网络的传输速率很高，如果采用光缆作为传输介质，传输速率可以达到100~200 Mb/s。

IEEE802.3标准还对物理层的三个重要参数进行了规定，包括传输速率、信号传输的类型(基带传输或宽带传输)以及传输的长度。

2) IEEE802.4标准

该标准是令牌总线局域网的协议标准，而令牌总线局域网的两个主要特点是，其在物理上属于总线型结构，网上所有站点都连接在同一条总线上，但在逻辑上却是一个令牌网，采用令牌循环传递方式确定发信站点，且令牌传递的顺序与站点的物理位置无关。这样既可消除载波侦听碰撞检测系统中经常发生的碰撞情况，又允许使用常见的总线型拓扑结构，因此使得令牌总线局域网既具有总线网的接入方便和可靠性较高的优点，又具有令牌环形网的无冲突和发送时延有确定的上限值等优点。

IEEE802.4标准较为复杂，尤其是用于管理网络令牌的MAC子层协议，该子层协议定义了MAC子层应具有控制接入、接口、发送和接收的功能。

IEEE802.4 标准还规定了传输介质采用电缆电视所使用的 75 Ω 同轴电缆，三种可供选择的数据传输速率分别为 1 Mb/s、5 Mb/s 和 10 Mb/s。

3）IEEE802.5 标准

该标准是令牌环局域网的协议标准，而令牌环局域网的主要特点是采用环型拓扑结构，其存取控制采用令牌方法。下面简要说明一下令牌环网的工作过程。

如图 7-15 所示，令牌在物理环中按照逆时针方向一站接一站地传送，获得令牌的站才有权发送数据。假设 B 站要向 D 站发送数据，则当令牌传送到 B 站时，B 站首先把令牌变为暂停证，然后把待发的数据按照一定的格式加在暂停证的后面，最后加上令牌，一起从 B 站发往 C 站。此帧信息经过 C 站中转后到达 D 站，D 站把本站地址与帧信息中的目的地址相比较，两者相同，表明此帧信息是发给 D 站的，然后对此帧信息作差错校验，并把校验结果以肯定应答或否定应答的形式放在 ACK 应答段中，同时把校验无差错的帧信息复制下来，如果应答信息是否定应答，则需要进行重发；如果是肯定应答，则把此帧从环上去除掉，只留下令牌在环中继续传送，至此该次数据传输过程结束。

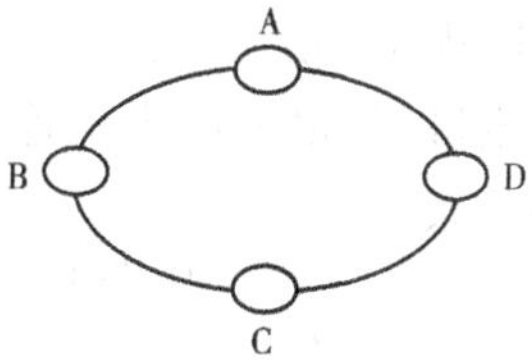

图 7-15　令牌环网的工作过程示意图

令牌环网的工作原理决定了整个网络上不会有几个站点同时向网络上发送数据，因此不会产生冲突而降低传送效率，即使在重载时也可以高效率地工作。但是，当环路上接入的站点数量很多时，即使只有两个站点在进行通信，平均传送时延也会比较大。

以上三种常见的局域网标准若整体进行比较的话可谓各有千秋，不能说哪一种绝对优于其他两种，但是如果从不同负载下网络的运行情况来考虑，则可以得到一个初步的结论，即在很重的负载下，IEEE802.3 局域网彻底不能用，而基于令牌的两种局域网（IEEE802.4 和 IEEE802.5）则可以达到接近 100% 的效率；但在轻到中度负载的条件下，则三种局域网都能够胜任。

3. TCP/IP 协议

TCP/IP 协议严格来说并非真正的国际标准，但是其在实际的网络通信体系中却占有极其重要的地位，其影响甚至超过了 OSI/RM 体系，主要表现在当今规模最大的计算机网络 Internet 所使用的通信协议中，最著名的就是运输层的 TCP 协议和网络层的 IP 协议，TCP/IP 协议已经成为 Internet 体系结构的代名词。

造成这一现象的原因并非 OSI/RM 在技术上逊于 TCP/IP 协议，而是在于完全符合 OSI/RM 各层协议标准的商用产品极少进入市场，远不能满足广大用户的需求。同时，使用 TCP/IP 协议的商用产品却大量抢占市场，几乎所有的工作站都配备有支持 TCP/IP 协议的软硬件，这就使得 TCP/IP 协议成为了默认的网络通信的工业标准，从而也成为了事实上的国际标准。

TCP/IP 体系同样采用了分层次的结构，但与 OSI/RM 体系不同，TCP/IP 协议所规定的层次只有三层，如图 7-16 所示，最高层为应用层，中间一层为主机到主机层，最低层为互连网层。下面就简要介绍这三层及其与 OSI/RM 的对应关系。

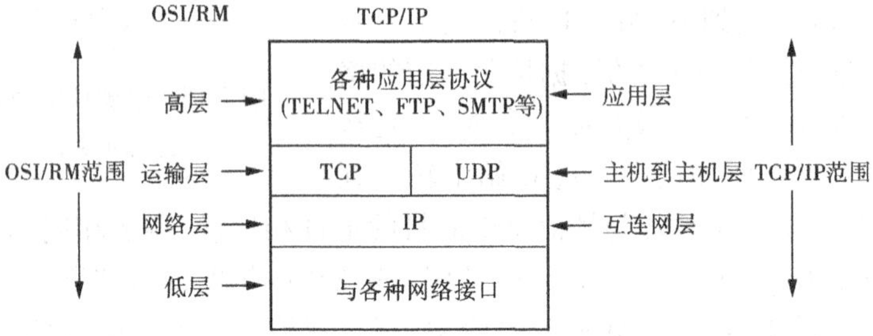

图 7-16　TCP/IP 体系结构与 OSI/RM 体系结构的比较

TCP/IP 的应用层相当于 OSI/RM 的最高三层，该层包括一些著名的协议，如远程通信协议 TELNET、文件传送协议 FTP、简单邮件传送协议 SMTP 等。

TCP/IP 的主机到主机层相当于 OSI/RM 的运输层，这一层可以使用两种不同的协议，一种是面向连接（所谓面向连接，是指在两个实体进行数据交换之前，必须先建立连接，当数据交换结束后，又必须中止这个连接）的传输控制协议 TCP，其数据传送的单位是报文段；另外一种是无连接（所谓无连接，是指在两个实体进行数据交换之前，不需要先建立好一个连接，而且在数据交换过程中也不需要进行数据交换的两个实体同时是活跃的）的用户数据报协议 UDP，其数据传送的单位是数据报，但通常该层使用的主要是 TCP 协议。

TCP/IP 的互连网层相当于 OSI/RM 的网络层，该层最主要的协议是互连网协议 IP。IP 是一种无连接的协议，其数据传送的单位是数据报。该层中与 IP 配合使用的协议还有 Internet 控制报文协议 ICMP、地址转换协议 ARF，以及反向地址转换协议 RARP。

7.3.1.5　**以太网**

以太网（Ethernet）是一种得到广泛应用的典型总线型网络，也是最早的局域网之一，采用的传输介质是同轴电缆，同轴电缆可以通过中继器进行分段连接。

以太网的组成原则如下：

(1)从收发器到网卡之间电缆的长度不能超过 50 m。

(2)每段以太网的长度不超过 500 m。

(3)在任意两个节点之间的路径上不能多于两个中继器。

(4)在单个网内，点到点连接的长度不能超过 1 000 m。

(5)两个节点之间同轴电缆的最短距离为 2.5 m，最长距离为 1 500 m。

(6)整个网络最多有 1 024 个节点。

对于标准的以太网，其总线上的信息传输速率为 10 Mb/s，而一种被称为快速以太网(FastEthernet)的新版本则能够以 100 Mb/s 传输信息。

以太网的网络存取控制方法是采用 CSMA/CD 方法，因此在网络信息传输的实时性方面存在与 CSMA/CD 方法相对应的固有不足，即传输时延存在不确定性。当网络负荷较重时，这种不确定性表现得尤为明显，甚至没有一个确定的传输时延的上限。另外，CSMA/CD 方法用于监控系统还存在有效数据传输率较低的问题，原因是以太网规定的最小数据帧长度为 72 个字节。

以太网的优点是：技术成熟，性能可靠；结构简单，安装方便，具有很大的灵活性，易于扩展，个别节点失效不会影响其他节点正常工作；提供的服务是数据报，报文能以很高的成功概率被接收，因此在用户级能达到满意的可靠性；价格低廉，便于迅速发展普及。

7.3.2 数据库

7.3.2.1 数据库概述

数据库 DB 是任何监控系统软件中必不可少的组成部分，甚至可认为数据库是整个监控系统软件的核心，因为几乎监控系统的所有应用软件借以实现其功能的数据基础就是数据库。抽象地说，数据库就是一组相关数据的集合，水电厂计算机监控系统的数据库实际上就是一组相互关联的具有确切含义的特殊数据的集合，主要包括与被监控对象有关的数据，例如监控系统配置数据库、自动发电数据库、画面数据库、设备数据库、测点数据库等。

如果从数据库的存储方式进行考虑，水电厂计算机监控系统使用的数据库可以分为集中式数据库和分布式数据库。集中式数据库常见于以往的分层分布式监控系统中，一般由一个或多个(当采用冗余系统时)主计算机集中存放监控系统的总数据库，而监控系统中的各个子系统通过网络访问数据库，实现信息共享，因此网络中各个节点的工作情况对系统总数据库和网络的依赖性相当大，一旦主计算机或网络出现故障，整个系统的功能都会受到影响。分布式数据库是一种新的结构模式，也是开放分层式全分布监控系统的重要特征之一，在这种模式下，数据存放在网络的不同节点上，但在逻辑上仍然是一个整体，而网络上分布的各个节点都具有一定的功能，而且都拥有与本节点的功能相关的数据库，厂级主计算机也只是网络上的一个节点，其拥有的数据库不再是全系统唯一的总数据库，而是单独为全厂统计、AVC、AGC 等有效的高级功能而设立。与集中式数据库相比，分布式数据库的优势是网络上各个节点可依靠自己的数据库完成一定的功能，也可实现所需信息的相互交换，而不必依赖于厂级主计算机的数据库，提高了信息传送和处理的效率和可靠性。

如果从数据库的实时性方面进行考虑，水电厂计算机监控系统使用的数据库大致可以分为三类：一是实时数据库，包括主控层实时数据库和现地控制单元层实时数据库，对实时性的要求最高，其实时性是整个监控系统实时性好坏的基础；二是历史数据库，只存在于主控层中，且对实时性的要求稍差；三是与实时性几乎无关的数据库，如测点测量值的上下限值基本上不需要发生改动，这类数据库也可认为是常数数据库。

1. 实时数据库

实时数据库是整个计算机监控系统中最重要和最基本的组成部分，对实时性有明确的要求，是一种具有实时特性、能支持实时监控系统的数据库，其最大的特征是满足监控系统在时间方面的要求和限制条件，以尽可能提高实时监控系统的响应能力。为了获得更快的响应速度，满足实时应用的要求，可以选择内存而不是磁盘作为实时数据库的存储介质，即实时数据常驻内存，将实时数据库建立于内存中。

由上可知，在实时数据库设计中，除要符合一些基本要求，如数据的完整性、可维护性、可扩展性等外，还应满足一些特殊的要求，如实时性要好，响应时间要符合要求，数据库的结构和配置应满足快速数据交换的要求和便于事后故障处理等。

由于商用数据库的实时响应速度不够理想，因此计算机监控系统的实时数据库一般不采用商用数据库，而是由监控系统软件的设计者自行开发，如南京南瑞自动控制有限公司自开发的 NC2000 计算机监控系统软件使用的NARI Access 数据库。

对于具体的水电厂计算机监控系统而言，实时响应的要求可达到毫秒级，而其实时数据库包含的数据记录类型主要有数字量输入/输出、模拟量输入/输出、脉冲量输入、事件顺序记录输入、计算点、模拟/数字测点的通道信息、采样周期控制信息等几种。

2. 历史数据库

与实时数据库不同，历史数据库对于实时性的要求不高，因此常采用成熟可靠的商用数据库，如 Microsoft SQL Server 数据库及 Oracle 数据库等高性能关系型数据库，相应地，历史数据库一般建立于主控级计算机的硬磁盘或磁带中，而很少建立于内存中。

历史数据库存储的数据主要是一些需要长期保存的有统计和分析价值的数据，例如机组开停机次数统计、机组运行/停止时间统计、测量值越限次数/时间统计，以及其他生产管理所需的各种类型报表和趋势显示数据等。它的数据来源于实时数据库，按照采样间隔和功能的不同分为以下几种类型：

（1）短时点：一般用于调节控制中，在对未来数据进行跟踪时，用户往往想知道该点以前的变化情况。短时点具有采样间隔短的特点，数据量较大，采样间隔一般为 10 s、15 s 或 20 s。

（2）中时点：保存了一段时间的历史数据，采样间隔一般为 1 min。

（3）长时点：保存了较长一段时间的历史数据，一般用于历史趋势显示，打印班报、旬报、月报等情况，它的采样间隔一般为 5 min、30 min 或 1 h。

图 7-17 为历史数据库的软件构成示意图，显而易见，历史数据库无论是用于了解水电厂以往的运行情况、考察生产经营的状况，还是用于分析事故和故障的起因、研究改进和改造的方法，都是非常必要的。因此，在计算机监控系统的设计或改造中，基本上都设置了历史数据库，或者整合在监控系统内部，或者单独设立一个历史数据站。

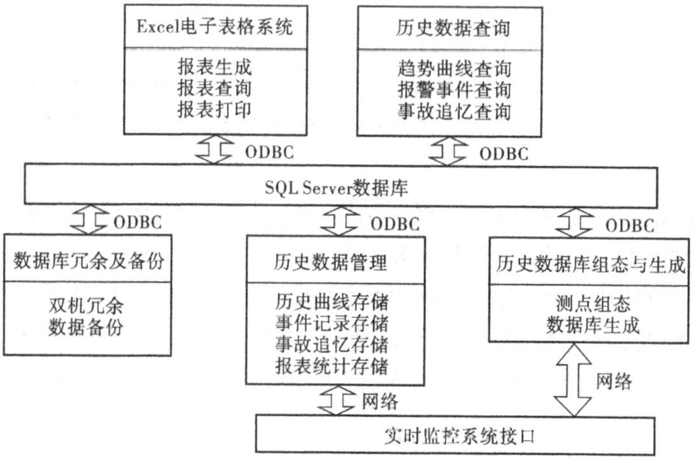

图 7-17　历史数据库的软件构成示意图

7.3.2.2 数据库系统概述

数据库实际上只是一些存放着各种数据的表格,只有对这些数据进行有效的管理,才能发挥它们应有的作用,而用于对数据库及系统资源进行统一管理和控制的软件称为数据库管理系统(简称数据库系统)。数据库系统是由数据库和管理系统组成的,它是由能够实现有组织地、动态地存储大量相关数据,为多种应用提供数据服务,并提供多用户访问途径的计算机软硬件资源组成的系统。

数据库系统是在计算机文件管理系统的基础上发展起来的,数据组织模型(数据模型)是数据库技术的核心问题,为了更好地实现以记录或数据项为单位的数据共享,数据库系统先后经历了以网状和层次型数据模型为基础的第一代层次型数据库系统、以关系型数据模型为基础的第二代关系型数据库系统,以及新一代的以面向对象的数据模型为基础的面向对象的数据库系统。

在体系结构上,数据库系统基本上都具有三级模式结构,即用户模式、逻辑模式和存储模式。其中,用户模式又称为外模式,是数据库的使用者直接看到的数据库系统的界面,对应于用户级;存储模式又称为内模式,是数据库系统内部对数据的物理结构和存储方式的描述,对应于概念级;逻辑模式在层次上居于前两者之间,是数据库中所有数据的逻辑结构的描述,对应于物理级。这三级模式通过两层映象定义相互之间的对应关系,即用户/逻辑模式映象和逻辑/存储模式映象,正是两层映象功能保证了数据在数据库系统内部具有较高的独立性,在数据库系统外部具有较高的灵活性。

1. 数据库管理系统

数据库管理系统 DBMS 是数据库系统软件的核心,在层次上介于操作系统和应用程序之间,它将数据库中结构化的数据与操作系统和应用程序之间建立联系,有效地实现数据库三级模式之间的转换。其实现的功能主要有以下几种:

(1)数据库的定义,包括数据库结构的定义、存储结构的定义等。

(2)数据库的管理,主要是实现对数据库数据的基本操作,除完成用户对数据库数据的访问和检索以及协调系统的运行外,还要保持数据库数据的安全性和合理性,以及数据库的完整性,防止数据遭到非法访问和修改。

(3)数据库的维护,包括数据库的生成和改造,以及故障后数据库的重组和恢复。

(4)数据库的通信,主要处理数据的流通、远程数据库的接入和操作等。

2. 数据库系统的特点

数据库系统需要可靠和有效地管理大量的关联数据，与文件管理系统相比，它具有如下的特点：

(1)数据库的结构化。数据库系统在设计中必须为所有应用程序中要使用的所有数据设计一个合理的逻辑结构，既要考虑数据项之间的联系，也要考虑相关应用程序之间的联系，以方便数据库管理系统有效地存取各种数据，并供各种应用程序使用，达到整体应用效果的最优化。

(2)数据的冗余度小。数据库的整体结构化设计可以有效地降低数据的冗余度，不但减少了数据之间出现不相容和不一致的可能性，又节省了存储空间，缩短了存取时间，而且方便修改和扩充。

(3)较高的数据和应用程序之间的独立性。数据的定义、描述以及存取管理统一由数据库管理系统完成，应用程序只要按照标准的接口命令即可实现所需数据的调用，而不必考虑具体的存取细节，因此方便了应用程序的编制。

(4)统一的数据控制。数据库是典型的多用户共享信息资源，共享特性意味着数据库系统必须提供安全性控制，防止不合法的使用对数据库造成的破坏，同时还要提供并发控制，使数据库系统能够正确地处理和协调多用户同时存取、修改数据库的操作要求。数据完整性控制也是必不可少的，它能够保证数据的正确性、有效性和相容性。

7.3.3 水电厂计算机监控系统软件

7.3.3.1 概述

计算机监控系统是由硬件和软件两部分构成的。监控系统软件是随着计算机监控系统的发展而逐渐发展起来的，主要包括系统软件、应用软件、支持软件等。

系统软件包括计算机操作系统、语言编译器、文件管理、系统恢复与切换、系统诊断等软件，但主要是指操作系统软件，目前使用最多的是 UNIX 操作系统和 Microsoft Windows 操作系统。

应用程序是指在特定操作系统的环境下为了满足最终用户的特定应用需要及完成某些特定功能而开发的专用程序。计算机监控系统的应用软件通常是按照功能划分，采用模块化编制的，每个应用程序都能以多种方式启动，并且能够作为整体进行修改和扩充，还可以按照用户的要求进行整合，最后以应用软件包的形式提供给最终用户。对于水电厂计算机监控系统而言，其应用程序就是为实现监控而开发的程序，如数据采集与处理程序、界面显示与打印程序、通信程序、顺序控制程序、自动发电控制 AGC 程序、自动电压控制 AVC 程序等。这些模块化的应用程序可分为基本应用程序和高级应用程序两部分，前者用于实现基本或通用性的监控功能，如数据采集与处理程序、界面显示与打印程序、通信程序、顺序控制程序等，后者用于实现高级或专业性较强的功能，如自动发电控制程序、自动电压控制程序等。

支持软件用于系统生成、软件开发以及系统的运行和维护，主要包括第三方提供的支撑平台、各种标准库程序、软件开发管理程序等，例如数据库管理软件、CRT 管理软件、制表生成软件、档案管理软件等。

7.3.3.2 计算机监控系统软件的分层结构

计算机监控系统的软件通常采用分层分布式结构，也是由层次模型构成的。

下面介绍 PROKON - LSX 水电厂计算机监控系统软件的层次模型的构成。

第一层称为标准程序层，包括操作系统（UNIX）、数据管理系统（ORACLE 数据库）、图形处理器接口（X - Windows）及所有必需的通信服务程序（TCP/IP）等，主要用于隔离更高层与硬件平台。该层次基本上建立在国际标准上，因此使得硬件的独立性达到了很高的程度。

第二层称为工具程序层，主要包括用于运行数据系统创建、管理、参数设置、测试及诊断的软件工具（X/OSF MOTIF）。

第三层称为系统核心程序层，该层是 PROKON - LSX 监控系统的核心，包括所有基本的用户独立功能，如过程耦合和目标处理、通信和冗余、监测和报警、全图形过程显示和操作、档案记录、系统和过程的参数设置等。第三层本身也是按照层次模型设计的，共分为五层。

第四层称为应用程序层，主要包括水电厂监控专用程序，如水位流量控制程序等。用户自行编制的应用程序也可置于该层中，并通过标准的开放性接口连接到第三层。

这种层次模型结构较为简单，其基本思想是提高系统的兼容性，具体表现在：通过标准程序层，使系统对于硬件平台具有很好的独立性和适应性；通过应用程序层，使系统具有应用上的灵活性。

另外一类较为复杂的层次模型，如 SCADA 监控系统软件，层次较多，从最底层到最高层依次为操作系统扩展（OSX）层、项目源文件（PROJECT）层、实用服务程序层、实时数据库（DBS）层、通信与双机冗余（LAN）层、数据采集

(ACQ)层、人机接口(MMI)层、应用程序(APP)层、高级应用程序(ADV)层、调度培训系统(DTS)层、监控系统控制程序(ECS)层。这种分层模型的最大特点是高层程序对低层程序的依赖性非常强,高一层的程序必须在其下各层程序都正常运行的情况下才能正常运行,而低一层的程序的正常运行则不需要其上各层程序都正常运行,即高层程序依赖于低层程序,而低层程序不依赖于高层程序,因此这种塔型层次模型结构对低层程序的可靠性要求非常高,一旦低层程序出现问题,则其上各层程序都会出现问题。

7.3.3.3 监控系统的系统软件

操作系统软件是整个计算机监控系统的软件平台,目前比较常用的操作系统软件主要是 UNIX 系列操作系统、Microsoft Windows 系列操作系统、Linux 系列操作系统。

UNIX 系列操作系统被广泛应用于大型计算机系统中,其优点是:系统运行非常稳定,极少死机;安全性好,不存在软件病毒侵扰的问题;功能强大,支撑软件和软件工具很多,对硬件的要求也不高。其缺点是人机交互界面不友好,操作难度大。在水电厂计算机监控系统中,UNIX 系列操作系统通常运行于工作站(Workstation)级计算机中,较适合于大型水力发电厂。

Microsoft Windows 系列操作系统是在计算机软件行业中具有垄断地位的微软(Microsoft)公司推出的操作系统。在水电厂计算机监控系统中,使用最多的 Microsoft Windows 系列操作系统是 Microsoft Windows NT 系列操作系统。它的优点是操作界面非常友好,支撑软件和软件工具相当丰富,运行也较稳定。其缺点是安全性较差,需要防范软件病毒,而且对硬件的要求较高。在水电厂计算机监控系统中,Windows NT 系列操作系统通常运行于 PC 机或工控机中,较适合于中小型水力发电厂。

Linux 系列操作系统是新近发展起来的操作系统,其运行稳定,安全性高,对硬件要求低,甚至在早期的 386、486 计算机中都能流畅地运行,发展前景很好,但由于其发展历史非常短,在水电厂计算机监控系统中应用较少。

下面以 Windows NT Server V3.51 中文版操作系统为例,介绍在中小型水力发电厂中应用最为广泛的 Windows NT 系列操作系统。Windows NT Server V3.51 中文版操作系统是一个适应工业环境的抢先式多任务、多线程调度的真正 32 位开放式网络操作系统,主要用作高性能客户/服务器的应用平台。其技术上的特点包括以下几点:

(1)支持文件打印、信息传递、内置磁盘备份工具与应用服务、前后台操作。

(2)支持NETBEUI、TCP/IP等多种网络协议标准,方便网络之间的互连。

(3)拥有多用户管理、服务器管理、系统性能监视、事件查看、系统诊断等系统管理工具。

(4)拥有系统账户管理、文件与目录保护、服务器镜像安全性和容错功能。

(5)支持多种客户端及远程访问服务。通过网络动态数据交换功能,系统不仅支持客户端的远程访问,还能与其他操作系统的局域网或广域网连接。

(6)拥有良好的中文界面环境,有利于操作。

7.3.3.4 监控系统的应用软件

1.监控系统的应用软件概述

水电厂计算机监控系统的应用软件通常是以模块化的形式组成的,每个模块分别执行不同的功能,且模块之间有一定的联系和依赖关系,这些模块按照用户的需要组合起来共同完成特定监控系统的监控任务。下面介绍水电厂计算机监控系统的常用应用软件模块。

(1)设备驱动软件。设备驱动软件主要包括与生产过程接口的各种设备的驱动程序,用以完成这些设备的基本功能,如数据采集、数据通信、接收和执行控制或调节命令、数据越/复限检查等。

(2)人机接口界面软件。人机接口界面软件主要包括图形显示程序、人机交互操作界面程序、报表打印程序等。其中,图形显示程序用于读取图形文件、显示各种画面(如系统接线图、运行工况图、系统配置图、实时/历史曲线图等)、动态刷新,并按规定处理各种图形。人机交互操作界面程序用于实现运行操作人员与监控系统间的人机交互操作的图形界面。报表打印程序用于实现事件、操作、报警、自诊断的记录和显示,以及运行/统计报表的打印等功能。

(3)实时数据库软件。实时数据库软件主要是用于完成实时数据的管理功能,包括实时数据库的加载,处理其他程序对实时数据库的存取要求,并按照功能规定完成对实时数据的运算或其他处理任务等。

(4)历史数据库软件。历史数据库软件主要用于完成历史数据库的管理功能,包括历史数据的存取及检索、历史数据的保存,以及历史趋势的选点、显示、时间段修改等功能。

(5)顺序控制软件。顺序控制软件主要用于实现顺序控制流程的检查及执行操作等功能,可以按照调试或运行的要求单步或连续地执行顺序控制程序,并能实现相应反馈信息的显示及应答处理。

(6)网络软件。网络软件主要包括客户端/服务器软件和网络冗余管理软件。其中,客户端/服务器软件是服务请求与服务程序之间的纽带,接收来自不同客户端的客户服务请求,并将客户服务请求发给相应的服务程序,最后将服务程序的处理结果发还给对应的客户端。而网络冗余管理软件负责判断节点和网络信道的工作状态,并进行双网信息传送的分配,以保证冗余网络系统的可靠工作。

(7)通信与远方控制软件。通信与远方控制软件主要用于实现本地计算机监控系统与远方中心调度、水情测报站等系统之间的通信和数据互传,以及执行中心调度的控制命令等。

(8)高级应用软件。高级应用软件主要包括自动发电控制 AGC 软件、自动电压控制 AVC 软件、经济调度 EDC 软件等。其中,AGC 软件负责根据电力系统的负荷状况、频率要求以及机组本身的状况,确定运行机组的最优组合、启停顺序以及全厂机组的经济负荷分配等。而 AVC 软件则是根据电力系统的电压或无功功率要求,实现全厂母线电压及机组无功功率的最优化控制。

(9)监控系统组态软件。监控系统组态软件主要包括交互式图形组态软件、交互式报表组态软件、实时/历史数据库组态软件、通信组态软件,以及顺序控制组态软件等。

(10)专家系统软件。专家系统软件是根据水电厂监控领域的一个或多个人类专家提供的知识和经验,运用人工智能技术,采取推理机的方法,模拟人类专家进行决策,解决那些需要人类专家决定的复杂问题的程序。水电厂计算机监控系统的专家系统软件涵盖的范围较广,较为常见的有专家设备故障诊断软件、专家运行指导系统软件、专家事故紧急处理软件等。

(11)操作员培训仿真软件。操作员培训仿真软件可以仿真水电厂生产设备和监控系统的特性,模拟正常运行工况和事故工况,不但可以用于对操作员进行操作培训和考核,而且可以提高操作员判断和处理事故的能力,还可以对高级应用软件进行投运前的校验。

(12)多媒体软件。多媒体软件主要包括语音及电话语音报警软件、视频信息处理及远方视频监视软件等,它是为适应“无人值班”(少人值守)的需要而逐渐发展起来的。

2. 监控系统组态软件

组态软件是一种基于计算机操作系统的软件开发平台,一般由大的专业软件公司开发并经过严格的测试,因此其可靠性很高。监控系统组态软件作为一类特殊的应用软件,能以灵活多样的组态方式,而不是编程方式,为用户提供良好的开发界面和简捷的使用方法，其预设置的各种功能软件模块可以非常容易地实现和完成监控系统的各项功能，并能同时支持各硬件厂家的计算机和 I/O 设备，灵活地实现系统集成。

组态软件通用性强，一般不需用户编写程序，这样使得监控系统的开发人员不必再重复开发功能软件，而只需调用相应的模块，通过填表、连线的方式就能生成可靠性很高的应用程序。因此，组态软件把控制工程师从艰难、繁重的软件编程工作中解放出来，越来越受到欢迎和重视。

目前，组态软件已成为工业控制软件领域的关键产品，各类组态软件特点如下。

1）Fix 组态软件

Fix 组态软件是美国 Intellution 公司的产品。该软件既可单机运行，也可构成复杂的、功能强大的工厂控制网络系统，是目前全世界范围内应用最为广泛的工控组态软件之一。Fix 组态软件是一个真正模块化的工控软件，提供了十多个基本功能模块和扩展功能模块，支持多种软件平台，包括 DOS 版、16 位 Windows 版、32 位 Windows 版、OS/2 版，以及其他一些版本。其人机界面功能特别强大，除具有一般的动态显示外，还能方便地实现画面漫游、局域缩放、在线复制，以及网络环境下的报警处理。其 I/O 硬件驱动也很丰富。

2）Intouch 组态软件

Intouch 组态软件是美国 Wonderware 公司的产品，以 Windows 操作系统为基础，作为一个实时的人机界面程序的程序生成器，可以生成管理级别上的监控和数据采集程序，依靠菜单驱动在 Windows 多任务环境下运行，并通过动态数据交换协议 DDE 实现其与外围设备的数据交换。Intouch 组态软件主要由两大部分组成，即 Windows Maker（应用开发环境）和 Windows Viewer（实时运行环境），前者用以建立窗口的图形显示，并定义与工业控制器、I/O 系统和其他窗口应用程序的连接，后者用以显示由 Windows Maker 建立的图形窗口。值得一提的是，DDE 协议是 Intouch 组态软件的核心。Intouch 组态软件正是采用了基于消息的 DDE 协议，而没有直接内置与下位机的通信软件模块，从而在保证应用程序间的兼容性的同时兼顾了与下位机的通信。Intouch 组态软件还使用专利技术 Fast DDE 为应用程序间的高速数据交换提供了有效的手段。在 Fast DDE 的基础上，Intouch 组态软件进一步使用 Net DDE 技术，有效解决了 UNIX 与 Windows（Intouch）两个不同操作系统平台之间的数据交换问题。需要用户自行编写通信程序，并通过 Intouch 组态软件的核心功能——动态数据交换协议（DDE）实现其与外围设备的数据交换。该软件的其他特点还包括 I/O 点数和最大画面数不受限制，具有十几种数据类型及数据类型转换功能等。

3）WinCC 组态软件

WinCC 组态软件是德国西门子公司的专用组态软件，其体系结构相对来说比较保守，在网络结构和数据管理方面要比 Fix 差，对第三方硬件的支持较差。

4）CITECH 组态软件

CITECH 组态软件是澳大利亚 CIT 公司的产品，包括 16 位和 32 位 Windows 两种版本。其优点是界面部分和控制算法部分做得比较好，价格也略低于 Intouch 和 Fix 组态软件，但是其使用的方便性和图形功能不及 Intouch 组态软件。另外，其 I/O 硬件驱动相对比较少。

5）RSView32 组态软件

RSView32 组态软件是美国 Rockwell 公司为工业自动化和过程控制而开发的，基于 PC、小型机、工作站和服务器等硬件平台的工业控制组态软件。它由实时数据库和一些应用软件模块组成，是一种易用的、可集成的、基于组件的 MMI 系统，具有用户所需的全部特征和功能，而且它还是第一个把 ActiveX 控制嵌入画面的 MMI 软件包。由于 RSView32 组态软件可与 PSTools 及其他 Rockwell Software 产品集成，为监视和运行控制系统的设计提供了极大的灵活性。

6）组态王

组态王是国内第一家较有影响的组态软件开发公司的产品，其提供了资源管理器式的操作主界面，并且提供了以汉字作为关键字的脚本语言支持。此外，组态王也提供了多种硬件驱动程序。

7）MCGS 组态软件

MCGS 组态软件是昆仑通态计算机研究所开发的一套组态软件，它是真正的 32 位、多任务应用系统，功能全面，并且具有开放性结构，用户可以挂接自己的应用程序模块，具有良好的通用性和可维护性。其缺点在于，该组态软件属于设计思想和设计理念都比较独特的产品，有很多特殊的概念和使用方式，因此大多数使用过其他组态软件的人使用 MCGS 组态软件都会感到有些不习惯。

8）ControX2000 组态软件

哈尔滨华富公司的 ControX2000 是一种比较新的组态软件，其产品体系结构很先进，与 Fix 的体系结构非常相似，而且界面漂亮，使用起来也比较方便，有许多自己的特色，但是有些方面设计得尚不够成熟。

3. 几种常见的水电厂监控系统应用软件包

1) NARI Access 软件

NARI Access 软件是我国最早推出、最早实现工业应用的基于开放环境的水电厂计算机监控软件。

NARI Access 软件采用 UNIX 作为操作系统平台，采用 X－Windows/Motif 作为用户接口，采用 TCP/IP 协议作为网络通信接口，其整体上最显著的特点就是采用开放环境和分布式处理。采用开放环境的优点在于实现了应用程序、操作系统、数据库之间接口的标准化和程序之间的数据库共享，而且软件的高度模块化使某个功能软件修改时对其他功能软件影响很少，从而简化了程序的调试工作。而采用基于网络的全分布式处理则使在每个节点上配置的功能只能影响本节点，而独立于其他节点，从而保证了网络上的每个节点都能获得较好的独立性和可开发性。

水电厂计算机监控系统的基本功能和高级功能可以分别由 NARI Access 基本软件及其选装软件予以实现。按功能划分，整个 NARI Access 软件分为以下九个部分：

(1) 基于 TCP/IP 网络接口和 UNIX IPC 接口的通信软件，包括冗余双节点通信管理软件。

(2) 基于 UNIX 标准库开发的数据库软件，包括自行定义的适用于厂站监控系统应用的数据库语言。

(3) 基于 X－Windows、Motif 和 UNIX 标准库开发的图形人机接口软件。

(4) 基于 UNIX 标准库开发的顺序控制软件。

(5) 基于 X－Windows 和 UNIX 标准库开发的报表软件。

(6) 基于 UNIX 标准库开发的设备驱动软件。

(7) 高级应用软件，主要包括 AGC、AVC、EMS、视像与语音软件、专家系统软件，以及用于实现"四遥"(遥测、遥信、遥调、遥控)功能的软件等。

(8) 基于 Motif、X－Windows 和 UNIX 标准库开发的应用管理软件，用于对整个分布式系统进行管理，主要包括各进程的本地及远程启动管理、操作员的使用级别及系统安全性管理、简报窗口管理、系统文件的备份管理等。

(9) 基于 X－Windows 和 UNIX 标准库开发的汉字编辑软件，用于解决开放环境的汉化工作。

2) H9000 软件

H9000 软件是 20 世纪 90 年代中期开发成功的新一代面向对象的分布开放式计算机监控软件，是在 UNIX 和 Windows NT 两个主流操作系统平台都能够运行的监控软件。

H9000 软件以 Windows/Motif 为人机界面用户接口，以 TCP/IP 协议作为网络通信协议，而数据库则采用了面向网络的实时数据库和历史数据库，编程语言采用 C/C + +。该软件的特色之一是其强大的应用开发支持软件系统，包括交互式图形报表工具（IPM）软件、数据库生成调试工具软件、连锁生成调试工具软件等，这些支持软件不但提高了系统集成的质量和效率，还改善了系统的可维护性。其中值得一提的是 IPM 软件，由于采用了面向对象技术，使得图形和人机界面的设计简单易学、使用方便，即使不熟悉软件编程的操作员也可以通过 IPM 软件开发出自己所需的监视画面、控制流程、人机联系等内容，而且 IPM 软件还具有动态测试功能，确保人机界面的开发质量。

H9000 软件的另一特色是其标准化和通用化。软件的标准化保证了软件质量，而通用化则使软件不仅能满足水电厂用户的要求，还能满足其他应用领域用户的要求。目前，该软件已成功应用于水电厂监控系统、水库调度自动化系统、防洪调度自动化系统等多个领域。尤其是针对水电厂计算机监控应用，H9000 软件还专门配备了完善的水电厂监控应用功能软件，包括经济运行 EDC、AGC、AVC、梯级优化、防误操作等高级应用软件。

3）EC2000 软件

EC2000 软件是在原有的 NARI Access 等软件的基础上，独立开发的新一代基于 Windows NT 或 Windows 2000 操作系统的计算机监控软件。该软件的设计遵循了 TCP/IP、ODBC、ActiveX、IEC - 1131 - 3、COM/DCOM（组件对象模型/分布组件对象模型）等国际标准，采用了 SQL 商用数据库、C + +、Office 等被广泛支持的商用软件工具，因此具有良好的开发性和可扩展性。

EC2000 软件技术上采用了面向对象的方法，在系统设计、编程语言选择、用户界面等各个方面都面向对象的理念、原则和技术，为用户的使用和维护提供了极大的便利，其主要优点如下所述：

（1）操作直观方便。操作员面对的是自己熟悉的设备对象，打开对象即可看到有关参数及工况信息，而无需关心内部的数据运算及处理细节。

（2）操作员可以直接在接线图上选取对象进行操作，而相应的对象处理软件能自动根据现时工况给出允许或禁止操作的明确提示，从而降低了出现误操作的可能性。

（3）信息处理更加理性化。现场信号与相关对象建立起了映射关系，而不再作为独立的信息出现。一旦有信号发生，系统会自动根据关联设备的状态来综合判断该信号的处理对策，而不是孤立地、机械式地予以处理，从而摒弃了不必要的报警等不合理的、非理性的信号处理方法。

EC2000 软件还具有丰富的图形显示界面、可视化的顺序控制流程、智能化报警处理、灵活的光字显示及查询功能、Web 浏览及远程诊断(RAS)功能、关系型历史数据库、完善的 AGC/AVC 功能等。

4)NC2000 软件

NC2000(NARI Access plus)软件是具有真正跨平台(UNIX/Linux/Windows)风格的计算机监控系统软件。

NC2000 软件也采用了面向对象的技术,下面主要介绍其技术上的其他亮点,即分布对象计算技术和三层次客户/服务器结构技术。

将面向对象的思想方法应用到分布环境中,就产生了所谓的分布对象计算技术 DOC,它是解决当前基于网络的分布式应用环境中,由于系统的异构性造成的数据信息和软件资源共享性差的问题的有效方法之一。所谓系统的异构性,是指构成系统的各硬件平台上所采用的操作系统软件、支持软件和网络通信软件各不相同,而水电厂计算机或流域/梯级调度中心的监控系统就是非常典型的异构系统,在这种异构环境之下,实现数据信息和软件资源共享是非常困难的。

针对这个问题,NC2000 使用了 Sun Microsystems 公司的 EJB(Enterprise Java Beans,企业 Java Beans)/RMI(Remote Method Invocation,远程方法调用)分布式对象计算架构标准。该架构标准是分布式对象计算技术领域的三大架构标准之一,采用了以 Java 程序设计语言为主体的分布式对象架构,其主体 EJB 提供了三种与远程对象交互的机制,即通过 JDBC 接口协议访问数据库服务器、通过 IIOP 协议访问 CORBA 服务器、通过 RMI 访问 Java 服务器。由于 EJB 是使用 Java 语言开发的,因此其具有“一次编写,随处可用”的全面支持异构平台的特性,使这些 EJB 组件不但可以在任何平台上执行,也能在不同厂商提供的容器内执行,非常适合水电厂计算机监控系统或流域/梯级调度系统的跨平台需求。

在具体编程实现时,NC2000 软件采用了 C 和 Java 两种程序设计语言。其中,监控软件内核采用的是代码执行效率非常高的 C 语言,从而一方面保证了系统在实时监控中的响应性能,另一方面可以继承可靠性和稳定性都经过实践验证的已有源代码,缩短开发周期。而在其他部分则采用面向对象的跨平台程序设计语言 Java,这样就可以充分利用 RMI、JDBC 协议和 Java Beans 组件来解决具有异构平台特性的分布式对象计算的应用性差的问题。

NC2000 采用的另一项领先技术是三层次客户/服务器结构技术。该架构基于一种先进的协同应用程序开发模型，其在客户端和服务器之间加入了一层或多层服务应用程序，从而将应用逻辑放在中间的服务层上，使应用逻辑与用户界面分开。三层次指的就是客户端层、中间应用服务层、数据服务层。其中，中间应用服务层是联系客户和数据服务的纽带，响应客户端发出的服务请求，执行相应的应用任务，并对相应的数据进行处理或与数据库交互，用户不需要与数据库直接打交道。

三层次客户/服务器结构技术应用于监控系统的优势在于：

（1）解决了不同技术平台上的系统之间实现互联的问题。

（2）数据库的并发连接不会因用户的增加而增加，而且客户端不需要安装连接不同数据库的客户软件。

（3）无需公开内部数据模式，保证了对其修改的自由度。

（4）客户端可以得到与主控级操作员工作站上完全相同、但控制功能已被安全屏蔽的监视画面。

NC2000 软件的其他技术特点还包括友好的图形显示界面，可视化的顺序控制流程，智能电话报警服务系统，面向对象的光字显示及查询功能，Internet/Intranet 上的 Web 浏览及远程诊断功能，支持 ODBC、JDBC 接口标准的历史数据库，面向对象的分布式数据库，完善的 AGC/AVC/EDC 功能，电子表格化的报表子系统等。

5）CSCS－H 监控系统软件

CSCS－H 监控系统软件是基于 Windows NT4.0 中文操作系统的监控软件，采用 Visual Basic 5.0 和 Visual C＋＋5.0 全32 位开发平台编程，应用 Client/Server 模式和分布式处理技术实现监控功能，程序采取面向对象的方法设计。该软件能够完成各层及各单元的控制功能，整个软件系统由以下基本软件模块组成：数据采集与处理软件、实时数据库处理软件、人机联系软件、故障事故处理软件、历史数据库管理与查询软件、交互式图形编辑软件、时钟管理软件、打印管理软件、通信软件、EDC 软件、AGC 软件、AVC 软件、主控机双机自动切换软件、自诊断软件、系统监视与维护软件、系统仿真与培训软件等。

该软件系统支持异型机联网，从而完全摆脱了对具体硬件平台的依赖，配置灵活，维护和扩展都很方便。CSCS－H 软件还具有友善的全面汉化人机界面功能，操作员可以参与系统功能的二次开发，通过各自的工作站完成画面制作、画面显示、打印制表、参数设置和控制操作等功能。

6）SDJK 监控系统软件

SDJK 系列水电站计算机监控系统软件是针对中小型水电站的特点而开

发研制的，使用高级语言与汇编语言混合编程及汉化弹出式菜单结构，采用了模块化软件设计方法，可以根据现场的不同需要对软件系统进行组态，其主要功能是对中小型水电站的运行工况进行自动检测、监视、控制和保护，以实现对水电站的“四遥”（遥测、遥信、遥调和遥控），具体包括实时控制、数据管理与显示、事故报警及事故追忆、事件顺序记录、统计计算、数据通信以及打印等。

在人机图形界面方面，该软件提供了离线的图形画面文件生成与编辑软件，用户可以根据现场的变动或系统功能的再扩充，真正地离线生成、修改所需图形画面。用户还可以使用普通的编辑软件，根据实际情况，简单方便地定义菜单，修改测控量的点号与内容。

在保证软件系统可靠性方面，该软件具有以下三个主要特点：

(1)具有容错设计，可以通过自动出错处理程序，过滤操作员的错误输入，而且一旦计算机外部设备不正常或由于某种意外原因造成死循环，程序能自动诊断并作出相应处理，从而能够自动恢复系统级错误，保证软件系统的持续运行。

(2)系统软件能够根据设备对上位机通信命令的不同反应（包括无反应），实时检测设备运行的状态。一旦设备通信不正常，系统能够直观地报告设备发生的故障，并自动初始化通信链接，力图恢复正常。

(3)针对系统突然停机、冷热启动或时间改动对数据库造成的破坏，采用实时数据备份和安全性检查等数据保护处理措施，一旦重新启动运行，系统能够自动读取保护信息，修补数据库，以保证系统的可靠运行。

从现有电站运行效果来看，SDJK 监控系统较好地实现了提高设备的可靠性、提高事故和故障的处理能力、更有效地利用水能、提高劳动生产率等预期目标，对电站经济、可靠、安全运行起到了积极的作用。

7.4 水电厂计算机分层分布式监控系统

7.4.1 基本结构

水电厂计算机监控系统普遍采用分层分布式结构。整个系统由电厂主控级和现地控制单元 LCU(Local Control Unit)组成，采用以太网连接，如图 7-18 所示。要求现地控制单元在与主控级失去联系时可以独立运行，这样增加了水电厂设备运行的可靠性。

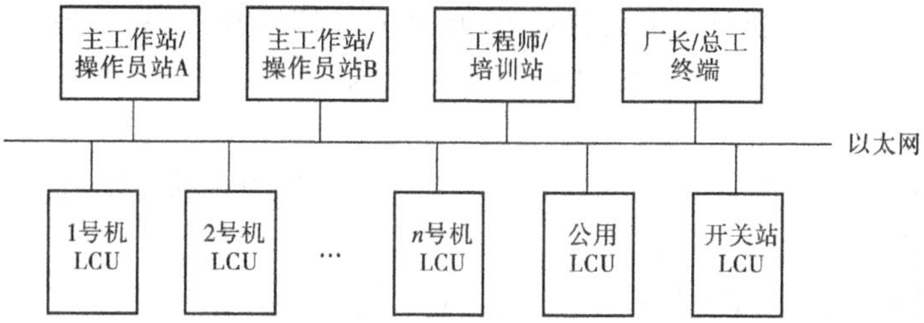

图 7-18　分层分布式系统结构图

电厂控制层一般选用两台在线运行计算机作为系统主站，互为热备用。当主机故障退出工作时，备用机自动投入。它是全厂集中监视和控制功能的人机接口，可直接对全厂设备进行各种控制操作、显示实时图形、报警等。工程师工作站具有培训仿真功能，可完成系统（包括 LCU）的生成和启动，管理维护和故障诊断，系统软件的开发、修改及数据的修改，运行人员的操作培训等任务。中小型水电站主控级通常采用单机系统，主机兼作操作员工作站，一般选用工业控制用微机。

现地控制单元直接监控现地设备的运行过程，既可作为分布系统中的现地智能终端，又可作为独立装置单独运行。电厂的励磁设备、调速器和微机保护均以数据通信的方式进入各现地控制单元。

现地控制单元的控制对象包括以下几类：

（1）水电厂发电设备。主要有主机、辅机、变压器等（如水轮机及其辅助设备、发电机及其辅助设备、发电机出口断路器、主变压器设备等）。

（2）开关站。主要有母线、断路器及隔离开关等（如各线路断路器、隔离开关、接地开关、母线断路器等）。

（3）共用设备。主要有厂用电系统、蓄电池直流系统等（如 UPS 电源系统、直流系统、厂区及厂内排水系统、高低空压机系统、火灾报警消防系统和全厂通风及空调系统等）。

（4）闸门设备。主要有主阀和泄洪闸门等。

7.4.2　基本功能

7.4.2.1　控制和调节方式

1. 控制方式

（1）LCU 级现地控制。

（2）中控室集中控制。

(3)在现地控制单元上设置远方/现地方式切换开关，只有当方式切换开关置于“远方”位置时，才能在中控室集中控制。

2. 负荷给定方式

(1)由运行人员在中控室给定全厂总负荷或机组负荷设定值。

(2)由调度给定全厂总负荷。

(3)按水位(流量)给定负荷，并确定运行机组台数。

3. 单机负荷给定方式

(1)由运行人员在中控室给定负荷。

(2)直接在现地控制单元上给定机组负荷。

(3)按水位(流量)变化确定运行机组的负荷。

7.4.2.2 电厂主控级功能

1. 数据采集和处理

(1)周期性地读取各现地控制单元采集的实时数据。

(2)及时更新实时数据库。

(3)存储运行数据。

(4)对采集的各现地控制单元的数据进行分析和处理，并向上级调度中心报送。

2. 运行监视和事件报警

(1)状态变化监视。状态变化分为两类：一类为自动状态变化，如由自动控制或保护装置动作而导致的状态变化；另一类为受控状态变化，如由计算机监控系统的命令引起的状态变化。若发生此两种状态变化，都应显示并打印。

(2)趋势分析和越限检查。电厂主控级能接收各现地控制单元的越限报警信号，响应现地控制单元确认后上送的模拟量越限、梯度越限、开关量状态变化和监控系统故障自诊断等各种信息，自动推出相应画面和事故处理指导程序，控制画面闪光和变色，打印事故追忆记录。

(3)过程监视。监视机组开、停机过程。在 CRT 上显示过程的主要操作步骤，当发生过程阻滞时，在 CRT 上显示阻滞原因，并将机组自动地转换到安全状态或停机。

(4)监控系统异常监视，并进行报警处理。

(5)事件顺序记录。

3. 人机联系

人机联系在中控室操作员工作站完成，要求具备标准键盘、打印机及彩色 CRT。

人机界面为全图形动态画面，用户可离线交互产生或修改用于实时显示的图形文件、符号库。

在CRT上能自动或经运行人员的召唤，实时显示厂内各主系统的运行状态、主要设备的动态操作过程、事故和故障、有关参数和运行监视图、操作接线图等画面，以及趋势曲线、各种一览表、测点索引等，定时刷新画面上的设备状况和运行数据，对事故报警的画面具有最高优先权，可覆盖正在显示的其他画面，事故时自动推出特定画面和处理指导意见。运行人员可通过画面监视全厂的实时运行状况，并可通过图形上的软功能键对电站的运行过程发出控制命令。

在工作站上可发出机组启停、有功功率增减、无功功率增减、断路器分合闸命令，并可设置或修改各项给定值和限值；能自动定时或按运行人员的召唤实时打印各主要设备的各类操作、事故和故障记录以及有关参数和表格，并能实时打印各种生产报表。

4. 操作员工作站上实时调节和控制

(1)无功功率控制。

(2)机组自动开/停/紧急停机，同期并网以及运行工况转换，过程监视。

(3)控制断路器及隔离开关的投入和切除。

(4)公用设备控制。

5. 自动电压控制

自动电压控制需要根据上级调度的要求，合理分配机组间的无功功率，经机组控制单元调节机组励磁。

6. 事故追忆和相关量记录

系统始终存储事故发生前若干个采样点和事故发生后若干个采样点的主要参数及数据采样值。事故追忆值为出线有功、无功功率，三相电压、电流及频率，主变压器零序电流、温度，发电机三相电压、电流及转子电压、电流和有功、无功功率。

当出线、主变压器和发电机发生事故时，监控系统同时记录各参数的对应值。当机组各部位温度越限报警时，应同时记录该机组的参数值。

7. 统计和制表打印

打印包括定时打印和召唤打印，召唤打印包括实时打印和历史打印，事故和故障时自动打印。打印表格有：①越限报警报表；②事件顺序记录报表；③电量分时计量报表；④年、月、日生产报表；⑤设备运行状态统计报表。

8. 通信功能

与各LCU通信，与上级调度通信。

9. 时钟同步

通过时钟同步装置实现系统内设备之间的同步。

10. 自诊断功能

电厂主控级要求具有在线自诊断功能。

7.4.2.3 现地控制单元功能

1. 模拟量采集和处理

(1)定时采集:按扫查周期定时采集数据,并按一定方式存储。

(2)越限检查:对模拟量测值进行越限检查与报警,记录越限点号、发生时间、越限值并存入数据库。

(3)梯度越限检查:对温度量测点前后两次采集数据进行检查,当其变化梯度超过允许值时报警。

2. 数字量的采集和处理

(1)定时采集,状态检查,更新数据库。

(2)事件顺序记录与报警:有中断型的开关量变位时,立即响应,启动事件顺序记录、报警处理等。

3. 脉冲量采集与处理、综合量计算

电度量累计。

4. 人机联系

LCU 人机联系主要是靠键盘或操作面板进行控制操作,紧急停机的优先权在单元控制级。调试 LCU 时可接便携式 PC 机并带打印机。

5. 控制操作

1)机组 LCU 的控制、调节和同期

(1)按电站级指令开停机。

(2)现地自动或分步开/停机,同步并网以及运行工况转换。

(3)机组自动准同步并网。

(4)发电机或发变组断路器分合闸,隔离开关分合闸。

(5)有功功率及频率调节。

(6)无功功率及电压调节。

(7)接收主控级的有功、无功调节命令。

(8)紧急停机。

2)公共 LCU 的控制操作

(1)厂用电断路器的分合闸。

(2)厂用电低压开关的投切。

6. 与主控级通信

(1)接收主控级的控制命令,进行有效性检查和校对并执行。

(2)定时向主控级发送采集的数据。

(3)接收主控级的召唤,发送数据。

(4)主动向主控级传送事件信息。

7. 时钟

要求具有与主控级同步的实时时钟。

8. 具有能脱离主机独立运行的功能

9. 便于与各元件接口连接,通过串行口与微机调速器、励磁调节器和微机保护接口连接

10. 自诊断功能

LCU 自诊断功能体现为在事故和故障情况下能自动采集事故或故障发生时刻的有关数据,并按其发生的顺序记录事故或故障的性质、发生的时间等,对自身硬件及其控制单元进行保护性、控制操作安全性的诊断,根据自诊断结果自动切除故障部分,并给出故障信息。根据自诊断记录,运行维护人员可以了解 LCU 工作是否良好,指导处理异常情况,建立 LCU 健康档案。另外,在 LCU 或通信装置故障时,将不影响任何数字输出命令,所有的数字控制和命令信号将被固定在上一次的输出状态。一个 LCU 故障,其他任何 LCU 不会受到影响。

11. 自恢复

当 LCU 或某智能模块死机时,可以产生自恢复信号,使系统或模块重新工作,并保留历史数据。自恢复可以用硬件、软件实现,如看门狗电路。

12. 自动切换

如冗余供电系统的电源自动切换,双网工作方式时的网间自动切换,采用冗余 I/O 方式时的 I/O 接口自动切换,双 CPU 工作时的主、备 CPU 间的自动切换。

7.4.3 主要性能指标

7.4.3.1 实时性

1. 现地控制单元

(1)数据采集响应时间。状态和报警点采集周期≤2 s;模拟点采集周期电量≤2 s,非电量≤20 s;事件顺序分辨率≤10 ms。

(2)响应能力。接收控制命令到开始执行≤1 s。

2. 电站主控级

(1)单元级数据导入电站级数据库时间≤2 s。

(2)人机接口响应时间。调用新画面的响应时间,全图形显示≤3 s(90%画面),在已显示画面上动态数据刷新时间≤2 s,操作员命令发出到回答显示时间≤2 s,报警或事件产生到画面字符显示和发出声响≤2 s。

(3)控制功能的响应时间。联合控制有功功率执行周期时间≤15 s,联合控制无功功率执行周期时间≤3 min,自动经济运行功能处理周期时间≤10 min。

(4)通信响应时间。主控级对调度系统数据采集和控制的响应时间应满足调度的要求。

7.4.3.2　可靠性

(1)平均无故障间隔时间 MTBF。计算机(含磁盘)>8 000 h,现地控制单元>16 000 h。

(2)平均维修时间≤0.5 h。

7.4.3.3　利用率

利用率 A>99.5%。

7.4.3.4　主机 CPU 负荷率

正常情况下,在任一个 5 min 周期内,其平均使用率应低于 50%;在重载情况下,其最大负载率应不大于 70%。

7.4.3.5　适应环境能力及抗干扰能力

(1)环境温度:中控室夏季 23 ℃ ±2 ℃,冬季 20 ℃ ±2 ℃;现地控制单元 0~40 ℃;允许温度变化 5 ℃/h。

(2)相对湿度:电站级计算机房 45%~65%,现地控制单元 20%~90%(无凝结)。

(3)尘埃:电站级计算机房,尘埃粒度大于 0.5 μm 的个数小于 3 500 粒/L;现地控制单元,尘埃粒度大于 0.5 μm 的个数小于 18 000 粒/L。

(4)接地。监控系统不需设独立的接地网,可直接与电站的主接地网可靠连接,主接地网的接地电阻应不大于 2 Ω。

(5)一般电气特性。

①绝缘电阻:交流回路外部端对地的绝缘电阻应不小于 10 MΩ,不接地直流回路对地的绝缘电阻应不小于 10 MΩ。

②介电强度:500 V 以下、60 V 及以上端子与外壳间应能承受交流 2 000 V 电压 1 min,60 V 以下端子与外壳间应能承受交流 500 V 电压 1 min。

③抗干扰：无线电干扰(RI)：30～500 MHz，2 级 3 V/m；静电干扰(ESD)：150 pF，2 级 4 kV；工频磁场干扰主机 800 A/m，显示器 80 A/m。

④浪涌(或传导干扰)抑制能力(SWC)：1～1.5 MHz 衰减振荡，2 级 1 000 V；1.2/50 μs 冲击波，2 级 3 000 V。

7.4.3.6 可扩性

(1)预留 10%的备用点、布线点和空位点设备。

(2)电站级计算机存储器容量应有 60%以上的裕度。

(3)应留有扩充现地控制装置、外围设备或系统通信的接口。

(4)通道容量应留有足够裕度，期望的通道利用率宜小于 50%。

7.4.3.7 可变性

电站级和现地控制单元级装置中设备的参数或结构配置应易于实现改变。对点的可变性有如下要求：

(1)点说明的改变。

(2)模拟量工程单位标度改变。

(3)模拟量限值死区改变。

(4)控制量时间参数改变。

7.4.4 现地自动控制装置(LCU)的设置原则

LCU 的功能可根据所控制电站的重要程度有所不同，LCU 的设计还应考虑到系统是否有上位计算机以及受控设备的自动化程度。如果没有上位计算机，则单元机组自动控制装置必须具备对受控对象设备的电量和非电量采集、数据处理和控制功能，同时还应配备打印机和屏幕显示。对于新建的中小型水电站，可独立设置微机单元自动控制装置；而对于已建水电站，在机组具有常规调节设备和水轮机自动控制屏的情况下，为技术改造而设置 LCU 时，是否保留原有的控制调节设备，需要根据原有设备的运行状况，并通过经济分析而定，一般情况下能保留的尽可能保留。LCU 这时更多地体现在数据采集、处理以及接收总调来的给定和控制命令。

LCU 一般根据监控对象及其地理位置而划分为机组 LCU、公用 LCU、开关站 LCU 和闸门(或大坝)LCU 等(闸门 LCU 可根据需要纳入水库调度系统)，以实现对各个对象的监视和控制。按对象配置 LCU 的优点是可就近采集各种数据，节省电缆，各台 LCU 之间是相对独立的，并且与厂级计算机系统之间也是相对独立的。某个 LCU 发生故障时不会影响到其他 LCU 及厂级计算机系统的正常运行，同时厂级计算机系统故障时，各 LCU 还能独立地工作，维持监控对象的安全运行。

7.4.5 微机现地自动控制装置

7.4.5.1 LCU 的构成和特点

LCU 的功能要求和结构配置主要取决于控制对象和控制要求，LCU 可按其配置方式分为微机－总线型结构 LCU、以可编程控制器（PLC）为基础的 LCU、智能 I/O 模块配工业实时网而构成的 LCU 等三种。

1. 微机－总线型结构 LCU

微机－总线型结构 LCU 采用总线型的母板，采用的模块有 iSBC 88/25 和 iSBC 86/05A 单板机、MB 模块系列。采用的模块种类有监控板、存储器板、开入/开出板、A/D 或 D/A 转换板、面板接口板、串行或并行接口板、总线背板及 I/O 总线扩充板、端配板、电源及其监视板等。其基本特点是由芯片设计成各种功能的单板，并配以控制面板、输入/输出匹配电路、电源等，构成现地监控装置。采用 PL/M 等语言编程，可用来实现数据检测及闭环控制。

微机－总线型 LCU 的工作过程如下：

当 LCU 合上电源开始工作后，主动发给中心站主终端设备 MTU 一个上电消息，MTU 给 LCU 发出初始化命令，包括时钟同步命令、状态量设置命令和模拟量设置命令。然后，LCU 进入正常工作。

被监测的模拟量，经过变送器转换为标准电量后，送入各路 A/D 变换板，按一定时序转换成数字信号，再通过总线进入主机板。被监测的开关量信号直接送入光电隔离板。经过光电耦合的数字信号按一定时序通过总线进入主机板。LCU 的主机在软件控制下对输入的这些数据进行采集汇总、查询上报、超限报警、消息发送等处理，实现前述的各项功能。

2. 以可编程控制器（PLC）为基础的 LCU

可编程控制器按工业环境使用标准设计，可靠性高，抗振等性能好，为系统集成商省去了机械加工及焊接等烦琐而技术要求高的工作，并且接插性能好，整机可靠性高，在工业控制中得到了广泛的应用。

下面介绍一种适用于中小型机组的 LCU 控制单元。

大多数老电站原有的机组控制系统都是采用常规的继电器控制逻辑来实现的，由于使用了大量的中间、时间、信号继电器以及电磁型转速信号器等，要想实现预定的控制功能，逻辑关系十分复杂，应有的自动化操作难以实现，即便能够实现，运行维护也相当困难，可靠性难以保证。而 PLC 特有的优点可以克服上述缺点，使得原来用继电器构成的逻辑关系用 PLC 内部的软元件代替即可，既提高了可靠性，又简化了逻辑结构，使得对机组的各种控制得以实现。

基于 PLC 的机组 LCU 控制单元的基本功能包括机组的开停机、运行工况切换控制（发电转调相和调相转发电等）、机组辅助设备（如主阀、油压装置、漏油装置等）的控制、水力机械运行故障监视（如对温度、液位、压力、机组转速的监视和发讯）、水力机械运行中的事故保护等。此外，为保证机组的经济运行，较为完善的机组 LCU 控制单元还应包括对流量、效率等的检测和显示，以及机组的有关电气量检测。

基于 PLC 的机组 LCU 控制单元的结构如图 7-19 所示。其核心部分采用 FX2－128MR 可编程控制器基本单元，这是一种继电器输出型基本单元，其输入/输出（I/O）总点数为 128。图中，FX－16EYT 为晶体管输出扩展模块，可切换输出每台机组频率、温度或压力等的信号；FX－232AW 为智能通信模块，主要用于与站级控制机之间的通信，同时还可以实现 LCU 控制装置与微机之间的相互通信。A/D 转换器采用 FX－4AD 模块。

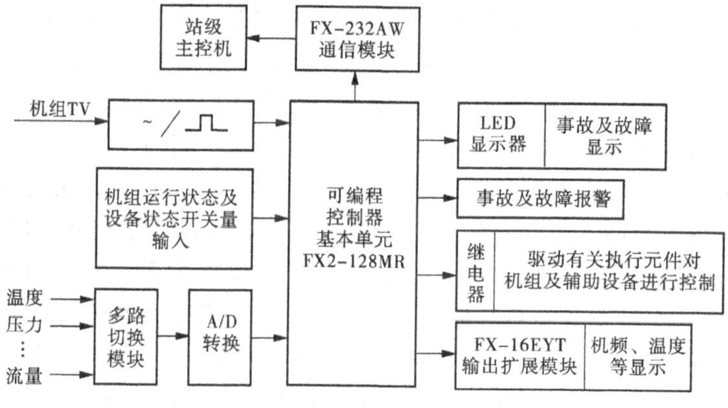

图 7-19 基于 PLC 的机组 LCU 控制单元结构

以 PLC 为基础的 LCU 的主要问题是事件分辨率不高，一般只能达到 5～20 ms，有的甚至只能达到 30 ms，不能满足水电站事件高分辨率的要求。产生此问题的主要原因：一是 PLC 本身的时钟基准的精度不高；二是事件采集用的是扫描方式，受扫描周期的限制。为了满足水电站事件分辨率高的要求，一般需要增配中断扩展板和高精度时钟板，这样才能使其事件分辨率达到 5 ms 以内。

3. 智能 I/O 模块配工业实时网而构成的 LCU

这类 LCU 的代表产品为 ABB MODCELL 的智能数据处理模块、SJ－600

系列 LCU。这种新型的 I/O 处理模块具有以下特点：

(1)分布 I/O。ABB MODCELL 每块模块上均带有 CPU 和电源，可配置 32 路 I/O 测点，能独立工作。全部模块通过网络构成系统无总线结构。

(2)配置灵活。ABB MODCELL 模块上的 I/O 测点均是以点为单位任意选配的，开入、模入及开出等都是一个小模块(以下称为单点 I/O 处理单元，或简称单元)构成一个测点，可混合布置在同一块板上，配置灵活，维护方便。

(3)智能化。每块模块上均固化有采集处理程序，用户只需根据需要选配相应的 I/O 测点和相应的数据库即可，无需编程。数据库输入采用菜单方式，直观方便，易于掌握。

ABB MODCELL 智能 I/O 板由 CPU、识别单元、存储器、单点 I/O 处理单元及通信单元等构成。CPU 为 16 MHz 的 68302 微处理器，存储器为 64 KB 非易失性 RAM(存用户数据库)，控制识别单元用来管理数据库。不同的用途可有不同的配置，如数据采集可用逻辑控制单元，具有 PID 调节功能的可用调节控制单元，有事件顺序记录 SOE 要求的需用 SOE 控制单元等。

每块板上可以根据需要配置 32 点各种类型的 I/O 单元，它们可以是 ±100 mV或 ±10 V 模拟量输入、4 ~20 mA 模拟量输入或输出、固态继电器输入或输出、机械继电器输出、RTD 输入、ICN 通信单元，一般每块板上至少要配一个 ICN 通信单元，以支持板与板之间以及与主机之间的通信。

ICN 网络将多块 MODCELL 连接起来构成系统，它是一个双线制的无主从的局域网，以异步方式串行传送状态和信息。ICN 的长度可达 600 m，最多可连 16 个节点，按令牌传递协议运行，网络工作周期为 250 ms。由于各节点独立工作，一个节点故障对其他节点没有影响。网络节点地址由板上一个 16 位开关确定，寻址范围为 2^{16}。ICN 自诊断可检测出重复地址、访问超时、信文结构、长度错、信文数目过多等。坏信文一旦被检出将被丢弃并报警。

ICN 网络上的各模块通过一种智能通信模块实现与上位机的通信，如图 7-20所示。这种通信模块称为 Minilink，占用 ICN 网的一个节点地址，可插在 PC 机的 AT 总线上，也可接在其外接串口上。

通过 Minilink，上位机可以为网上各模块进行数据库加载，读取数据及进行控制，Minilink 实际上是上位机与 MODCELL 之间的数据传递中心。

上位机向 MODCELL 发送的信文一般有读前景数据、读背景数据、写操作、读 SOE 数据等几种。

ABB MODCELL 模块的处理程序全部固化在板上的控制识别单元中，用户不需要进行任何编程，其主要工作就是构造用户数据库。专用的数据库配

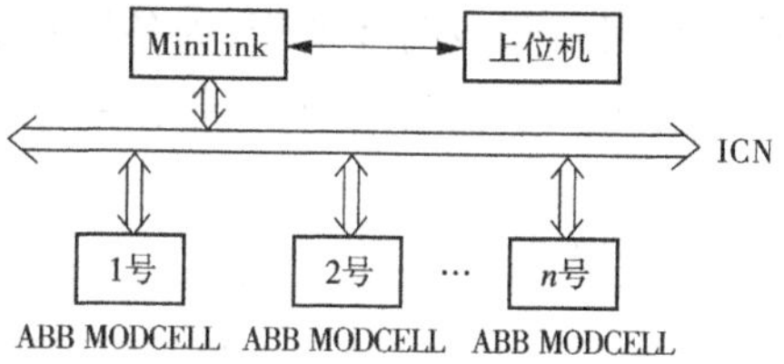

图 7-20 ICN 网络与上位机通信示意图

置软件包可用来建立用户数据库,可在 DOS 环境下运行。数据库建好后即可加载到非易失性 RAM 中运行,也可存放在文件中以便保持和修改。

7.4.5.2 **LCU 的冗余配置**

LCU 处于水电厂监视控制的一线位置,通常采用冗余配置方式。LCU 的冗余结构一般有异构型冗余、同构型冗余、交叉型冗余三种。

1. 异构型冗余结构

异构型冗余结构是指由两个性能、型号、功能、原理等不尽相同的设备构成的冗余系统,其中一台处于运行状态,另一台处于备用状态,且不要求其逆状态。一般冗余系统中常处于运行状态的设备,其性能较好、功能较全。而常作备用的设备往往只具备部分功能,如顺控功能等。因此,这种冗余结构又称为不完全冗余,如图 7-21 所示。

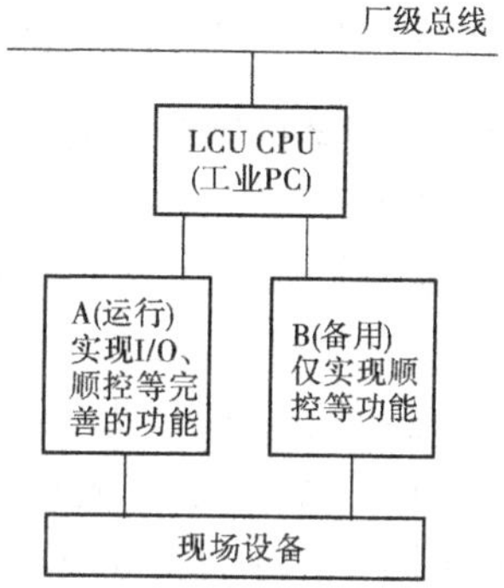

图 7-21 异构型冗余 LCU 示意图

2. 同构型冗余结构

同构型冗余结构是指两台性能、型号、原理、功能均相同的设备能以任意组合的方式构成主、备关系。这种主、备关系完全是可逆的,应该说这是一种完全的冗余结构,可实现理想的冗余效果。这种冗余方式也适用于上位机部分的控制之间、其他工作站、服务器之间的冗余配置。这种冗余方式的实质是以双倍的投资换取高的可靠性,如图 7-22 所示。

3. 交叉型冗余结构

交叉型冗余结构是指两个相邻 LCU(或控制子系统)之间实现冗余。此时构成冗余系统的两设备的性能、原理、功能等均完全相同。与非冗余结构相比,某些部分如测点数据库的容量此时要加倍。但与全冗余结构双倍的投资相比,这无疑是一种节省的方案。作为交叉冗余的特例,全厂公用的 1 ~ 2 台备用设备仅在输入/输出信号量很少时才适用,如备用励磁系统。

这种公用的 1 ~2 台备用设备的特例,在监控系统中不常用,如图 7-23 所示。

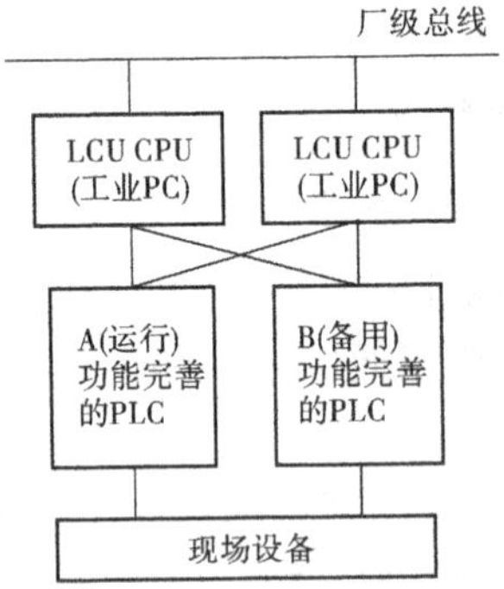

图 7-22　同构型冗余 LCU 示意图

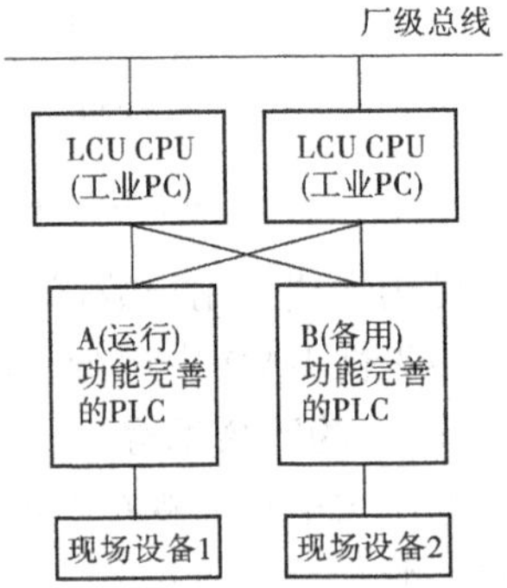

图 7-23　交叉型冗余 LCU 示意图

7.4.5.3　现地控制装置的软件设计

1. 概述

现地控制级配有系统软件、网络通信软件、应用软件。现地控制单元应用软件主要有主程序,机组开停机顺序控制程序,开关量信号采集和处理程序,模拟量、温度量采集和处理程序,发电量累加计算和处理程序,运行工况切换(同期及断路器分闸、合闸操作)程序,发电机组有功、无功操作程序,机频处理、时钟同步程序,自诊断程序等。

现地单元控制装置的软件随控制对象任务要求的不同有很大的差异。水轮发电机组的现地自动控制装置的软件功能如下:

(1)模拟数据的采集和处理:①定时采集数据,按电量和非电量分组进行,电量采集周期小于 2 s,非电量采集周期小于 30 s;②通过标度变换将采集的数据变换成实际物理量;③与限值进行比较,如越限,则将该测点的越限情况记录在事件记录表中;④与上次测值进行比较,作出运行趋势;⑤处理测值越限和趋势越限所引起的必要操作(如报警、打印、某项控制操作);⑥根据上下游水位和发电功率或导叶开度计算耗水量;⑦积算有功电度量和无功电度量及求出每小时的有功电量和无功电量;⑧积算耗水量及单位时间耗水量;⑨保存一定时间的历史数据。

(2)运行状态的采集和处理:①定时采集运行状态;②实时响应事故和故障信号,并按时间顺序对事故进行记录,其分辨率不大于 2 ms;③对采集到的运行状态前后两次进行比较,确定运行状态的变化;④根据每个开关量的作用作出相应的处理,如作为事件进行登录,作为操作进行操作记录,作为其他操作的一种信号等;⑤对采集的开关信号进行整理,有选择性地向上级报告。

(3)一天(班)事件的分类记录。

(4)根据上级命令,进行操作校核。如按照输电功率允许或不允许该机组开机或正常停机等。

(5)进行机组的各种顺序操作:①停机转发电操作(包括开机、并网、带上给定负荷等);②调相转发电操作;③空载转发电操作;④发电到停机操作(包括卸负荷等);⑤调相到停机操作;⑥空载到停机操作;⑦紧急停机操作;⑧停机到调相操作(包括并网、带上给定无功负荷等);⑨停机到空载(不并网)操作;⑩发电到空载操作。

(6)根据水头和负荷,对有功调节和无功调节的给定负荷加以校核,使机组避免运行在振动区、汽蚀区、低效区及其他限制运行工况区。

(7)接收上级各种命令,提供上级所需的各种数据。

2. 主控命令中断、开机、停机程序流程

以水轮发电机组开机、停机程序以及现地机组控制单元中编制自动化操作程序方法分别加以讨论。

1)响应上级计算机的主控命令

主控命令中断程序框图如图7-24所示。

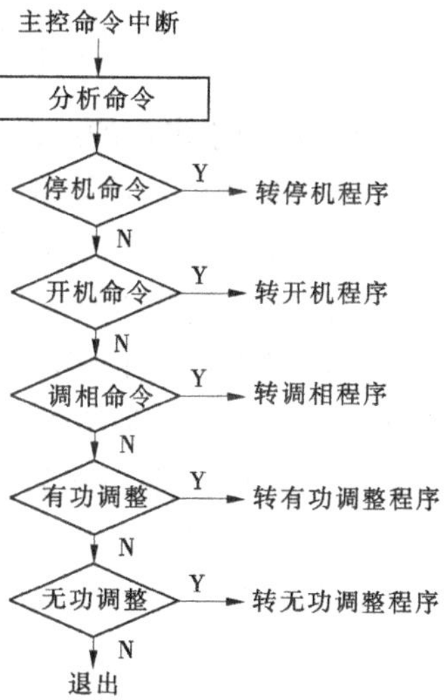

图7-24 主控命令中断程序流程

现地自动控制装置接到上级主控命令后即引发中断响应,通过判断命令性质,确定任务的内容并转向执行该项任务的程序。当某项任务执行完毕后返回到主控程序并随即退出中断响应。

2)机组开机

开机程序流程图如图6-28所示。当接收到开机命令后即执行该项任务。

以混流式水轮发电机组为例,当水轮发电机组接收到开机命令后,开机程序由中断响应任务管理调用。首先检查开机条件是否满足。开机条件包括进水闸门和尾水闸门已提起,油压装置、顶盖排水装置处于"自动"位置,制动闸处于无压状态,发电机断路器和励磁开关都未投入,事故电磁阀和事故配压阀已复归,油压正常。若上述条件任何一项不满足,将给出开机失败信号并退出开机程序。开机条件满足后立即启动辅助设备，当冷却水、润滑水已给上，接力器锁锭已拔出后，投入功调装置。然后将调速器开度限制机构和导水机构打到“空载”位置。当转速达到90%额定转速时，投入励磁开关。当发电机电压达到正常时，投入同期装置。如果不是调相命令，则将开度限制机构打开到全开位置，准备带上负荷，开机结束。

3)机组停机

机组停机分为正常停机和紧急停机两种。

正常停机是在负载减至空载的情况下，将断路器打开并同时关闭导水机构，退出功调装置，断开励磁开关。当转速低于额定转速的30%时，启动制动闸作用于制动，停止辅助设备，解除制动。停机程序流程图如图6-29所示。

在紧急停机命令发布后，首先要执行跳开发电机断路器，同时启动事故停机电磁阀作用于关闭导水机构，有时还要关闭蝶阀或快速闸门，然后执行与正常停机相同的程序。

7.4.6 水电厂的厂级计算机监控系统的配置实例

7.4.6.1 中型水电厂的厂级计算机监控系统

对于中型水电厂计算机监控系统的配置，一方面可以把某些功能站合并，另一方面可以减少计算机的数量或冗余程度。一般来说，可把主机与操作员工作站合并，或把打印服务与通信服务合并。下面以装机容量为60 MW、装机5台的水电厂的监控系统为例进行介绍，如图7-25所示。厂级配置如下：

(1)主机兼操作员站2台，互为备用，配置ALPHA X工作站2台。

(2)工程师/培训站配置DEC/研华工控机1台。

(3)通信站配置研华工控机1台兼模拟屏驱动。

(4)打印服务器1台，配置DEC/研华工控机1台。

(5)专家系统工作站1套，配置DEC/研华工控机1台。

(6)GPS时钟系统一套。

7.4.6.2 小型水电厂计算机监控系统

小型水电站的监控系统与电站的机组台数及单机容量的大小有关。一般情况下，单机容量较大和装机台数较多的电站仍采用分层分布式监控系统，而单机容量小和装机台数少的电站可采用集中控制方式。当采用分层控制方式时，厂级计算机系统的配置可采用单机作为主控机，也可采用双机作为厂级计算机系统。

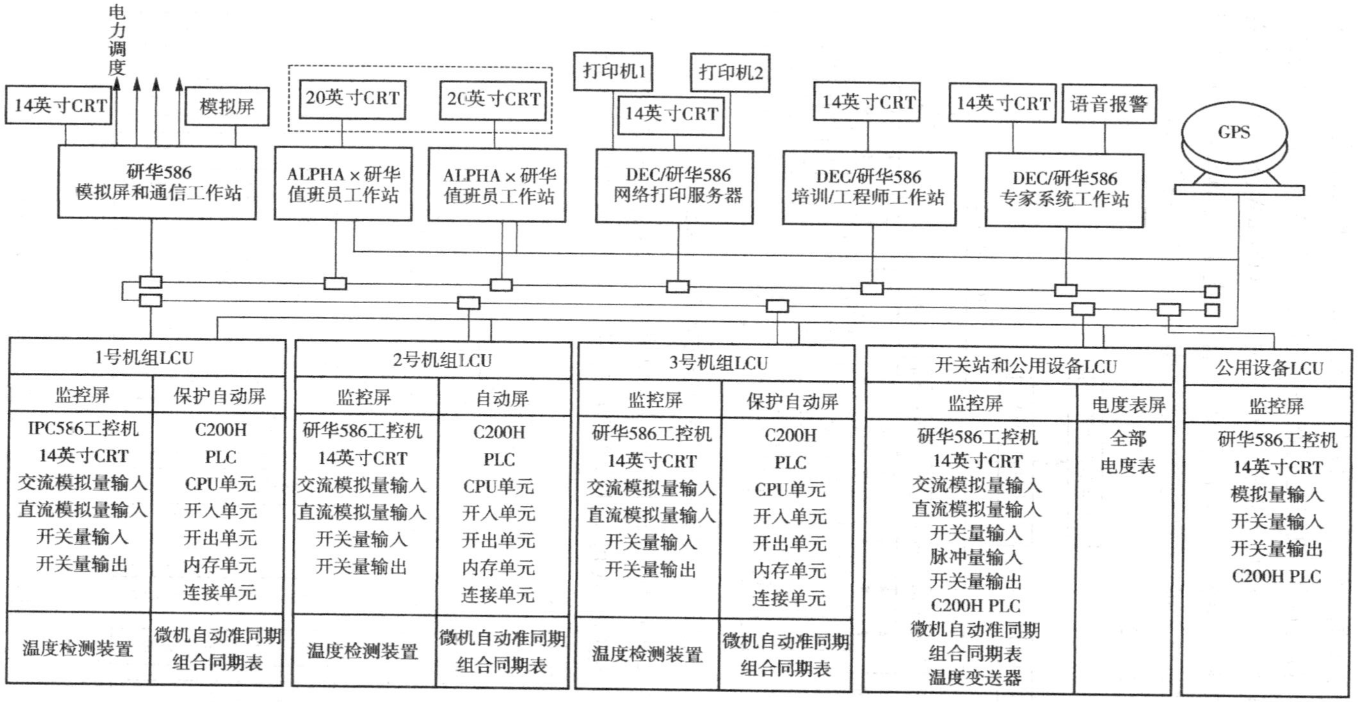

图7-25 某中型水电站计算机监控系统典型结构

单机监控系统的厂级计算机仅设一台，承担全厂的自动化运行管理、历史数据存储、生产报表打印、机组运行状态监测及 AVC、AGC 等多种功能，还可以兼作工程师站。一般地，当单机容量不大于 2 000 kW、机组台数不超过 4 台时，可采取单机分层分布式监控系统。这种情况下，计算机网络可采用简单的 RS－485/422 总线模式，现地单元通过串口通信与主控机进行数据交换，其监控系统如图 7-26 所示。

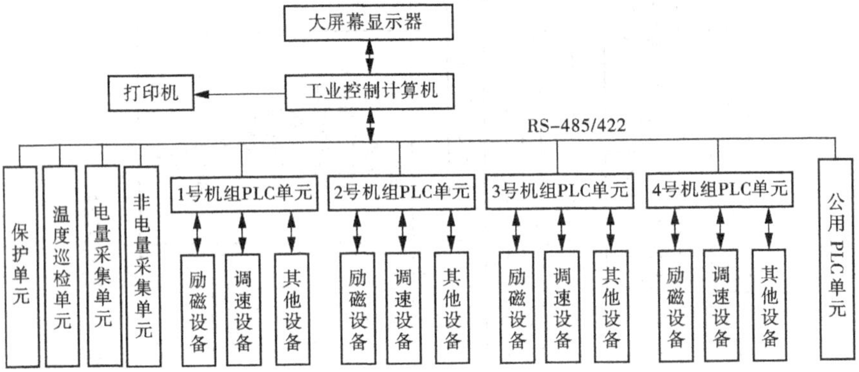

图 7-26　基于 RS－485 总线的单机监控系统模式

对于单机容量大于 2 000 kW 的小型水电站，水电站监控系统仍可采用单机监控方式，但通信模式可采用总线结构，以增强系统的数据交换能力，其监控系统如图 7-27 所示。

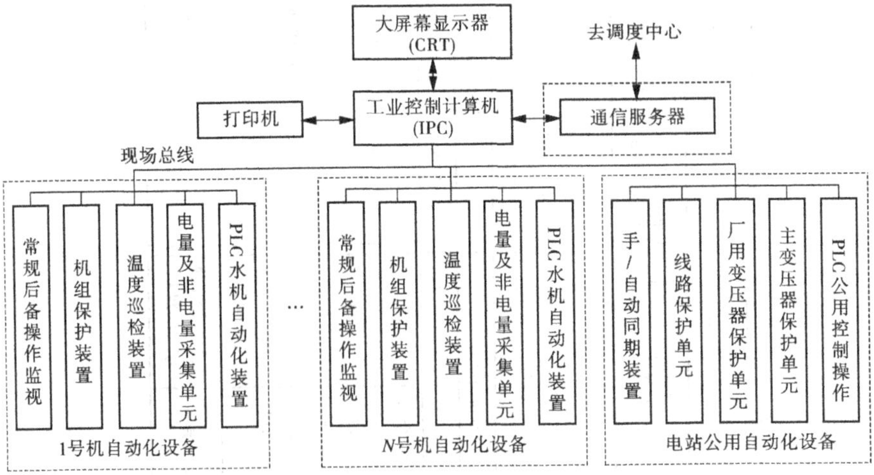

图 7-27　基于现场总线的单机监控系统模式

双机监控系统用于单机容量 2 000 kW 以上且机组台数较多的小型水电站。厂级计算机系统由两台主控计算机构成，两台计算机互为备用，兼作操作员站与打印服务、报警等，网络宜采用以太网，以增强厂级计算机与现地单元的通信能力。基于以太网的双机分层分布式监控系统的结构如图 7-28 所示。

小型水电站监控系统厂级计算机选用一般的工业控制计算机即可。

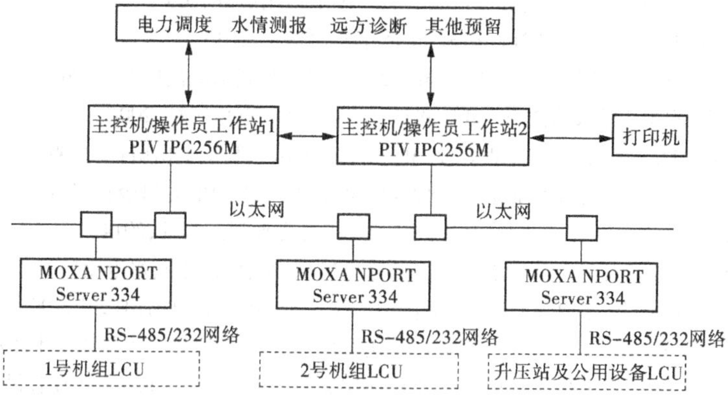

图 7-28 基于以太网的双机计算机监控系统模式

参考文献

[1] 丁书文. 电力系统自动装置[M]. 北京:中国电力出版社,2007.
[2] 陈金星. 电气二次部分[M]. 郑州:黄河水利出版社,2013.
[3] 许正亚. 电力系统安全自动装置[M]. 北京:中国水利水电出版社,2006.
[4] 许建安. 水电站自动化技术[M]. 北京:中国水利水电出版社,2006.
[5] 陈启卷,南海鹏. 水电厂自动运行[M]. 北京:中国水利水电出版社,2009.
[6] 国家电网公司人力资源部组. 二次回路[M]. 北京:中国电力出版社,2010.
[7] 陈金星. 电力系统自动装置[M]. 2 版. 郑州:黄河水利出版社,2014.
[8] 黄栋,吴轶群. 发电厂及变电所二次回路[M]. 北京:中国水利水电出版社,2004.
[9] 刘忠源,徐睦书. 水电站自动化[M]. 3 版. 北京:中国水利电力出版社,1998.
[10] 楼永仁,黄声先,李植鑫. 水电站自动化[M]. 北京:中国水利电力出版社,1995.
[11] 谢云敏. 水轮发电机组辅助设备及自动化运行与维修[M]. 北京:中国水利水电出版社,2005.
[12] 崔明. 变电站与水电站综合自动化[M]. 北京:中国水利水电出版社,2005.
[13] 周双喜,李丹. 同步发电机数字式励磁调节器[M]. 北京:中国电力出版社,1998.
[14] A. A. 尤尔甘诺夫[俄]. 同步发电机的励磁调节[M]. 北京:中国电力出版社,2000.
[15] 陈启卷. 水电厂计算机监控系统[M]. 北京:中国水利水电出版社,2010.